ナノの世界が開かれるまで

NANO

ナノの世界が開かれるまで

五島綾子
中垣正幸 著

海鳴社

目次

序章 ·· *9*
   序-1　文系と理系　9
   序-2　化学はなぜきらわれるか　10
   序-3　本書の主題　12
   序-4　化学の視点でナノの世界が開かれるまでのプロセスを眺める　15
   序-5　概要　16

1章　有機化学の芽生えと実験化学教育の確立 ························· *21*
   1-1　錬金術から無機物の医薬品への試み　21
   1-2　有機化学誕生に至るまで：試験管の中での尿素の合成　23
   1-3　リービッヒによる化学教育の方法論のパラダイムの確立　24
   1-4　リービッヒの学術年報の発刊　27
   1-5　新しい研究のスタイル：共同研究の始まり　28
   1-6　有機化合物の基の概念の確立　29

2章　石炭の産業廃棄物から生まれた化学染料産業のシーズ ········ *33*
   2-1　石炭の大量生産・消費によるコールタールの出現　33
   2-2　産業革命以降の産業技術と化学の協同効果への期待　37
   2-3　パーキンによる人工染料モーブの合成　38
   2-4　パーキンの染料合成のその後の展開　42

3章　原子をつなげて天然染料をつくる
                     ：アリザリンとインジゴの合成 ········ *47*
   3-1　天然染料の人工合成を成功に導いた基礎有機化学　47
   3-2　天然染料の人工合成の成功　51
   3-3　ドイツにおいて開花した染料化学産業のイノベーション　57
   3-4　アリザリンとインジゴの有機合成と技術開発の意味するもの　61

4章　人類の科学・技術史上最大の成果
：染料から始まった化学療法剤…… *68*
- 4-1　石炭タールから始まった医療現場の革命　68
- 4-2　合成染料による細胞の染色　70
- 4-3　細胞の染色から生まれた選択毒性の概念　72
- 4-4　染料から化学療法剤の誕生　73
- 4-5　敗血症を救ったサルファ剤の先駆体　75
- 4-6　化学療法剤のエポック：特効薬サルファ剤の効果の仕組み　77
- 4-7　染料から化学療法剤の普及に至るまで　79

5章　分子を数える：分子実在の証明……………………………… *84*
- 5-1　原子論の誕生　84
- 5-2　アボガドロと分子論　88
- 5-3　物理化学と分子論　90
- 5-4　分子実在の証明　91

6章　マルサスの人口論から生まれたアンモニアの合成
：化学理論と金属触媒の威力…… *97*
- 6-1　マルサスの人口論と窒素固定　97
- 6-2　アンモニアの化学平衡論とハーバーの挑戦　99
- 6-3　ボッシュらによる高圧技術と企業内技術開発の大型化　102
- 6-4　二重促進鉄触媒の開発　104
- 6-5　窒素固定によるアンモニア合成の意義　105

7章　分子を表面に並べる：水や固体表面にできる単分子膜……… *109*
- 7-1　フランクリンの水面上の油膜の先駆け的研究　110
- 7-2　表面天秤の起源とその発展　112
- 7-3　ラングミュアによるガス入り電球の発明と
　　　　　　　　　　　気体の固体表面への吸着現象　114
- 7-4　ラングミュアによる単分子層吸着の研究　117
- 7-5　水表面の脂質単分子膜の形成について　120
- 7-6　LB膜の発見　124

8章　DDTが引き起こした農薬産業イノベーションと
その影…… *128*
- 8-1　ドイツを中心とした有機化学の成熟と産業研究の組織化　129
- 8-2　有機合成殺虫剤第一号，DDTの登場　130
- 8-3　輝いたDDT　132

目 次

  8-4　それはカーソンの『沈黙の春』から始まった　134
  8-5　DDTのその後の運命と影響　137
  8-6　DDTの科学・技術と社会の相互作用　139

9章　分子をつなげる：人工高分子の光と影 …………………………… *145*
  9-1　高分子とは　146
  9-2　人類の歴史に匹敵する長い歴史をもつ天然高分子　149
  9-3　天然高分子の化学的改造　150
  9-4　石炭タールから生まれた最初の人工高分子，ベークライト　151
  9-5　高分子概念の誕生　153
  9-6　高分子全盛の幕開け　158
  9-7　合成技術が実証した巨大分子説とナイロンの登場　159
  9-8　高分子材料の大量生産，大量消費の全盛期　165
  9-9　地球環境問題がプラスチックを中心とした
　　　　　　　　　　　　　高分子材料に及ぼした影響　166

10章　分子を集める，組み立てる：分子集合体化学と超分子化学 … *172*
  10-1　純粋な状態とコロイド状態　173
  10-2　コロイド界面化学とは　174
  10-3　コロイドの特徴　176
  10-4　分子集合体について　179
  10-5　生命のエッセンスを模倣するバイオミメティック反応　186
  10-6　超分子化学の誕生　188
  10-7　生命の起源の研究と化学的自己創出系の構築の試み　193
  10-8　コロイドからナノの世界へ　199

11章　分子を視る，操る：走査型顕微鏡の登場 ………………………… *205*
  11-1　光学顕微鏡および電子顕微鏡　205
  11-2　走査型プローブ顕微鏡の登場　209
  11-3　原子間力顕微鏡の登場　212
  11-4　分子の整列も核酸も見える!!　213

12章　ナノテクノロジーブームの到来 …………………………………… *219*
  12-1　ナノテクノロジーはどこからきたのか　220
  12-2　ナノテクノロジーは何故注目されるようになってきたのか　221
  12-3　ドレクスラーの予言　222
  12-4　ナノテクノロジーのテクノロジーとは　224
  12-5　フラーレンとカーボンナノチューブ　226

12-6 ドレクスラーの問題提起　228
  12-7 ナノスケールテクノロジーが主流の日本　230
  12-8 ナノテクノロジーの市場評価　231

13章　総括···236
  13-1 化学の視点からみたナノの世界が開かれるまで　236
  13-2 なぜ有機化学の芽生えをナノサイエンスの出発点としたか　237
  13-3 ナノサイエンス・ナノテクノロジーと環境問題　238
  13-4 ナノの世界に導いたコロイド界面化学　239
  13-5 原子，分子の世界からナノの世界が開かれるまで　240
  13-6 ナノの世界を開いてきた科学者・技術者の群像　242
  13-7 ナノサイエンス・ナノテクノロジーの未来の光と影　249

  あとがき ···*251*

図版出典
  図1-1　ウェーラー/平田寛『図説　科学・技術の歴史』下，朝倉書店（1999年）
  図1-2　リービッヒ/大学自然科学教育研究会編『新編化学』，東京教学社（1986年）
  図1-3　リービッヒの実験室/大学自然科学教育研究会編『新編化学』，東京教学社（1986年）
  図2-3　パーキン/平田寛『図説　科学・技術の歴史』下，朝倉書店（1999年）
  図3-1　ケクレ/平田寛『図説　科学・技術の歴史』下，朝倉書店（1999年）
  図4-3　エールリッヒ/ジョン・マン著『特効薬はこうして生まれた』，青土社（2002年）
  図5-1　デモクリトス/平田寛『図説　科学・技術の歴史』上，朝倉書店（1998年）
  図5-2　アリストテレス/平田寛『図説　科学・技術の歴史』上，朝倉書店（1998年）
  図5-4　ドルトン/大学自然科学教育研究会編『新編化学』，東京教学社（1986年）
  図5-5　アボガドロ/平田寛『図説　科学・技術の歴史』下，朝倉書店（1999年）
  図6-1　ハーバー/廣田鋼蔵「アンモニア合成の成功と第1次大戦の勃発」，「現代化学」，
　　　　1975年2月，p61
  図6-4　ボッシュ/廣田鋼蔵「アンモニア合成の成功と第1次大戦の勃発」，「現代化学」，
　　　　1975年2月，p61
  図7-1　レーリー/C.H.Giles, S.D.Foster「表面」，10，112（1972）
  図7-4　ポッケルス/C.H.Giles, S.D.Foster「表面」，10，112（1972）
  図7-7　ラングミュアー/筏義人『表面の科学』，産業図書（1990年）
  図7-12　ラングミュアーの表面天秤/筏義人著『表面の科学』，産業図書（1990年）
  図8-3　ミュラー/深海浩，「DDT―その栄光と没落―」，「化学」，48，441（1993）
  図8-4　アメリカにおけるDDTの生産と消費の変遷/深海浩，「DDT―その栄光と没落―」，
　　　　「化学」，48，441（1993）
  図8-5　カーソン/深海浩，「DDT―その栄光と没落―」，「化学」，48，441（1993）

序　章

序-1　文系と理系

　1859年に英国において初版が刊行されたダーウィン(Charles Robert Darwin, 1809-1882)の『種の起源』はアカデミズムの世界ばかりでなく，一般市民にまで大きな反響を呼んだ．オリジナルな学術的著作で難解であったにもかかわらず広く受け入れられたという事実は，一般市民が自然科学の世界に参加できる時代があったことを意味している．しかしこれは英国で長年の科学への啓蒙活動が根づいていたからである．例えば，ファラデーは英国王立研究所の財政サポートのために金曜日の夜，一般市民向けの講演会を提案し，彼自身の講演の回数は1825年から1862年にわたって100回以上に及んだという．彼は実験がうまく，イメージを描く豊かな才に恵まれ，分かりやすく，聴衆を魅了したという．

　しかし20世紀後半以降，科学・技術の急激な発展は，理系と文系の乖離をひきおこし，これが社会に漠然とした不安をもたらした．ファラデー以来，科学の啓蒙が根づく英国においても，科学と反科学との対立の底流は深刻で，将来の生活様式や政治様式にとどまらず，種の存続にも影響を与えるだろうと危惧されている．わが国においても，科学技術を自覚的に意識したカルトの出現，異常なまでの健康ブームとそれを支える欺瞞的な商品や民間療法の横行が，実際，われわれの生活に身近に存在する．米国においては，科学のふりをした偽科学の横行を訴えたメリーランド大学の物理学教授，ロバート・パーク(Robert L. Park)博士の著書，「愚かさからの詐欺への道」という副題がついた『ブードゥー・サイエンス』は，彼の意見に反対するひとびとによって，米国での出版が差し止められ，英国で注意深い再点検のもとやっと出版された．しかしパーク博士のこの活動を支える強い意志と情熱の根底には，「科学者は一般の人に科学の常識がないとこぼすが，科学者の側も一般の人たちを教育する努力を怠ってきたからだ」

という思いがある．

　わが国においては，1999年度版科学技術白書に初めて国民自らが科学技術の利用の意思決定に参画する必要を述べ，科学者や政府など科学技術を生み出す側に対しては科学技術情報をわかりやすく社会に説明することを求めている．政府も科学・技術に莫大な国家予算が今後投入されることを見越してその必要性を強調したかったのであろう．しかしわが国の科学者の多くは，自己のコミュニティの外への発信や交流にはいたって関心が低い．まして一般向きの科学を伝えるような科学者は，それだけで科学研究から堕落した研究者であるという考え方がかなり長く続いてきた．特に昨今では，国立大学は法人化に翻弄され，大学経営や地域への貢献などのアピールで精一杯で，アカデミズムの役割を世間に理解してもらうことなどは置き去りにされている．それどころか，理工系大学の現場の研究者たちは学会発表と論文作成のために，大学院生を含めたヒエラルキーの組織の中で，全力疾走で息せき切って「仕事」をしている，あるいはせざるをえないのである．当然ながら，多くの現場の科学研究者は，理科離れにも，自然科学と人文社会の乖離にも無関心である．

　しかし一般市民の科学離れや科学への無関心は専門家の説明不足によるものだけではない．現代は家電製品までもがコンピュータ化され，ハイテク製品が日常化し，科学や技術が驚きや好奇心の対象ではなくなりつつある．科学研究の現場においても測定手段である技術が見えにくい中で，その測定原理の理解は置き去りにされ，次々新しい研究成果が生産されているのである．そればかりか，科学・技術の活動が大組織化し，それにたずさわる生身の人間の像がつかめなくなってきたことがあげられる．田中耕一氏のノーベル化学賞受賞にともなうひとびとの沸き上がる関心は生身の科学者をみたからであろう．

序-2　化学はなぜきらわれるか

　本書の主題の分野である化学は，無関心どころか，嫌われているのである．なぜ化学は嫌われるのであろうか．物理学は学問の性質上，数学の知識が根底にあり，化学に比べ科学の論理が教え込まれるが，化学は錬金術以来，経験主義が優先され，理屈は後からでよいから，ともかく目的のも

のをつくろうということが優先される傾向がつい最近まであった．化学はこうして理論から比較的遠い科学というイメージが植えつけられてしまい，理論好きのひとびとの興味を失わせてきた．実はこの傾向は化学の教育法によって加速されてきたのである．炭素や水素など多数の元素の組み合わせで，無数の複雑な化学構造式をもつ化合物が生まれ，現実に利用されるようになったが，この無数の化学構造式や反応式をやみくもに覚えねばならないことから入る教育方法は理論好きの若者を当然遠ざける．燃焼の現象を初めて科学的に検証して近代化学の父といわれたラボアジエは，会計士として帳簿合わせをしたときの彼自身の経験を化学に当てはめて，化学反応では反応前後で質量が変わらないという質量保存の法則を導き出した．高校ではいきなりこの質量保存の法則から，反応前後で化学反応式の帳尻合わせのための係数の算出などが課せられる．およそ新しいものが生まれる過程の化学の醍醐味である新鮮さなどは伝わってこない．入門の段階で，思考力や，ものが生まれる驚きが，実は一番重要であるのに，そのことが忘れられて，若者の化学への興味が失われるのである．いいかえれば中学，高校の化学教育は，化学構造式や化学反応式の退屈な暗記に耐えられる若者のみが化学技術者に向いているという選別システムを意味しているのである．

　コンピュータの普及も化学ぎらいを助長している．化学の実験は汚い，危険，きついという3Kのイメージが定着してしまったが，これもコンピュータと無縁ではない．理工系の大学の教員は，学生が実験を粘り強くやりたがらないが，コンピュータの前で，実験データをいじくり，美しくカラフルに描き出すことには熱中するとこぼす．国際学会においても欧米の教授たちは学生が泥臭い実験をしないで，コンピュータの前で座っている時間が多いとついこぼすのである．コンピュータに魅せられた学生は，ものを観察し，ふれる，体で感じることを拒否しているかのようである．化学の専門家の卵たちのこのような現実は，一般の人，特に若い人が現実のものから目をそらし，バーチャルな世界を好むのと同じ時代精神のあらわれかもしれない．

　高まる地球環境問題も一般市民にとっての化学のイメージをダーティなものに変えてしまった．レイチェル・カーソンによるDDTの生態系汚染へ

の警告以来，そういうことを可能にした技術を生み出した化学がいけなかったのだと世間がとらえるのである．スプレーのフロンがオゾン層を破壊して，皮膚がんが増える．この技術も化学が産み出したのだから，化学は嫌われるのである．この傾向は欧米でも顕著で，化学ばなれは年々深刻であるという．例えば，英国では化学を専攻する学生の質の低下は文系よりはるかにひどいという．

このようにして生活者として必要な化学の原理やものについての関心や驚き，あるいは地球環境問題の基礎知識の中核をなす化学的な考え方，次々商品開発されるヒット商品のおおざっぱなからくりの理解といったものをもつまえに，化学は拒絶されるのである．

序-3 本書の主題

奇蹟の農薬から転落してしまったDDTではあるが，DDTが熱帯地域のひとびとをマラリアから救った実績は忘れられてはなるまい．フロンの冷媒剤の力は冷蔵庫を普及させ，食物の腐敗がおさえられてがんの発生が抑制されるとともに，女性の社会参加に一役買ってきた．しかし市場に登場するどんなに優れた光輝く科学・技術も，長い経過の後には影の面が現れてくるのである．すなわち科学・技術は常に光と影の両面をもつものである．原子力しかり，薬が治療効果と副作用の両面をもつように，人工化学物質にも光と影があり，われわれは科学・技術に完全なものを求めてはいけないのである．なぜならば人類は完全には自然を把握していない．つまり自然の不思議な現象の数々，特に生命現象はいまだ完全な理解からほど遠いのである．しかも一方では，いやおうなしに私達は自然の法則に支配されていて，魔法は起きないという大原則がある世界に生きている．こうして考えてみると化学がなぜ嫌われるのかという問題を考える際に，科学としての問題と，技術としてあるいは科学的知識の利用の問題を区別する必要があることがわかる．

ところで科学を一般市民に取り戻すにはどうしたらよいのであろうか．近年，科学・技術を市民の手に取り戻そうとする具体的な試みも生まれつつある．科学・技術の社会でのふるまいを明らかにする科学・技術・社会(Science, Technology and Society, STS)の相互作用を学問として追及し，

序　章

あるいは教育プログラムに取り入れようとする動きが欧米にならって，わが国にも芽生えてきた．その一環としてSTSの学会が立ち上がり，少数派であるが，大学のカリキュラムへの導入も試みられている．

　著者らも科学・技術が社会に大きな利益と不利益を与えるとともに，科学・技術も社会に影響されてダイナミックに変化するという視点に立つ．特に化学技術の歴史は他の自然科学の分野と異なり，醸造，肥料，染色，薬品など生活に深く根づいて発展してきた事実の積み重ねである．19世紀以後，産業革命とともに増え続けた石炭の廃棄物，タールの基礎化学から生まれた人工染料が科学・技術史上最大の成果である化学療法剤へと発展していった．この過程で若い化学者が私財を投じて築き上げた実験教育のパラダイム，魔法の弾丸といわれた化学療法剤を発明した天才化学者たちのユニークな発想，あるいはその影で一獲千金をねらう化学者，技術者たち．思わぬものを偶然発見する力，セレンディピティが備わった化学者が世の中を一変させてゆくイノベーション．なんら正規な教育をうけてこなかった中年女性が台所の片隅にみずからつくった実験器具でナノテクノロジーの礎となる膜の化学を新しく発見したことなどなど．実に人間的な科学者たちによって化学が脈々とつながり，今日に至ってきたのである．ここで強調したいことは，レイチェル・カーソンの『沈黙の春』の発刊以来，化学は環境問題を仕掛ける不名誉なものと烙印を押されてきたが，それでも化学の魅力は決して失せないということである．化学には柔軟性があり，化学は今，生命を畏敬の念でみつめなおし，超分子化学という新しいコンセプトを生み，そしてナノサイエンスへ思いを馳せている．

　近頃，ナノテクノロジーという科学用語が紙面に踊る．学会も産業界も今やナノテクノロジーが流行である．このナノテクノロジーは1980年代，米国MITのドレクスラーによる著作『創造する機械』の中でユートピアとして初めて取り上げられた．ナノテクノロジーが一躍脚光を浴びるようになったのは，2000年1月に当時の米国大統領クリントンが国家ナノテクノロジー戦略 (NNI, National Nanotechnology Initiative)を推進すると発表して以来のことである．ここでは国家が一つの分野，テーマに関してイニシアティブをとったのである．

　ナノとは10^{-9}mを意味するが，1mを地球の直径にまで拡大しても，1ナ

ノはやっとビー玉の直径に相当する程度の，気の遠くなる小さな世界である．わが国においては，ナノテクノロジーはもともと「ナノスケール」での製造技術という意味を担って使われ，金属加工の分野も含んでいるが，本来は，ナノテクノロジーは分子・原子を操作し，並び方を調整し，価値のある機能を見出そうとするテクノロジーとして集約される．分子，原子の操作といえば，これは化学の世界が中心的な役割を担う．

本書では，新聞，テレビなどのマスコミに好んで取り上げられるこの最先端技術のナノテクノロジーを支えるナノサイエンスがどのような経過を経て生まれてきたのであろうかということを明らかにする．ナノテクノロジーは学際的な学問といわれるが，いまだ市場に評価される画期的な技術を生みだしていない．その理由の一つとして大量生産がむずかしいからである．ということは，いまだサイエンスの段階で，テクノロジーでない可能性を示唆している．

しかもこのナノテクノロジーも将来，必ずや光とともに影を伴うに違いないが，その予測は，今はできない．しかし過去にさかのぼり，発展過程を眺めることにより未来の光と影，あるいは限界が見えるかもしれない．

本書の分野は化学であるが，複雑な化学反応や化学構造式は極力，註にまわし，18世紀以降の科学・技術・社会が相互作用しながらナノサイエンスに至るまでの歴史的流れを考察し，環境問題への反省とともに，未来予測に役に立てることを意図している．われわれはいつでもインターネットで簡単に科学の情報を手にいれることができる．しかしその情報は断片的で，体系的な理解や時間の経過による流れを理解できない．新聞などのジャーナリストの情報はスピードを競い，それゆえに少しでも古くなるとすぐに忘れられてゆく．いずれにしても知識が体系的に組み立てられないのである．特に昨今の大学生はレポートを課しても，インターネットで断片的な知識を丸写しにしてすましてしまい，知識が孵化されていかない．この本では歴史的流れを追い，人類の科学知の財産がどんなふうに孵化され，体系化され，応用されてきたかを事例で示し，昨今の科学技術マネージメントに関心のある人も念頭において執筆した．また本書ではキーパーソンの科学者，技術者の偶然の発見に至る生身の人間像をも浮かび上がらせる．田中耕一氏のセレンディピティ（思わぬものを偶然発見する力）がノーベ

ル賞につながったが，本書ではセレンディピティからイノベーションにつながっていった事例を豊富に述べる．

序-4 化学の視点でナノの世界が開かれるまでのプロセスを眺める

本書の大きな柱の一つは科学・技術・社会(STS)の視点でナノの世界が開かれるまでのプロセスを眺めることである．科学は技術・社会と相互作用しながら発展してきたが，その先陣をきった自然科学が化学である．化学は，冶金，醸造，染色，薬品など生活に深く根づいて孵化し，19世紀以後，金属，食品，染料，繊維，製薬などの産業をささえる科学として発展していった．したがって化学の視点からナノの世界に至るプロセスを眺めることはSTSの視点で考察する上で意義があると考えたのである．

化学は19世紀以降，物理学や生物学とは全く異なった展開を示した．それはリービッヒの教育改革によるものであった．有機化学者であるリービッヒによる，理論と実験技術の両者を教育する新しい化学教授法が，有機化学を中心とする化学の専門技術者を多数輩出するとともに，自然科学系大学をドイツに誕生させていった．その結果，専門化学技術者を，大学だけでなく次々生まれるベンチャーからさらに企業へと，化学とともに成長する産業界へ注ぎ込んだ．そして他の自然科学に先駆けて，化学の世界では大学と企業の産学共同が進み，化学の産業化が起きていった．この延長上に，米国を始めわが国の産業界が期待するものづくりとしてのナノテクノロジーがある．

ナノテクノロジーは複合的，学際的であるが，その最も重要な点は，生命系技術の影響が色濃い点である．ナノテクノロジーのブームのきっかけをつくったドレクスラーの著作『創造する機械』の中にもこの点が明らかに読み取れる．本書においても，ナノサイエンスは自然を見つめ直し，生命体の中の仕組みを学び，人間にとって本当に必要なものづくりを根本から見直そうとして生まれた科学であるという認識が根底にある．それゆえに，本書の出発点として，1章に有機化学の芽生えを記述した．ヨーロッパにおいて17世紀から18世紀にかけて，「有機物は生命体でしか合成されない」という生気論が支持されていた．しかし1828年にウェーラーが「犬の腎臓を借りないで試験管の中で尿素の合成に成功した」と発表したとき

以来，有機化学の芽生えとともに，生命観が不連続に変化したのである．

序-5　概要

【1章　有機化学の芽生えと実験化学教育の確立】

生命体にしか作れないと信じられていた尿素が試験管の中で合成されることにより，有機化学は第一歩を踏み出した．その後，有機化学者リービッヒによる，理論と実験技術の両者を教育する新しい化学教授法が，化学の専門技術者を多数輩出するとともに，自然科学系大学をドイツに誕生させていった．

【2章　石炭の産業廃棄物から生まれた化学染料産業のシーズ】

産業革命以降，石炭の大量消費による産業廃棄物タールの有効利用に，リービッヒの育てた化学者が挑戦していった．リービッヒの弟子，ホフマンはタールから染料を人工合成するためのキー化合物の合成に成功し，英国の王立カレッジに招聘された．そして彼の教育に刺激されたパーキンはタールから紫色の合成染料，モーブの合成と企業化に英国の地において成功した．

【3章　原子をつなげて天然染料をつくる】

リービッヒの弟子，ケクレによるベンゼン環の提案は染料の化学構造を明らかにし，染料の人工合成に理論的な力を与えた．こうしてアリザリンやインジゴのような天然染料を人工的に合成する研究開発が研究開発型化学系ベンチャーで成功し，染料産業のイノベーションに発展していった．このように英国におけるパーキンのモーブの成功にもかかわらず，染料化学産業のイノベーションはドイツにおいて花開いた．その違いは英国とドイツの科学制度の対比によるものであった．

【4章　人類の科学・技術史上最大の成果】

ドイツの染料化学産業の勃興の中，エールリッヒにより染料による組織の染色から特効薬サルバルサンが生まれ，さらにサルファ剤への道が開いた．この成功は薬品を使って細菌を退治する研究にはずみをつけ，化学者，

技術者，企業家たちに大きな夢を与え，薬の商業化を加速させていった．この過程で，生命現象が分子レベルで説明される可能性が示唆され，分子をデザインし，感染症を撃退することが可能になった．ナノサイエンスは分子を操作する技術であるが，この時代にナノサイエンスの下地がまさにつくられていたといえよう．

【5章　分子を数える】
　ナノサイエンスは分子を操作して組み立て，機能の高いナノの大きさの組織体を目指しているが，本章では原子，分子の概念とその証明に至るまでのプロセスを述べる．ギリシャ時代のデモクリトスの古代原子論は17世紀にパスカルやボイルにより復活した．ドルトンが倍数比例の法則を提唱し，原子論を分子論に転化させる端緒を開いた．目に見えないものを証明することは困難を極めたが，20世紀になり分子を間接的に数えることで分子の実在を証明した．

【6章　マルサスの人口論から生まれたアンモニアの合成】
　有機化学の発展から染料化学産業が発展し，企業内の研究所が生まれていった．この最初の結実がドイツの染料会社の研究体制から生まれたアンモニア合成である．しかし空気中の窒素の固定化によるアンモニアの合成の成功は，装置産業と触媒の開発が石油化学産業を大型化させ，その結果，資源が浪費され，大量生産、大量消費の世界への突入につながっていった．しかしこの過程で実現した二重促進鉄触媒という金属触媒の開発は，固体界面での分子操作へとつながるナノサイエンスへの道筋を示したものであった．

【7章　分子を表面に並べる】
　18世紀，フランクリンの油-水の界面科学の先駆け的な研究から表面張力などの研究が進んでいった．19世紀後半，ポッケルスによる表面天秤による水の表面張力の研究を基に，ラングミュアはさらに改良された表面圧装置により，分子が水面上で垂直に配向する配向単分子層の概念をたて，分子の大きさまで推論した．不明であった界面現象の多くが解明され，新

しい2次元相の世界が発見されたのである．いいかえれば，ラングミュアによって有機分子の大きさや形が見えてきたばかりか，分子を並べるというナノサイエンスの基礎が誕生した．

【8章　DDTが引き起こした農薬産業イノベーションとその影】
　化学産業は繁栄し，化学研究は組織だった体制による研究の時代へ移行した．スイスの企業研究者ミュラーは理想の合成殺虫剤を心に描いてDDTに辿り着き，第2次世界大戦の最中に発売された．WHOを軸として普及活動が行われたDDT散布は，世界中でマラリアから何百万人もの人の命を救った．しかし結果的にはDDTは大量にばらまかれ，生態系を破壊していった．カーソンは収集したデータを考察し，DDTなどの農薬の生態系に与える様相をサイエンスに基づいた詩的な表現で描き出し，『沈黙の春』を出版した．この著書により人工化学物質の光とともに影がはっきり示された．

【9章　分子をつなげる】
　ベークランドがタールから実用的な人工高分子ベークライトを合成し，高分子化学は始った．シュタウディンガーはゴムのような巨大分子は鎖のように長いという巨大分子説を唱え，米国のカロザースがナイロンの合成に成功した．ナイロンは巨大分子説を実証したばかりか，合成繊維の大量生産，大量消費の道を開くブレークスルーの発明となった．その後ナイロンとともに生まれたプラスチックに対する消費者の反応はモダンカルチャーにインパクトを与え，第二次世界大戦後の文化，ライフスタイルは大きく転換した．しかしプラスチックの軽量で安定な性質は腐らない，かさ張るという廃棄の深刻な問題を引き起こしていった．

【10章　分子を集める，組み立てる】
　物質そのものでなく，分子が集まったサイズに注目するコロイドの概念が登場してきた．ナノサイズをも包含するコロイドの科学は後に，ナノサイエンスの基礎として発展していった．一方，市民の環境問題への関心の高まりの中で，化学者は生命の不思議な営みに改めて畏敬の念をもち，生

命現象の研究に基礎をおいた分子を組み立て，価値のある化合物を作り出す化学，超分子化学が生まれてきた．またミセルのような会合系とともに，自然界での生命の営みである自己組織化も注目されてきた．これらがナノサイエンスを複合系科学として発展させてゆくのである．

【11章　分子を視る，操る】
　レンズや焦点距離という視覚的要素によって微小なものを観察する光学顕微鏡さらには電子顕微鏡に代わって，1980年代にプローブ顕微鏡が登場してきた．この顕微鏡は試料を針で掃引することで様子を探るものであり，トンネル効果や原子間の力などを検出して，画像化する方法である．この方法では固体の表面に並んだ分子，原子を直接観察できるばかりか，つまんで並びかえること，すなわち分子を操作できるようになり，ナノサイエンスが本格的に始まった．

【12章　ナノテクノロジーブームの到来】
　ドレクスラーはその著作の中で「空気や水，炭などの材料を入れただけで，大したエネルギーを使わずに，飛行機でも自動車でも肉でもパンでもつくれる分子打出の小槌がつくれるであろう」と予言した．結局，ドレクスラーは石炭とダイヤモンド，がん組織と正常組織など，すべての現象は原子の配列しだいで価値あるものになったり，病気になったりすることを述べ，テクノロジーの最も基本は原子を並べることであると主張した．
　わが国においても科学政策としてこのナノテクノロジーをサポートしているが，大量生産は成功しておらず，いまだ市場に評価される画期的な技術を生みだしていない．ドレクスラーのいう「アセンブラー」や「レプリケータ」に近づくためには，自己組織化が最も必要な研究分野であるが，まだ道は遠く，多くの基礎研究の積み重ねが必要である．本章では未来の技術としての危惧も最近の「ネーチャー」などの新しい文献で紹介する．

【13章　総括】
　まとめとして化学の眼でナノの世界に至るプロセスを述べてきた理由を述べる．特に出発点として有機化学の誕生から始めた理由を述べる．また

ナノサイエンスに近づく過程で，DDTの生物濃縮に端を発した地球環境問題から，従来の有機合成化学の限界が露呈したこととともに，コロイド界面化学が超分子化学やナノスケールのテクノロジーの道を切り開いたことを述べる．さらにナノの世界に至るまでの科学者・技術者の群像を述べ，最後にナノの世界が開かれることによる光と影に言及した．

参考文献
1) 五島綾子「市民から遠くなる科学」，「科学」，73, 1287-1288(2003)
2) ダーウィン『種の起源（上・下）』，八杉龍一訳，岩波文庫，1990年
3) ロバート・L・パーク『わたしたちはなぜ科学にだまされるのか——インチキ！ブードゥー・サイエンス』，栗木さつき訳，主婦の友社，2001年
4) 松本三和夫『知の失敗と社会』，岩波書店，2002年
5) 市川惇信『暴走する科学技術文明』，岩波書店，2000年
6) 平成12年版科学技術白書：http://www.wp.mext.go.jp/kag2000/index-1.html
7) サミュエル・コールマン『検証 なぜ日本の科学者はむくわれないのか』（岩舘葉子訳），文一総合出版，2002年
8) 村上陽一郎『文化としての科学／技術』，岩波書店，2001年
9) 日本経済新聞，2000年，6月9日夕刊
10) 朝日新聞，2000年，10月6日朝刊
11) ロビン・ダンバー『科学はなぜきらわれるか』，松浦俊輔訳，青土社，1998年

1章

有機化学の芽生えと実験化学教育の確立

　ヨーロッパでは17世紀から18世紀にかけて，「有機物は生命体でしかつくられない」という生気論が支持されていた．しかし動物体内でしかつくれないと信じられていた尿素が1828年に試験管の中で初めて合成されて，有機化学が学問として本格的にスタートしたのである．その後，有機化学の教育カリキュラムに実験化学が取り入れられるようになり，理論と技術に精通した専門性の高い化学技術者を養成する教育システムが生まれてきた．この科学教育制度はドイツに定着することにより，染料化学工業の核となる科学・技術が発展していったといえる．本章では生気論の終焉とドイツにおける新しい科学教育制度の誕生のプロセスを述べる．

1-1　錬金術から無機物の医薬品への試み

　ヨーロッパにおいては，中世の時代を中心とした1000年の長い年月をかけて，錬金術師たちが築きあげた化学があった．世界中の子供達ばかりでなく，大人達まで魅了したベストセラー，J. K. ローリング著の『ハリー・ポッターと賢者の石』の中には，「賢者の石」により永遠の命に執着して生き長らえようとする魔法使いの錬金術師がハリーと闘う場面がある．古来，錬金術師たちの化学の目的は，「賢者の石」や「生の霊液」，そして「人造黄金」であった．つまり人間の欲の象徴である全能の力，永遠の青春，楽に手に入る富であったのである．当然ではあるが，彼らは化学の法則や概念を築き上げることができなかった．しかし錬金術師たちは経験的に多くの無機物を発見するとともに，ろ過や蒸留などの基礎的実験操作法を探りあてることができた．

　16世紀の錬金術の時代の終わりにかかる頃に，スイスのバーゼルにおいて異色の錬金術師が登場した．パラケルスス(Philippus Aureolus Paracelsus,

1493-1541)である．錬金術師たちが長い年月をかけて積み重ねた多くの知識をもとに，彼は金，銀などの貴金属や鉛などの卑金属を，酸や塩基の水溶液に溶解する程度を調べて系統的に整理・分類した．すなわち多くの金属に同じ試薬を反応させて反応の標準化を行ったのである．また，医師でもあった彼は新しい病気の概念もうちだした．当時，ギリシャ医学の流れを受け継ぎ，病気は基本的には人体の血液などの体液のバランスの失調であると考えられていた（註1）．病気の治療もそうした失調を起こしたバランスを回復してやることが大切で，特効薬という発想は全くなかったのである．しかし彼によると，「この世界の万物はみなそれぞれアルケウスと呼ばれる一種の霊を持っており，病気も，ある病気のアルケウスが体内に入り込んで，人間のアルケウスとの闘いに勝った結果として現われる．したがって，病気の治療には，人間の体内に入った病気のアルケウスを叩くような薬品を使うことがよいのだ」とした．すなわちある病気の霊を叩き潰すような特定の薬品を調合して注入してやると，その病気を治癒できると考えたのである．ここには化学療法剤の概念の原型があった．そして彼は当時，現代のエイズのように最も恐れられていた梅毒の流行に際して水銀を使うことを試みた．水銀は人体に対する毒性は高かったが，梅毒に対しては著しい成果をあげることができた．

　当時の医師たちは，パラケルススが水銀のような「毒」を人体に使うといって，彼を激しく非難していたが，パラケルススは，宗教界を敵にまわさないという用心深さは持ちつつ，自己の考え方を強く主張し，行動し続けた．にもかかわらず，彼の気性の激しさも加わり，彼の革新的な考え方は，当時の社会になかなか受け入れられなかった．けれども，結局，彼の考え方は時代を超えて受けつがれていった．それは若手の医者の中に，密かにパラケルススを信奉した者がいたからであった．こうして16世紀後半になると，パラケルスス派（医化学派）という一大グループが形成され，後の医学と化学の融合の下地がつくられていった．その後，水銀製剤は，4章で述べるサルバルサンという特効薬が発見されるまで，梅毒に効果のある唯一の治療薬として使われ続けたのであった．

　結局，パラケルススの錬金術は金属の変換技術を探すことではなく，病気の治療に用いる医薬品を製造することに意義があったのである．こうし

て一つ一つの病気の特徴が捉えられ，その特徴に合わせた特定の薬剤を用いる治療法の基本的考え方が受け入れられていった[1]．その結果，種々の無機化合物が医薬に用いられるようになり，医薬の数が大幅に増加していくこととなった．

1-2　有機化学誕生に至るまで：試験管の中での尿素の合成

17世紀後半から18世紀においては，ドイツのシュタール(George Ernest Stahl, 1660-1734)が説いた「生気論」が圧倒的に支持されていた．この生気論によると，この世の物質は，生命起源と非生命起源のものとの二つに大別され，生命起源の物質は生命体でしかつくることができない．したがって有機物は，人間が実験室で薬品を反応させることによってつくられるものではない．つまり生命体には特別なマジックのしかけがあると主張したのである．人類は火を使うようになってきて以来，「なぜあるものは燃えるのに，あるものは燃えないのだろうか？」という問いを持ちつづけてきた．シュタールはこの問いに対しても，彼独特の燃焼論を打ち立て，科学の世界で大きな影響力をもつようになっていた．彼によると，すべての可燃物はフロギストンという可燃性の燃素を含み，燃焼は可燃物からのフロギストンの放出である．人類の燃焼の利用は化学反応を最初に技術に応用した事例であるが，フロギストン説は木が燃える現象ばかりか，鉄が錆びる現象もこの燃焼論で説明し，自然現象を統一的に論ずることができる理論として評価されていた．

1828年になると，ドイツの化学者ウェーラー(Friedrich Wöhler, 1800-1882)（図1-1）が無機物であるシアン酸アンモニウムを加熱して尿素(註2)をえることに成功した．この尿素は動物が体内でつくり出して排泄されるもので，生命体でなければ合成できないと信じられていた物質であった．そこでウェーラーはこの成果を「犬の腎臓を借りないで試験管の中で尿素の合成に成功した」と発表した．彼の主張は，尿素の合成の成功によって生命由来物質を人工的に作り

図1-1　ウェーラー

出したことを意味していた．

こうして新しい生命の化学として有機化学が芽生えてきたのである．現在は IUPAC (International Union of Pure and Applied Chemistry)で，有機化合物は一酸化炭素CO，二酸化炭素CO_2以外の炭素を含んだ化合物と定義されている．しかし18世紀においては，生物の中で生成されたものだけを有機物といい，有機化学はこの有機物を対象とする化学として少しずつ育ちつつあった．

アルコール発酵で生成される酢酸は生命由来の典型的な有機物であった．1845年になると，ドイツのコルベ(Adolph Wilhelm Hermann Kolbe, 1818-1884)は酢酸（註3）の人工合成に成功した．これで生気論は全く力を失ってしまったのである．その上，このような尿素と酢酸の人工合成は，その他の天然物も人工的に合成できるかもしれないという期待を呼び起こしたのである．化学者，技術者の中には理屈はわからなくても，有機物を作り出してしまおうという気運が生まれたのであった．

1-3　リービッヒによる化学教育の方法論のパラダイムの確立

ウェーラーの尿素の人工的合成が発表された19世紀のドイツの化学は，フランスに比べると一段と遅れをとっていた[2]．フランスでは18世紀に化学の父と呼ばれたラボアジエ(Antoin Laurent Lavoisier, 1743-1794) の登場以来，19世紀は，パスツール(Louis Pasteur, 1822-1895)，ベルナール(Claude Bernard, 1813-1878)，ラウール(Francois Marie Raoult, 1830-1901)などの偉大な科学者を輩出し，化学の世界も変革期を迎えつつあった．このような中で薬種商の息子としてドイツに生まれ育ったリービッヒ(Justus von Liebig, 1803-1873)(図1-2)はフランスに留学した．当時，エコール・ポリテクニクの教授であるゲイ・リュサック(Joseph Louis Gay-Lussac, 1778-1850) は「気体反応の法則」(註4) を提案し，フランスの一流の科学者として尊敬を集めていた．幸運にもリービッヒは彼の実験室に入ることが許され，そ

図1-2　リービッヒ

図1-3 リービッヒの実験室

こで化学実験の手ほどきを受けることとなった．リービッヒはドイツに帰国後の1825年にギーセン大学の助教授に就任した．彼はゲイ・リュサックの実験室での体験からヒントをえて，化学実験を取り入れた化学教育の実施に取りかかった．1826年に彼は私財を投じて古い兵舎を転用した何の飾り気もない実験室に実験台数台を据えつけ，自製のものも含めて実験器具を置いた．こうして学生実験室（図1-3）を設けて，自ら実験しながら学生を育て始めたのである．

　リービッヒの実験室ではまず伝統的な錬金術師的な親方と徒弟との関係の中で行われていた経験的薬品づくりを改めた．つまり彼は，講義は最小限に抑えるが，科学理論とともに実際に薬品の作り方を身につけた化学者を育てようとしたのである．しかし重要な点は，彼が当時，誕生したばかりの有機化合物を対象にした十分確立されていなかった定性分析・定量分析を実験化学教育の教材に用い，カリキュラムに組み上げたことであった．次々に合成される未知の有機化合物がどのような種類の元素からなり，どのような割合でその化合物を組成しているかを調べる方法の確立を目指していたからである．当時，まだ渾沌としていた有機化学を解きほぐすためには，彼はまず有機化合物の組成を知ることが最も重要であると考えていたのであろう．リービッヒは時代がその有機分析の技術を要求していることを察知していたのである．この先見性こそが革新的な教育制度の確立と

普及に導いたといえる（註5）．

　リービッヒは多くのテーマを助手の役割も兼ねた上級生に与え，彼らは新入生を指導しながら，与えられたテーマの研究実験に当たった．これは現在に近いスタイルの研究教育組織体制であった．この下で学生は，この分析主体の実験化学教育を一定期間受けるとともに，当時，何がすでに知られているかという先行研究とともに，何が課題であるかということについて教育された．学生はこうして習得した技術を使い，問題意識をもってオリジナルな研究をスタートさせたのであった．リービッヒはその成果が認められた段階で，哲学博士(Ph. D)の学位が授与されるシステムも作り上げた．これは教育と研究を統合する初めての制度であり，現在の学位授与のシステムはここに由来する[2]．このようにしてギーセン大学では，手作りの実験室が現在の教育・研究用のスタイルにほぼ近いものに整えられ，1830年代までに定着した．しかしギーセン大学も他大学同様に，理学部があったわけではなく，この化学教育を行った部局は哲学部の中に所属していたのであった．リービッヒが講義をする講堂は溢れるばかりに学生がつめかけて満員で座席の争奪戦が激しく，聴講券を発行するほどであったという．時代が彼を要求していたのである．こうして後にすぐれた有機化学の専門家になる多数の若者達が，ドイツだけでなく世界中から学びにやってくる場となり，ギーセンとリービッヒは不可分の概念となっていった．

　この教育制度の定着と普及の成功要因をあげてみよう[3]．

1）リービッヒは，教育者として資質が非常に高いばかりか，学術年報の発刊，ウェーラーとの初の共同研究に見られるように，革新的な人物であった．
2）リービッヒは，実験化学教育のカリキュラムの内容として有機分析を取り上げ，当時の産業社会のトップランナーとしての高度の専門技術者を養成する先見性をもっていた．特に1847年にリービッヒが発表した「生命は分子反応なくして存在しない」というコンセプトは，後に輩出していった化学者，薬学者の研究のポリシーとなり，医薬品の研究・開発の発展へと繋がっていった．

3) 19世紀の初頭においても，物理学，天文学，数学，医学，化学などの自然科学は，まだ個々の学問として明確な境界もひかれておらず，確立されていたわけではなかった．しかし産業革命以降，化学は物理学に比べ，日常の衣食住の生活に密着した学問として存在しており，醸造，肥料，染料，薬学など当時の産業を支える自然科学の地位を確保しつつあった．特に化学産業の勃興とともに，時代が化学の高度な専門知識をもった若者を要請していた．
4) 当時，行商人が化学の実験キット用として，フラスコ，薬品やランプ，蒸留器などを各家庭に売り歩き，一般の人たちがこれを用いて自分の家で遊び感覚で実験を楽しむことが始まっていた．そのため，実験器具を設置した実験室を作ることはそれほど困難ではなかった[2]．
5) ギーセン大学は，歴史はあるものの，比較的小さな大学ゆえに新カリキュラムの導入が容易であった．
6) 教育と研究の統合は当時のドイツの急成長する大学の理念に一致していた[3]．

このギーセン式教育法の最も革新的な点は，ある程度の能力のある者は同等の実験化学教育のトレーニングを受ければ，高度な専門化学技術者になれることであった．すなわち専門的技術者の大量生産を可能とした．これが，「化学の組織化における偉大な発明のひとつ」と呼ばれるゆえんである．この教育制度は科学教育の大衆化・職業化の先鞭を切ったわけで，科学教育の方法論上のパラダイムの確立ともいわれる．この教育システムは20世紀初頭までに欧米に行き渡り，化学，生理学，物理学，植物学，微生物学などさまざまな自然科学の分野のカリキュラムや，経済学などの社会科学のカリキュラムにまで採用されていった．

1-4　リービッヒの学術年報の発刊

ギーセン式教育法がドイツの多くの大学に定着するようになると，大学の実験室は有機化学の研究の実践の場ともなった．そしてその場は，さらに薬学を含む化学の専門研究にまで広がっていった．科学の研究の重要な点は，その研究のオリジナリティ，いいかえればどれだけ独創性があるか

である．科学者は当時からすでに今日のように，オリジナリティのあるアイディアあるいは発見が新しい知識の獲得につながるとみなすようになっていた．

オリジナリティのある研究こそが高い評価がえられるとなると，科学者は高い評価をえようと日夜研究に励むようになった．こうして厳しい環境で研究に励む化学者は新しい理論，新しい実験結果をえると，競争相手も含めた仲間に伝えたいと思うようになった．その一方で彼らにとって先取権を確保することが重要であることに気がつくようになった．オリジナリティを尊重する科学者にとっては，誰が最初に発見したのかは大変な関心事となり，先取権争いが激しくなっていた．（そして今日では，その競争は暴走とまでいわれるようになってしまったのである．）

そこでリービッヒは博士号を取得する過程で，この先取権を確保させるために，彼の学生たちにも研究を発表する機会を与えたいと考えるようになった．その結果，彼は化学者の発表の場として，1832年に「薬学年報」(Annalen der Pharmazie, 1832-1839) を創刊．1840年からは「化学薬学年報」(Annalen der Chimie und Pharmazie, 1840-1873) と改称し，学術雑誌を刊行し続けたのである．この点も次々に優秀な学生をリービッヒのもとに引きつける結果となった．

1-5　新しい研究スタイル：共同研究の始まり

リービッヒは優れた研究成果を数々あげたが，その研究スタイルも画期的であった．彼はウェーラーと共同研究を始めたのである（註6）．当時の彼らの共同研究は，歴史上最初に成功した共同研究の事例であった．1823年にリービッヒは雷酸銀（AgONC；　Ag:O:N:C=1:1:1:1）を研究し，この分析結果をゲイ・リュサックが編集している「化学年報」に発表した．ほとんど同じ頃，ウェーラーもシアン酸銀（AgOCN）の研究に取り組み，彼の論文が同じ学術雑誌である「化学年報」に掲載された．編集委員をしているゲイ・リュサックはこれらの二種の塩の分析値が同じであることに気がついた．しかも両者は組成が同じでも，雷酸銀の方は激しい爆発性があり，シアン酸銀のそれと異なっていることに驚いたのである．これは，化学組成は等しいが，性質が異なるものが存在するという発見であったからであ

る．この発見によりリービッヒとウェーラーの間に信頼に基づいた協力関係が育まれ，そこから多くの重要な発見が後に生み出されていった．

一方，ベルセリウス(Joens Jakob Berzelius, 1779-1848)はもともと一定の化学組成には一定の性質をもつただ一つの化合物のみが存在するという考えをもっていたのであるが，酒石酸とラセミ酸の分析値が同一であることに気がつくこととなった．そこで彼は同じ組成の化合物でも，原子の配列が異なれば，異なる一組の性質が現れるとし，これを互いに「異性体」と呼んだ．こうして原子の配列が化学的性質を決めるという重要な認識が生まれたのである．

1-6　有機化合物の基の概念の確立

リービッヒとウェーラーは，異性体の共同研究をスタートさせ，苦扁桃油という天然の油の中に含まれるベンズアルデヒドに関する論文の中で，新しい概念を提示した．図1-4に示されるように，ベンズアルデヒドを酸化すると安息香酸がえられ，またベンズアルデヒドを塩素と反応させると塩化ベンゾイルがえられ，さらにこの塩化ベンゾイルからはベンズアミドがえられる．

これらの化合物のいずれにも共通の単位として，ベンゾイル基C_7H_5OすなわちC_6H_5CO- が含まれていることに気がついた．そこで彼らはこれが構造

C_6H_5COH（ベンズアルデヒド）　C_6H_5COOH（安息香酸）

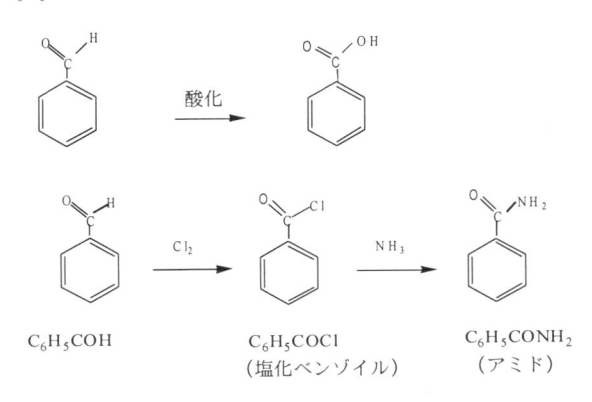

図1-4　ベンゾイル基をもつ化合物

表1-1 型による分類

型	陽性	中間	陰性
水型 $\left.\begin{array}{l}H\\H\end{array}\right\}O$	$\left.\begin{array}{l}C_2H_5\\H\end{array}\right\}O$ アルコール $\left.\begin{array}{l}C_2H_5\\C_2H_5\end{array}\right\}O$ エーテル	$\left.\begin{array}{l}C_2H_5\\C_2H_3O\end{array}\right\}$ 酢酸エーテル	$\left.\begin{array}{l}C_2H_3O\\H\end{array}\right\}O$ 酢酸 $\left.\begin{array}{l}C_2H_3O\\C_2H_3O\end{array}\right\}O$ 無水酢酸
水素型 $\left.\begin{array}{l}H\\H\end{array}\right\}$	$\left.\begin{array}{l}C_2H_5\\H\end{array}\right\}$ 水素化エチル $\left.\begin{array}{l}C_2H_5\\C_2H_5\end{array}\right\}$ エチル	$\left.\begin{array}{l}CH_3\\C_2H_3O\end{array}\right\}$ アセトン	$\left.\begin{array}{l}C_2H_3O\\H\end{array}\right\}$ アルデヒド
塩酸型 $\left.\begin{array}{l}H\\Cl\end{array}\right\}$	$\left.\begin{array}{l}C_2H_5\\Cl\end{array}\right\}$ 塩酸エーテル (クロロエチル)		$\left.\begin{array}{l}C_2H_3O\\Cl\end{array}\right\}$ 塩化アセチル
アンモニア型 $\left.\begin{array}{l}H\\H\\H\end{array}\right\}N$	$\left.\begin{array}{l}C_2H_5\\H\\H\end{array}\right\}N$ エチルアミン $\left.\begin{array}{l}C_2H_5\\C_2H_5\\H\end{array}\right\}N$ 2エチルアミン $\left.\begin{array}{l}C_2H_5\\C_2H_5\\C_2H_5\end{array}\right\}N$ 3エチルアミン		$\left.\begin{array}{l}C_2H_3O\\H\\H\end{array}\right\}N$ アセトアミド

の基本単位であると主張した．これは化学変化するときに変化せずにまとまって移動していく原子の集団であり，現在「基」と呼ばれるものである．ベルセリウスはこのベンゾイル基をBzと略し，安息香酸をBzOHと表記して，この概念を高く評価した．有機化合物を構成する上で，元素の種類は炭素，酸素，水素，窒素など数こそ少ないが，分子の構造は複雑である．当時は原子がどのように結合しているかという基本的な問題意識もなかったばかりか，当時，発見者も含めて化学の世界ではその概念の大きな意味を十分理解していなかった．しかしこの「基」の概念は，渾沌としていた有機化合物の整理をするための第1歩であった．

　この基の考え方をさらに発展させたのがフランスの化学者ローラン(Auguste Laurent, 1807-1853)である．彼は化合物を水型（H-O-H），水素型

(H-H),塩酸型(H-Cl)及びアンモニア型(NH$_3$)の4つの型に分類した.表1-1が示すように,例えば,水H-O-Hの型には,Hの一つをメチル基(CH$_3$-),エチル基(C$_2$H$_5$-)などの炭化水素基で置換すると,メタノール(CH$_3$OH)やエタノール(C$_2$H$_5$OH)ができる.また同じ水型の化合物であっても,水の水素を2個ともエチル基で置換するとジエチルエーテル(C$_2$H$_5$OC$_2$H$_5$)がえられる.ただしこの表の化合物名は今日用いられているものと必ずしも一致してはいない.しかし化合物を系統的に理解しやすくなったことが一目瞭然である.このローランの体系はそれまで発見されていた有機化合物をきれいに整理できる端緒となったのである.

原子の配列が有機化合物の性質を決めるという重要な発見からさらに「基」の提案は,原子団の操作につながり,後に述べる原子・分子を操作する科学,ナノサイエンスへの第一歩を踏み出したといえる.

註
(註1) 当時,ギリシャ医学の流れを受け継ぎ,病気は基本的には人体のなかの4種類の体液(血液、粘液、黒胆汁、黄胆汁)のバランスの失調であると考えられていた.それぞれの病因からくる特定の病気が一つ一つ存在するというように考えられていなかった.したがって,病気の治療もそうした失調を起こしたバランスを回復してやることに主眼がおかれ,特効薬という発想はなかった.当時の病気観にたてば,病気は4つの体液のバランスの失調であるので,薬剤はつねに人間の身体に対して体液の増減にかかわる薬でなければならず,本来,毒であるとわかっているものを人体に用いるなどということは許されることではなかった.

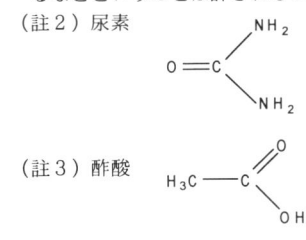

(註2) 尿素

(註3) 酢酸

(註4) ゲイ・リュサックは1905年に「気体が関与する反応では,反応物,生成物を問わず,その体積の間には1:1,1:2,1:3などの簡単な整数比が成り立つ」とした.後の分子論の布石となる重要な法則の発見であった.

(註5) これは当時の化学の先端の課題をいち早く教育の中味に取り入れたことを意味したものであり,現在の日本の大学の実験化学教育のカリキュラムを考える上で示唆的である.

(註6) 白川博士のノーベル賞受賞も共同研究の結実であったように,現在では世界中で共同研究が行われており,うまく機能すると数倍の力が発揮されるものである.

引用文献

［１］村上陽一郎『新しい科学論——事実は理論をたおせるか』，BLUE BACKS，講談社，1997年
［２］中村桂子・村上陽一郎・菊池誠・市川惇信・軽部征夫『化学に未来を託す』（日本化学会監修），丸善，1994年，pp14-25
［３］古川安『科学の社会史』，南窓社，2000年，pp120-125

参考文献

１）シェンチンカア『アニリン』，藤田五郎訳，天然社，1942年
２）古川安『科学の社会史』，南窓社，pp113，2000年
３）竹内敬人・山田圭一『化学の生い立ち』，大日本図書，pp41-43，1992年
４）竹内敬人『化学史』，放送大学教育振興会，pp49-51，p61，1993年
５）竹内敬人『化学の基礎』，岩波書店，1996年
６）A. Sherman, S. Sherman, L. Russikoff『化学——基本の考え方を中心に』，石倉洋子・石倉久之訳，東京化学同人，1990年
７）E.J.ホームヤード『錬金術の歴史——近代化学の起源』，大沼正則監訳，朝倉書店，1996年
８）小泉賢吉郎『科学技術論講義』，培風館，1997年
９）レスター『化学と人間の歴史』，大沼正則監訳，肱岡義人・内田正夫訳，朝倉書店，1981年
10）R.M.ロバーツ『セレンディピティー』，安藤喬志訳，化学同人，2000年
11）道家達將『科学技術史』，放送大学教育振興会，pp273-274，1995年
12）メイスン『科学の歴史・上』，矢島祐利訳，岩波書店，1984年

2章

石炭の産業廃棄物から生まれた化学染料産業のシーズ

　英国産業革命は，1760年から1830年にかけて織機，紡績機，化学工業，製鉄，動力機関，交通運輸手段など多くの分野においてめざましい技術革新をともなった．ランデスによると「18世紀に起こった英国の産業革命とは，人間の熟練を機械でおきかえ，人力や畜力を機械動力におきかえることによって，手工業から工場制工業への転換をもたらし，その結果，近代の経済社会を産み出した一連の技術的革新である」[1]．

　英国においてこの産業革命が花開いた要因の一つとして，コール・テクノロジーがあげられる．すなわち英国は石炭の採掘と利用の技術の先鞭をきったのである[2]．石炭からエネルギー的に効率の高いコークスをえる技術が次々に改良され，動力源のコークスの供給が加速的に増加し，動力革命が速やかに進行した．しかし，そのために産業廃棄物であるコールタールが増えつづけ，深刻な環境問題が引き起こされていった．

　1章で述べたリービッヒの育てた化学者，技術者たちは有機化学の成果にもとづいて，厄介物のコールタールの再利用に果敢に挑戦していった．その最大の成果が合成染料の原料のキー化合物，アニリンの合成の成功であった．英国のパーキンはこのアニリンを原料に，紫色の染料，モーブを偶然発明し，商品化した．このモーブはヨーロッパで大流行し，莫大な富がパーキンにもたらされた．これに刺激され，染料製造の小さな企業，今でいう化学系ベンチャーが次々に誕生していった．

2-1　石炭の大量生産・消費によるコールタールの出現

　木炭も石炭もその持っている熱量は，太陽光線のエネルギーが植物に蓄えられたものである．しかし石炭の場合は，同じ重量の木炭に比べ，数倍の熱量がある強力な燃料である．石炭は何千万年もかかって蓄積されたエ

ネルギーを保有しているからである．この石炭を掘り出して使うことにより，産業革命以後の工業や輸送のためのエネルギーが飛躍的にえられるようになった．その結果，英国の製鉄業もめざましい発展をとげた．

　古来，人類は鉄をえるためには炭素を含む燃料が大切であることを経験的に習得していた．当時も酸化鉄から鉄に変換させるためには，炉の中で多量の炭素を燃やし，高温の状態で鉱石中の酸素を炭素と化合させて二酸化炭素とし，酸化鉄を還元する必要があることを知っていた．しかし石炭は，燃料としては木炭より優れていたが，そのまま高炉に使ったのでは溶融した鉄の中に石炭に含まれる不純物が溶け込んでしまうので，できた鉄は使い物にならなかった．1710年ごろ，ダービー1世(Abraham Darby I, 1677-1717)は，石炭をコークスに変えれば亜硫酸ガスなどの不純物を追い出すことができることを発見した．そこで木炭の代わりにコークスを高炉の原料にするようになった．コークスは石炭を乾留してあらかじめ主な不純物である亜硫酸ガスを飛ばしてえられるのである．ここで乾留とは空気にふれさせずに窯で加熱するプロセスをいう．石炭の乾留で最初に取り出されるのが石炭ガスであり，これは都市ガスの原料として用いられるようになった．次いで液体としてコールタールが分溜され，最後に残るのがコークスなのである．さらにダービー父子(Abraham Darby I, 1677-1717; II, 1711-1763)は改良に改良を加え，より有効なコークスをえる方法を確立していった．こうして産業革命以降，石炭からコークスを抽出する乾留技術の開発が重要な工学技術となっていった．

　出来た鉄はその中に含まれる炭素含有率により以下のように性質が異なる．

　　炭素含有率
　　　0.1%以下　；　錬鉄，加工が容易である．
　　　3％以上　　；　銑鉄，硬いがもろい．鋳物に使う．
　　　中間　　　　；　鋼，強靱で刃物にも使える．

ダービー父子の建てたコールブルックデール製鉄所では銑鉄から鋳物が作られるばかりか，後にワット機関のボイラーも生産されるようになった．ダービー3世は世界最初の鋳鉄でつくった橋をセバーン河にかけたが，この橋は今も残っており，アイアンブリッジという地名になっている．

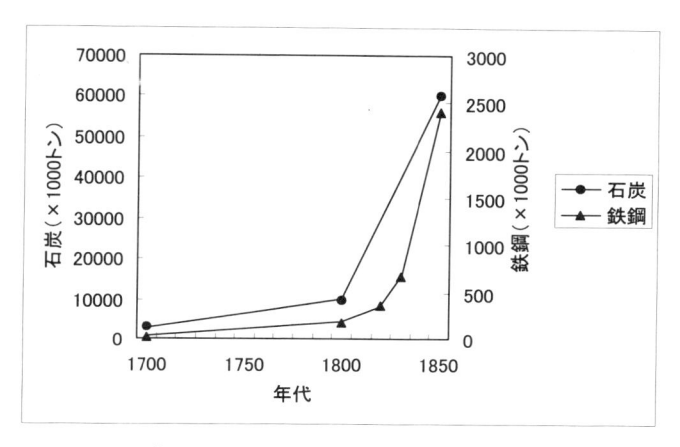

2章　石炭の産業廃棄物から生まれた化学染料

図2-1　英国の産業革命時における鉄鋼と石炭の生産量の増加

　このコークスを用いた高炉による製鉄法は時代の要請に応えたもので，たちまち普及していった．その結果，石炭の需要がいっそう高まり，より多くの石炭の採掘のためにより多くの資材が必要になり，製鉄産業がさらに拡大し，さらなる石炭の増産が促されるという産業間での連鎖的生産の拡大が起こっていった．図2-1は石炭の消費量と鉄鉱生産量が年代とともに平行して増加していることを示している[3]．しかし採炭が増加していくと，より深く採掘することが必要になり，それに伴いわき水の危険を抑えるために水を汲み上げる必要が生じ，この揚水に蒸気機関が使われるようになった．動力機関の登場がさらなる多量な石炭の使用を導いたのである．ワット(James Watt, 1736-1819)の蒸気機関は産業革命を代表する発明であった．ワットが発明家としては同時代において突出して優れていたと評価される理由は，その時代がちょうど，紡績業や鉄鋼業の拡大とその技術のめざましい進歩の時期に一致し，ワットの動力機関がこれらの工場に必要な動力を提供する最も有効な手段であったこと，さらにワットは原理的な段階から実際の製作まで一貫して一人で仕上げた点であった．

　石炭乾留の際に生じるねばねばした黒い液体，コールタールは，船底やロープの防腐剤として，あるいは道路の舗装用として，またクレオソート油の形で木材，特に線路の枕木の防腐剤として市場を見出していた．しか

しその需要の分野は限られており，当時は，タールはほとんど処理できないでいた．大半は河川にたれ流され，環境問題となっていたのである．しかもコークス製造やガス事業が発展するにつれて，さらに大量にタールが副産物として廃棄されるようになり，このタールの処理は大変な社会問題となっていた．処理するためには，タールをなにかの溶媒に溶かすことが先決であった．しかしこのタールは悪臭ただようヘドロのような粘度の高い真っ黒な液体状で，水はもちろんエステルなどの有機溶剤にも溶けなかった．これは現在の大量生産，大量消費後に大量廃棄されるプラスチックの厄介さを連想させるものである．

　ドイツのルンゲ (Friedlieb Ferdinand Runge, 1794-1867) は，1830年にタールの中からフェノール（註1）や，1834年にアニリンなど有機化学上重要な物質の分離に成功していた．このタールの利用こそが，以後ブレークスルーとなる化学・技術をもたらしてゆくこととなった．その最も重要な成果は，タールから各種の染料が合成される過程で本格的な有機合成技術が生まれ，これが化学療法剤へと発展していったことである．もっとも，化学療法剤により人類の寿命が飛躍的に延び，人口爆発につながり，地球環境問題という人類にとって重い課題がつきつけられることとなった（註2）．産業廃棄物であったコールタールの有効利用から新しい科学と技術が生み出されていったことは，今日の環境技術に示唆するところが大である．ここでは技術革新が生まれたプロセスを述べる．

2-2　産業革命以降の産業技術と化学の協同効果への期待

　英国ではボイル(Robert Boyle, 1627-1691)らの「見えない大学」など非公式なグループが主体となり，1662年にロンドンにチャールズ2世(Charles II, 位1660-1685)の勅許をえて，ボイルらを初代幹事として王立協会が設立された．王立協会の財政はほとんど会員の会費だけで賄われたが，その目的は，自然の観察や実験を通してえた新知識を持ち寄って論じ合うことであった．しかし産業革命が進む中で王立協会は貴族の社交の場と化していった．

　一方，地方の産業都市で次々結成される研究会は，産業技術者と科学者の情報交換や先取権（Priority；発明，発見の優先権）の確保のための重要

な場となり，活気づいていた．その活動は新興の産業資本家層によって経済的に支えられていた．1760年ごろにはバーミンガムで工場経営者ボールトン(Mathew Boulton, 1728-1809)らがスポンサーとなり，有名な月光協会が設立された．この協会では企業家や科学愛好家，職人が集まって，実験や科学の情報交換を行った[4]．1780年代から19世紀後半にかけてマンチェスターをはじめとする産業都市に多数設立された文学・哲学協会は一般大衆に自然科学を浸透させる役割をはたしていた．それと同時に，アマチュア科学者にとって自然科学における発見の先取権の確保の場となっていった．例えば，英国のドルトン(John Dalton, 1766-1844)は小学校の教師をしながら，独学で気象の研究を続ける中，原子論の仮説に到達したが，そうした協会はアマチュア科学者のドルトンには好都合の発表の場であった．

産業革命の初期においては，英国ではさらし粉が発明され，綿織物の漂白が効率化され，産業革命を飛躍的に進める原動力となった．リービッヒはこのさらし粉の発明を高く評価し，「このさらし粉の発明がなければ，産業革命は進展しなかったであろう」とまで述べている．さらし粉の発明は，綿織物の産業技術者が偶然化学者から「塩素には漂白力がある」という科学情報を耳にしたことから始まった[5]．蒸気機関を発明したワットは，すでに機械工学会の第一人者となっており，ヨーロッパ各地で科学・技術の情報収集に奔走していた．彼はフランスの田舎のシャベル村で塩素ガスをアルカリ溶液に溶解させることができるという情報をえた．これがさらし粉の成功へと繋がっていった．実は，ワットは伝統的ギルドから締め出され，1757年に21歳でアダム・スミスの働きかけで「大学つきの数学器械製造人」に任命され，グラスゴー大学で顕微鏡などの器械を陳列し，器械の製作や修理もしていた人物であった[6]．そのときの教授ブラック(Joseph Black, 1728-1799)の潜熱のアイディアを基にして凝縮器付蒸気機関を発明したという伝説は，今では否定されているが，ブラックとの交流によりワットが当時の最新の熱理論の知識をえていたことが成功につながったことは間違いない．

しかしマンチェスターの文学・哲学協会において染色や漂白などの実用化学を手掛けていたヘンリー(Thomas Henry, 1734-1816)は，1782年に「不幸なのは、染色工には化学者がほとんどいないし、化学者には染色工がほ

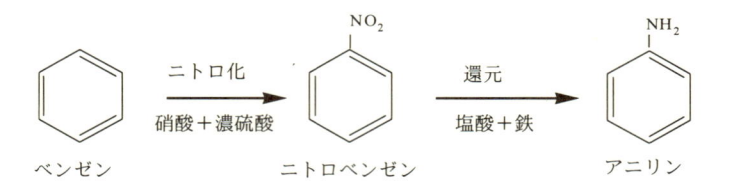

図2-2 コールタールから得られたアニリン

とんどいないことである」と述べている[7]．これは化学と産業技術の円滑な結びつきの必要性を主張しているのである．産業革命が進む中で，産業界への化学者の進出は着実に進み，英国では産業都市でのこのような地方学会が大きな役割を担うようになり，化学と産業が結びついていった．

2-3 パーキンによる人工染料モーブの合成

化学の産業界への進出は合成染料工業の領域でパーキン(William Henry Perkin, 1838-1907)の偶然の発見で始まったが，その端緒はリービッヒの弟子，ドイツ人のホフマン(August Wilhelm von Hofmann, 1818-1892)であった．

ホフマンはタールからベンゼンを発見し，これをニトロ化してニトロベンゼン（註3）とし，さらにこれを還元するとアニリン（図2-2）が合成されることを示した．彼はこのようにして初期の有機合成化学の基盤を築き上げ，英国王立化学カレッジ(Royal College of Chemistry)の初代教授として招聘された．このカレッジは，ドイツのギーセン校の影響を受けて，1845年に創設された私立学校であった．ギーセンの留学経験をもつ英国の化学者たちが英国における自前の化学者養成の機関を強く要望し，地主や企業家に財政援助を要請して創立されたものである．

図2-3　パーキン

ホフマンは化学の力をもっと医薬品の合成に応用したほうがよいと考えていた先見の明がある人物であった．彼はコールタールからえたアニリン系化合物からマラリアの特効薬キニーネをつくりだしたいと考え，この研究を英国人で

ホフマンの弟子，パーキン（図2-3）に勧めた．キニーネは1819年にルンゲによりキナの樹皮から単離され，マラリアの予防の効果が知られていた．図2-4に示すように，キニーネの化学構造式は大変複雑で，その化学構造が明らかにされたのは20世紀の初頭であった．しかしホフマンは，その化学構造式が不明であるにもかかわらず，人工合成が可能と考えた．それはキニーネの組成が$C_{20}H_{24}N_2O_2$と推測されていたので，化学構造式は考慮せず，化学反応式上，反応の前後で質量保存の法則が成り立っていれば，生成されるはずであると推測したからであった（註4）．図2-4に示すように，ホフマンはタールから抽出して精製したp-トルイジン（メチルアニリン）を出発物質とし，このp-トルイジンの酸化により合成しようと計画した．1944年にキニーネの合成がやっと成功したことを考えると，このアイディアは大変無謀であったといえよう[8]．

このように有機合成化学の歴史において理論を前提としないで目的に突き進むという錬金術師的な試行錯誤の研究の側面があったために，有機合成化学は科学というよりむしろ技術として位置づけられる場合もあった．

パーキンの父親は建設業であったが，パーキンが化学実験をできるように自宅に簡単な実験室を作り，彼は王立化学カレッジが休みの時にトルイジンからキニーネを合成する実験を始めた．パーキンにはキニーネを作る

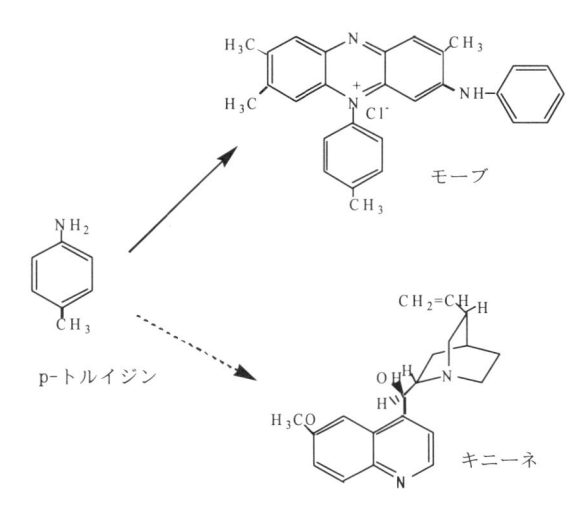

図2-4 トルイジンからキニーネの合成を目指して，偶然えたモーブ

という目的は，当然はせなかった．しかし，彼はトルイジンの硫酸塩を強力な酸化剤である二クロム酸塩（註5）で酸化するという実験の繰り返しの過程で1856年に偶然色素を発見した．最初にできたものは真っ黒な固体であったが，これをフラスコから洗い出すために使った水やアルコールが紫色になっていることを彼は見逃さなかった．パーキンはこの紫色の溶液を調べ，この液が絹を紫色に染めることができることを発見した．しかも直射日光でも石鹸で洗濯しても褪色しない優れものであることにも気がついていた．

古来，美しい紫の染料はフェニキア（現在のレバノン）の都市のチルスでとれるムール貝からつくられていた．チルスの紫は大変珍重され，王や皇帝，位の高い僧だけが使うことができた特別の染料であった．この染料でフェニキアの商人たちは紫に染めた衣料を売って莫大な富をえていた．当時，フランスの皇后が紫色のドレスを着る流行を生みだし，その色をフランス人はモーブと呼んでいた．そこでパーキンはその色をモーブと呼び，早速モーブで染めた絹の見本を英国で最も有名な染色会社に送った．この行動力と市場の反応の的確な予測が成功の原動力であったのであろう．染色会社からは興奮気味の手紙が返ってきた．染料としての評価が高かったのである．そこで彼自身で特許を取り，学校をやめてその製造に打ち込んだ．しかし資金の調達は困難を極めた．「石炭から染料をつくる」といっても誰も相手にしてくれなかったからである．結局，父と兄が貯金を融資してくれ，親族からなる小さな同族会社からスタートすることになる．こうして1857年にパーキンは Perkin & Sons 社を設立し，工場を建設した．

パーキンのモーブの合成と製品化には困難がいくつかあった．まず原料となるアニリンは当時，売られていなかったことである．パーキン自身がタールからとりだしたベンゼンを原料としてアニリンを合成する必要があったのである．またニトロ化に必要な硝酸は供給が限られていたチリ硝石と硫酸からつくらざるをえなかった．その上，パーキンのモーブが初めての人工染料というわけではなかったのである．フランスやマンチェスターの染料業者によりすでにフレンチパープルと呼ばれる合成染料が生産されていたのである．これは鳥の糞から抽出した尿酸と硝酸でムレキシド反応 (murexide reaction)（註6）によりつくられたものであった．Perkin & Sons 社

はこれとの競争にも打ち勝つ必要があった[9]．さらに彼の試みにとってもう一つ大きな壁があった．それは天然染料以外使いたくないという英国の染色業者たちの風潮であった．

しかしモーブで染めた絹がナポレオン3世の宮廷で大流行となると，染色業者達は考えを変えるようになり，モーブは一般市場でも大ヒットとなった．このモーブは，当時，同じ質量の白金と同じ値段で取り引きされていた．市場で評価される化学製品がいかに莫大な富を生み出すかを物語る最初の事例である．

彼の発明はセレンディピティー (Serendipity) の好例であった．彼はある目的にむかって出発し，幸運な偶然を見逃さない洞察力で別なゴールにたどりついたからである．ところでこのセレンディピティーはイギリスの作家ウォルポール(Horace Walpole，1717-1797)が1745年に友人のホイレス・マンに書いた手紙の中で初めて使われた言葉である．『セレンディピティーの三人の王子』という童話のセレンディピティーとは，スリランカの昔の地名である．その王子たちはいつも偶然と機敏さにより，探し求めている以外のものを発見しているが，彼らが本来探していたわけではない貴重な宝物を偶然にも運良く見つけだす物語である．そのためセレンディピティーの意味は「求めずして思わぬ発見をする能力，思いがけないものの発見：運よく発見したもの（リーダーズ英和辞典（研究社））」とある．

自然科学におけるセレンディピティーは偶然と同義語ではなく，また幸運そのものでもない．偶然も幸運も役割をはたすが，勤勉，機敏，忍耐が同じく要求されるのである．ルイ・パスツールが述べた言葉，「チャンスは，待ち構えた知性の持ち主だけに好意を示す」そのものである．

セレンディピティーの最も有名な例は，レントゲン(Wilhelm Konrad Röntgen, 1845-1923)によるX線の発見である．彼は陰極線，すなわち電子を真空管の中から外に取り出そうとして暗室に入った．そこで彼が見出したものは，世にも不思議な，何ものをも貫通するX線であった．X線によって映し出された手の骨格を見出したときの驚きは想像にあまりある．この発見は世界中を驚かせ，やがて物理学に一つの革命をもたらした．そのとき彼は50歳であった．セレンディピティーに出会えた科学者は，天才，アインシュタインやニュートンでもなく，もっと普通の人間に近い能力の持

表2-1　19世紀前半の有機化学の発展

1807　ベリセリウス（スウェーデン）が無機物と有機物に分類
1818　ベリセリウス（スウェーデン）が原子量表発表
1826　リービッヒ（独）とウェーラー（独）が別々に化学的異性体を見出す
1826　ウンフェルドルベン（独）がインジゴを蒸留してアニリンを発見
1828　ウェーラー（独）による尿素の合成
1831　スービラン、リービッヒ（独），グスリーが独立にクロロフォルムを発見
1832　デュマとローラン（仏）がコールタール中にアントラセンを発見
　　　ウェラー（独）とリービッヒ（独）がベンゾイル基の概念を発表
1833　ライヘンバッハ（独）がクレオソートを発見
　　　ミッチェルリヒ（独）がニトロベンゼンを合成
1834　ルンゲ（独）がコールタールよりアニリン，キノリンをえた
1836　ローラン（仏）による水の型を中心とした有機化合物の体系化
1843　ホフマン（独）がアニリン同定
1845　コルベ（独）が非有機化合物から酢酸を合成，生気論の終焉
1846　ホフマン（独）がタール中でベンゼンとアニリンを発見
1850　ウィリアムソン（英）のエーテルの合成

ち主であった．しかし彼らに共通した特徴は，自分たちの仕事への献身と，他の誰もがそれを成し遂げようとはしていないときに，それを推進する気力であった[10,11]．

2-4　パーキンの染料合成のその後の展開

　科学の目的は知識をえることあるいは理解することであるが，技術の目的は利用することである．科学における業績の評価はその専門領域の限られた科学者たちによってなされる．しかし技術が成功したかどうかの基準は市場が拡張したかどうかということであり，ここでは最後の判定は消費者によって行われる．

　一般にイノベーション，すなわち経済成果をもたらす技術革新が起こる場合，その製品が市場を形成し始めるより約20〜30年前に基盤の科学研究が生まれ，関連科学・技術が発達する期間が存在する[12]．すなわちこの期間に一連の関連科学・技術が集中的に発生するのである．核となる科学・技術ができあがるころ市場の評価に耐えられるような新製品が誕生し普及しはじめる．

　パーキンは科学者として優れた資質をもっており，当初のキニーネを作る目的ははせなかったが，その過程で偶然モーブの発明に成功し，その技

術が市場に評価されたともいえる．

　ここでこのモーブの発明が染料化学産業のイノベーションが起こる起爆剤となっていったプロセスを眺めてみよう．科学の世界では表2-1の年表が示すように，1828年のウェーラーによる尿素合成，1832年のウェーラーとリービッヒによる基の概念の発表，1836年のフランスのローランによる水の型を中心にした有機化合物の分類と体系化，1843年のホフマンのアニリンの同定，1845年のコルベによる酢酸の合成の成功による生気論の終焉，1846年のホフマンらによるタール中のベンゼンとアニリンの発見など，大学における数々の科学の貢献があげられる．それに加えてリービッヒの実験科学教育のパラダイムの確立による人材の輩出が染料工業化の核となる科学・技術を孵化させていった．

　折しも増えつづけるタールの有効利用の科学研究が始まっていた．この科学・技術の中心的役割をはたしてきた人物がリービッヒの弟子であるホフマンであった．ホフマンの助言をえて，彼の弟子のパーキンはタールから医薬品の合成に挑戦した．パーキンは意図して合成したわけではなかったが，1856年にモーブを発明し，染料化学産業のイノベーションへと導いた．しかしこのイノベーションへと進んだ道筋においてパーキンの科学的発明はもとより，その後の彼の行動が重要であった．それは彼が構造不明のアニリン系染料を実際に布に染めて，染色会社に送ったことであった．この行動により彼は市場がもっと安い紫色の染料を要求していることを察知し，自分で特許をとり，今でいう研究開発型ベンチャーを立ち上げた．さらに産業廃棄物であり，入手しやすくコスト的に安いタールが原料であったことも染料のイノベーションの要因であった．すなわち染料のイノベーションもまた新しい商品が実現し，普及する過程で市場と技術がうまくかみあいながら練り上げられていったのである．この間の染料化学産業のイノベーションの芽を育む過程を図2-5に示した．

　こうして1857年には Perkin & Sons 社が設立されて，本格的な製品化がなされ，モーブの染料はヨーロッパにおいて5～6年にわたってブームを巻き起こした．紫色の染料は高価であったために，その利益は莫大であった．当時の消費者にとってモーブの価値は高く，パーキンは多大な富をえた．これは化学物質の人工合成が大きな利潤をもたらすことを示した初め

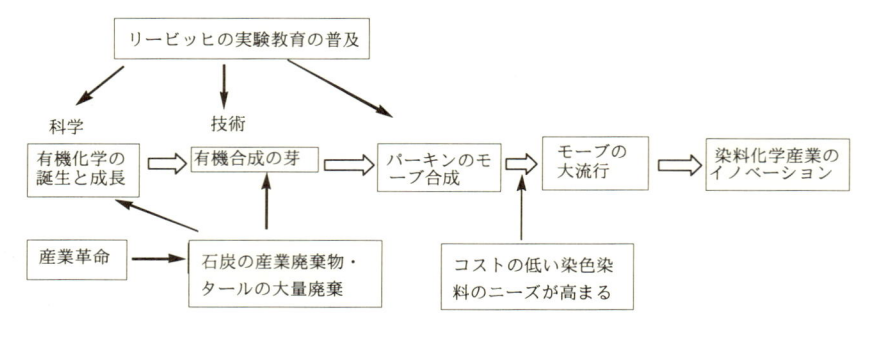

図2-5 染料化学産業のイノベーションの誕生プロセス

ての事例である．しかしパーキンは本質的には化学者であった．会社が軌道に乗ると，その莫大な利潤のおかげで自分自身の実験室をつくり，研究に没頭し，その後パーキン反応など合成有機化学上数々の業績をあげていった．

1856年のパーキンのタールから出発したモーブ染料の商業的成功は，その後の合成染料の発展の端緒となり，起業家精神にあふれた企業人が多く輩出するようになった．例えば Read Holliday Huddersfield（イギリス）(1860)； Robert, Dale & Co.（Manchester，イギリス)(1864)；Renard Freres（Lyon，フランス)(1859)；The Badische Anilin Co.(BASF)（Elberfeld，ドイツ)(1865)などである．BASF社すなわちバーディシェ・アニリン・ウント・ゾーダ・ファブリク社は後のドイツの化学工業を代表する企業として発展していった．このBASF社は1861年マンハイムのタール蒸留業者であった実業家，フリードリッヒ・エンゲルホルンがギーセン大学でリービッヒに学んだ化学者クレム兄弟と共同して始めたものであった．またほぼ20年後の1880年，オイゲン・ルツイウスが二人の商人とベンチャーをおこし，フランクフルト（ドイツ）の近くのヘヒストでアニリン染料の製造を始め，これがヘヒスト社に発展していった．

こうして英国において染料産業のイノベーションの芽がでた．このモーブの流行に刺激され，人工的に染料を合成し，企業化しようと，今日でいう化学系ベンチャーが欧州各国で次々に生まれていった．このようにして有機化学の研究が直接，化学製品に直結することが一般に認識されると，その後，有機化合物の化学構造の解明とその新しい機能を探そうと，化学

者，技術者の基礎研究と開発が加速されるようになった．

註
(註1) フェノール：石炭酸ともいう．タールから分離できる．水に溶解して消毒剤に使用される．後にこの石炭酸から重要な医薬品が合成された．
(註2) 石炭化学工業の発展によって培われた有機合成技術は，1950年頃からの石油の大量生産にともなって石油化学工業の興隆を促し，合成繊維やプラスチックなど人工高分子も合成洗剤などの界面活性剤も作り出されて，われわれの生活を一変させるほど便利なものにしていった．
(註3) ニトロベンゼン：タールに含まれるベンゼンから合成された．アニリンの製造原料として重要である．
(註4) コールタールからえられるトルエン（メチルベンゼン）を用いれば，トルイジンがえられる．これを原料にして，キニーネの合成ができるであろうという仮説を立てて取りかかったのである．
(註5) 二クロム酸塩：重クロム酸塩と呼ばれる．
(註6) ムレキシド反応(murexide reaction)は尿酸を硝酸などの酸化剤で酸化し，蒸発乾固してアンモニアを加えると，紫色を呈する．

引用文献
[1] D.S.ランデス『西ヨーロッパ工業史　1』，石垣昭雄・富岡庄一訳，みすず書房，1985年
[2] J.R.Harris, The Rise of Coal Technology, *Scientific American*,1974：内田星美訳，「サイエンス」，4，10号，1974年
[3] 荒井政治・内田星美・鳥羽欽一郎編『産業革命の技術』，有斐閣，p121のデータ，1986年；D.S.ランデス『西ヨーロッパ工業史　1』，石垣昭雄・富岡庄一訳，みすず書房，p317, p168のデータ，1985年より作成
[4] 古川安『科学の社会史』，南窓社，pp84-87, 2000年
[5] 道家達將『科学技術史』，放送大学教育振興会，pp170, 1995年
[6] J.G.クラウザー『産業革命期の科学者たち』，鎮目恭夫訳，岩波書店，1964年
[7] 古川安『科学の社会史』，南窓社，pp147-150, 2000年
[8] 櫻井英樹『物質のとらえかた』，岩波書店，p161, 2001年
[9] William H. Brock, *The Fontana History of Chemistry,* pp297-299, Fontana Press, 1992.
[10] G.シャピロ著『創造的発見と偶然——科学におけるセレンディピティー』，新関暢一訳，東京化学同人，1993年
[11] R. M. ロバーツ『セレンディピティー』，安藤喬志訳，化学同人，2000年
[12] 弘岡正明「イノベーションのダイナミズムと産業政策」，「高分子」，49, 764-767 (2000)

参考文献
1) 荒井政治・内田星美・鳥羽欽一郎編『産業革命の技術』，有斐閣，1986年
2) 竹内敬人・山田圭一『化学の生い立ち』，大日本図書，1992年
3) 竹内敬人『化学史』，放送大学教育振興会，1993年

4）武石彰「イノベーションのパターン」,『イノベーション・マネージメント入門』,一橋大学イノベーション研究センター編,日本経済新聞社,2001年
5）竹内均『科学の世紀を開いた人々（下）』, Newton press, pp221-230, 1999年
6）道家達將『科学技術史』,放送大学教育振興会, pp193-199, 1995年
7）遠藤徹『プラスチックの文化史』,水声社,2000年
8）シェンチンカア『アニリン』,藤田五郎訳,天然社,1942年
9）宮原諄二「あっという間の1年とは」,『知識とイノベーション』,一橋大学イノベーション研究センター編,東洋経済新報社,2001年
10）高柳輝夫「サルファ剤—染料から生まれた薬」「化学と教育」, 41, 537-542(1993).
11）メイスン『科学の歴史・下』,矢島祐利訳,岩波書店,1984年

3章

原子をつなげて天然染料をつくる
：アリザリンとインジゴの合成

　紫色の合成染料，モーブの合成とその企業化に成功したパーキンは，1861年に恩師のファラデーやホフマンも同席したロンドンの学会で講演した．その中で彼は，「近い将来に英国は世界最大の染料生産国になるであろう．英国は，まもなく石炭タールからつくりだされる青色染料をインド藍の栽培国であるインドへ，キハダやベニバナの代用品の合成染料をそれらの天然染料をつくっている中国や日本に送るようになるであろう」と予言した．

　一方，有機化学の研究は着実に進歩し，特にリービッヒの弟子のケクレらによる原子価の概念とベンゼン環構造の提案により，有機化合物の構造の理解が大きく進んだ．その結果，染料の複雑なベンゼン環をもつ化学構造も少しずつ明らかにされていった．こうして化学者によって蓄積された科学知識をもとに，技術者・企業家が一体となって天然染料と同じ化学構造をもつ染料を合成し，製品化を目指した研究開発が盛んになってきた．この研究開発の成功はドイツにおいて最初にもたらされたが，その起動力はリービッヒの育てた高度な専門性を持ちかつ実践的な化学者・技術者たちによるところが大きかった．

3-1　天然染料の人工合成を成功に導いた基礎有機化学

　1章で述べたようにウェーラーとリービッヒは有機化合物の化学構造と反応性を検討し，「基」の概念を提唱した．さらにローランは体系的に有機化合物を型に分類し，有機化合物群を系統的に理解できる道を開いた．リービッヒが実験教育に初めて取り入れた有機分析は普及し，有機化合物の炭素，酸素，水素，窒素などの組成が明らかにされていった．しかし有

図3-1 ケクレ

機化合物の化学構造式については依然として渾沌としていた．タールからえられたアニリンを出発物質として，染料が次々に合成されていっても，その手法は科学的根拠に基づいたものではなく，錬金術的な試行錯誤のくり返しの結果であった．有機化合物の性質や反応を理解する上で重要な有機化合物の化学構造式がまだまだ不明であったからである．

リービッヒの弟子で英国の化学者フランクランド(Edward Frankland, 1825-1899)は炭素原子と金属原子の結合を含む有機金属化合物を研究し，その中で重要な点に気がついた．塩化ナトリウム（NaCl）のように塩素などのハロゲンおよびナトリウムなどのアルカリ金属の原子はただ一つの他の原子と互いに結合する．しかし水（H_2O）や塩化カルシウム（$CaCl_2$）などに含まれる酸素やカルシウムは，二つの他の原子と結合する．このフランクランドの観察が基礎となって，リービッヒの弟子でドイツ出身のケクレ(Friedrich August Kekulé von Strandonitz, 1829-1896)（図3-1）は，原子価の考え方を1858年に提案した．

彼の原子価の考え方に従うと，水素やハロゲンの原子価は1価であり，酸素やカルシウムの原子価は2価であるので，炭素の原子価は4価となる．これを基にして有機化合物の構造を考えて，図3-2に示すように図形として示した．もちろん今日の単純化された化学構造式とはかなりかけ離れていた．しかし同じ時期に，英国のクーパー(Archibold Scott Couper, 1831-

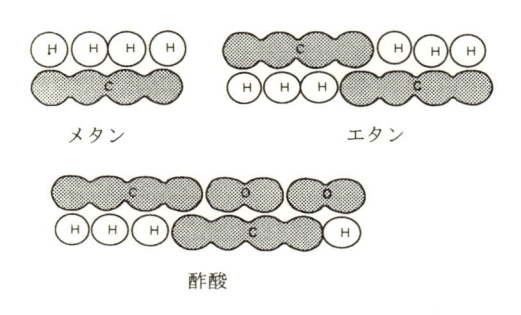

図3-2 ケクレの化学構造式
原子価が満たされていることだけしか表現されていない．結合を表す線が使われて，初めて今日用いられている「構造式」となる．

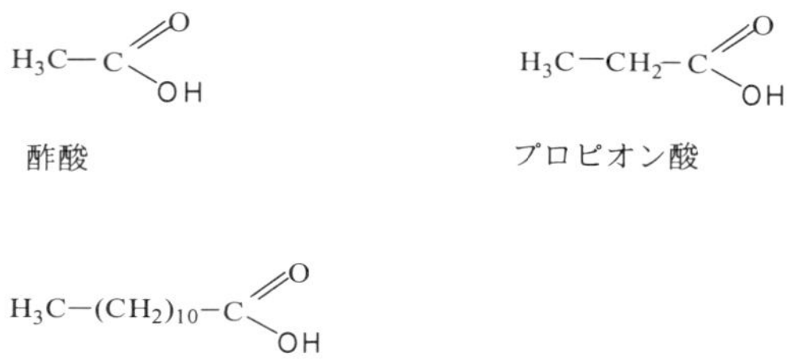

3章　原子をつなげて天然染料をつくる

酢酸　　　　　　　　　　プロピオン酸

ラウリン酸

図3-3　脂肪酸の炭化水素鎖

1892)は，原子間の結合を原子と原子を線で結ぶ構造式として提案した．この表現は現在の有機化合物の構造式に比較的近いものであった．このケクレ・クーパーの両者の提案したモデルは今日では，ケクレ・クーパー説と呼ばれるようになり，有機化合物の構造が理解しやすくなった．

　この考え方に基づき，炭素の原子価が4に対して水素のような1価の原子は4個，あるいは酸素のような2価の原子は2個結合できることが明快に理解されるようになった．最も重要な認識は，炭素原子の一つの価に同じ炭素が結合してもそれぞれの炭素原子には他の原子と結合するのに3価ずつ残っているということであった．この考え方に従うと，炭素原子が長く連なった炭素鎖ができ，かつ空いている原子価に水素原子が結合すれば長い炭化水素鎖ができあがる．例えば，図3-3に示すように，一連の脂肪酸を考えてみると，炭化水素鎖の炭素数が1個の酢酸（CH_3COOH），2個のプロピオン酸（CH_3CH_2COOH），11個のラウリン酸（$CH_3(CH_2)_{10}COOH$），17個のステアリン酸（$CH_3(CH_2)_{16}COOH$）というように長く連なった炭素鎖のついた化合物ができあがる．これらの脂肪酸は私達の生活になじみ深いものばかりである．特に炭化水素鎖は，細胞膜や脂肪を構成する原子団であり，直径0.5nm（ナノメーター）(註1)程度の棒状である．こうして炭素骨格をもった有機化合物の構造はカルボキシル基やアルコールの水酸基などさまざまな官能基と組み合わせるとその数が無数であることが予測されるようになった．炭素鎖をもつ化合物は後に述べるように，水表面上や固体面上で配列し単分子膜を形成し，ナノサイエンスの分子操作の一翼を担っていくのである．

シクロヘキサン　　　ベンゼン

図3-4　シクロヘキサンとベンゼン

　脂肪族化合物の化学構造は次第に明らかになっていったが，ベンゼン環を含む芳香族化合物の化学構造は依然，謎のままであった．1865年になると，ケクレは6個の炭素が一つの輪をつくっているベンゼンの環状構造を提案した．彼は建築学を学ぶつもりでギーセン大学に入学し，リービッヒの講義に感銘して化学に転向した人物であった．彼の初期の建築学の志向が有機化合物を立体的に理解しようとする姿勢を生み出した．彼の考え方は暖炉の前での「蛇が自分の尻尾を加え，ぐるぐる回っている」という夢から生まれたといわれる[1]．しかし炭素数が6個からなる環状構造は炭素原子が4価であることを考えると，C_6H_6の環構造は成り立たない．むしろ炭素は4価なので，図3-4に示すようにシクロヘキサン（C_6H_{12}）の化学構造の方が合理的となってしまう．そこでケクレは6個の炭素からなる環構造に3個の二重結合を交互に挿入したベンゼンを思いつき，炭素の4価を満足させることができた（図3-4）．すなわち二重結合と単結合が交互にある構造を考えついたのである．こうして提案された環状構造はベンゼンの大方の化学的性質を十分説明できた．

　さらにケクレは一つのベンゼン環に二つの基や原子が結合している二置換誘導体に3種類の可能な異性体があることを示した．すなわちオルト(o-；1，2-)，メタ(m-；1,3-)，パラ(p-；1,4-)の置換体である（図3-5a）．しかし二個の隣り合った水素原子を他の原子，例えば二つの塩素原

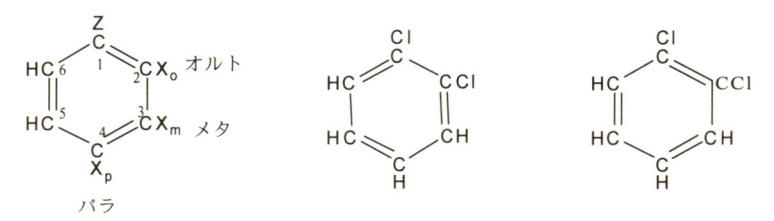

a) ベンゼン2置換異性体　　　b) オルトジクロロベンゼン

図3-5　ベンゼン2置換異性体とオルトジクロロベンゼン

a) ベンゼンの共鳴構造

または

b) 慣用略式構造

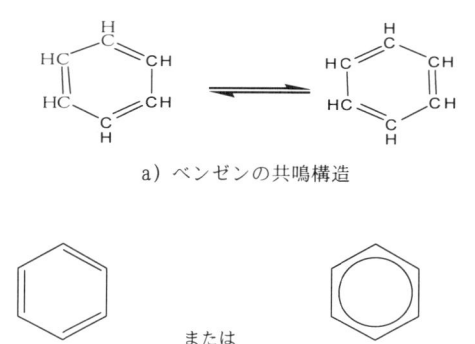

図3-6 ベンゼンの共鳴構造と慣用略式構造

子で置き換えたオルトジクロロベンゼンの場合について考えてみる(図3-5b)と,この二つの原子の結合している炭素同志が単結合で結ばれているかあるいは2重結合によって結ばれているかによって二つの異性体が生じるはずである.ところが予想に反して実際の実験では,異性体は存在しなかった.この疑問に対してケクレは6員環を構成している炭素原子間の二重結合と単結合が早い速度で交換しているのだという仮説を立てた.図3-6aに示すように二種の構造の間の速い移り変わりという,共鳴のモデルであった.これは20世紀の有機化学上,重要な共鳴理論の布石となっていった.現在では,ベンゼン構造は図3-6bのように略記されることがある.

基の概念とベンゼンの化学構造が明らかにされると,ベンゼンを母体とする芳香族の化学は以後急速に発展していった.特に染料はそのほとんどが有機化合物で,しかも芳香族性であったので,染料の合成化学の進歩はめざましいものとなった.ケクレがもたらした有機化学の発展は,自然界に存在するものばかりでなく,自然界に存在しない有機化学物質合成への挑戦を促すこととなった.

3-2 天然染料の人工合成の成功
3-2-1 アリザリンの合成と工業化

有機化学の発展に伴い,染料の科学的理論に基づいた合成の取り組みも始まった.このためには基本に戻って,有機化合物がなぜ発色するのかあるいはなぜ染色できるのかを明らかにすることが重要であるという認識が生まれてきた.特に染色の現象を有機化合物の化学構造と関連づけて考えることに関心が持たれるようになった.例えば,ウィット(Otto Nikolaus

表3-1　染料に関する科学・技術・社会の出来事

科学（○）・　技術（●）	社会（■）
○1589　パラケルススの著作の最初の完全版がバーゼルで公刊	
○1703　シュタール（ドイツ）のフロギストン説及び生気論	
●1746　ローバック（英）の鉛室法による硫酸の製造	
○1764　ブラック（英）が二酸化炭素発見	
○1766　キャベンディシュ（英）が水素を発見	
○1774　シェーレ（スウェーデン）が塩素を発見	
○1774　プリーストリー（英）が酸素を発見	
○1777　ラボアジエが燃焼論確立、フロギストン説の終焉	■1789　マンチェスターで初の蒸気織物工場が建設される
●1791　ルブラン（仏）が炭酸ナトリウムの工業的製法の特許	■1792　最初のガス照明をイギリス人とドイツ人が実施
	■1794　パリにエコールポリテク開設
	■1798　マードック(英)，ソホー地区で建物の照明に石炭ガス使用の公開
○1807　ベリセリウス（スエーデン）が無機物と有機物に分類	■1803　マルサスの人口論
○1818　ベリセリウス（スエーデン）が原子量表発表（1C）	■1821　ベルリンでTH設立（1S）
	■1824　リービッヒ（独）がギーゼン大学において実験科学教育を試みる（2S）
○1826　リービッヒとウェラーが別々に化学的異性体を見出す（2C）	■1825　カールスルーエでTH設立（3S）
○1826　ウンフェルドルベンがインジゴを蒸留してアニリンを発見	■1827　ミュンヘンでTH設立（4S）
○1828　ウェーラー（独）による尿素の合成（3C）	
○1831　スービラン，リービッヒ，グスリーが独立にクロロフォルムを発見	
○1832　デュマとローラン（仏）がコールタール中にアントラセンを発見．ミッチェルリヒがニトロベンゼンを合成	
○1832　ウェラーとリービッヒはベンゼンがベンゾイル基であるという概念を発表（4C）	

3章　原子をつなげて天然染料をつくる

- ○1833　ライヘンバッハ（独）がクレオソートを発見
- ●1833　デュマが有機化合物の窒素含有量を決定する方法を開発
- ○1834　ルンゲがコールタールの蒸留によりキノリンをえた（5C）
- ○1836　ローラン（仏）による水の型を中心とした有機化合物の体系化（6C）
- ○1843　ホフマン（独）がアニリン同定（7C）
- ○1845　コルベ（独）が非有機化合物から酢酸を合成，生気論の終焉（8C）
- ○1846　ホフマンらタール中でベンゼンとアニリンを発見（9C）
- ○1850　ウィリアムソン（英）のエーテルの合成
- ○1855　ウルツ（仏）が炭化水素のヨウ化物とナトリウムを使って炭素数の多い炭化水素を合成（10C）
- ●1856　パーキン（英）がモーブ染料を発明（1T）
- ●1858　ホフマンがコールタールからマゼンダを合成（2T）
- ○1858　ケクレ（独）とクーパー（独）が炭素の原子価説を発表（11C）
- ○1859　コルベがサリチル酸の合成
- ●1859　フクシンの合成（3T）
- ●1863　F．バイヤーがフクシンとアニリン染料誘導体の生産開始（4T）
- ○1865　ケクレ（独），ベンゼンの構造式（12C）
- ●1865　BASF社のカロがアニリンからアリザリンを合成（5T）
- ○1868　ベルリン大学のバイヤーの弟子、グレーベとリーベルマンがアリザリンがアントラセン誘導体であることを発見（13C）
- ●1871　BASF社からアリザリン販売（6T）
- ○1874　ファントホッフの炭素四面体構造（14C）
- ○1876　ウィットの染料の発色団（15C）
- ●1878　バイヤー（独）がインジゴの合成（7T）
- ●1879　メチレンブルーの合成（8T）
- ●1884　コンゴーレッドの合成（9T）
- ●1893　BASF社でインジゴの工業化（10T）
- ●1897　BASF社でインジゴを天然のインジゴより安く販売（11T）
- ●1901　ヘヒスト社でアニリンからインジゴ合成（12T）

- ■1837　ゲッチンゲンでギーゼン式教育（5S）
- ■1838　マールブルグでギーゼン式教育（6S）
- ■1852　ハイデルベルグでギーゼン式教育（7S）
- ■1857　パーキン（英）がPerkin & Sons 社設立
- ■1861　BASF社の前身会社がエンゲンホルンにより設立
- ■1863　F．バイヤーがフクシンとアニリン染料誘導体の生産開始
- ■1864　ホフマン，ドイツに帰国
- ■1865　BASF社設立
- ■1871　ベルリン大学でギーゼン式教育
- ■1876　ドイツで特許法公布
- ■1880　ヘヒスト社設立

Witt, 1853-1915)は染料の分子の一部である発色団や助色団と呼ばれる基が発色の原因となるという発色団説を発表した（註2）．これは分子の中に発色団および助色団を組み込むと，色が深くなりかつ染着性がよくなるという考え方である．このように染料の化学は試行錯誤的研究から科学的裏づけがなされるようになってきた．化学構造と染色という機能の関係を研究することは，分子の構造と機能の制御を志向するナノサイエンスに通じるものがある．

染料合成の基盤の科学・技術のコアーができあがると，高価な天然染料と同じものをより安く石炭から合成しようとする試みがなされるようになった．こうして表3-1の技術の欄に示すように，数多くの染料が次々と合成されていった．中でも茜草からとれるアリザリン，藍からとれるインジゴの合成への挑戦は，自然界にすでに存在するものを化学的に合成しようとする試みであるばかりか，研究開発により天然染料よりコストを下げ，工業化へ導いた最初の事例である．

アリザリンは古代からの赤色染料であかね科の植物の根からえられ，エジプト人はミイラを包む布の染色に使っていた．ルイ王朝時代にはフランスの経済再生の原動力として大掛かりなあかね栽培が始まっていた．しかし1860年代当時，アリザリンはその化学的組成も知られていなかった．ベルリン大学のバイヤー(Johann Friedrich Wilhelm Adolf von Baeyer, 1835-1917)はすでにインジゴの研究にも着手していたが，その数年後にはアリザリンも研究テーマとしていた．1868年バイヤーの若い助手であったグレーベ(Karle Graebe, 1841-1927)とリーベルマン(Carl Theodor Liebermann, 1842-1914)がアリザリンはアントラセンの誘導体であることを明らかにした（図3-7）．前述したようにすでに数年前にケクレがベンゼン分子の環状構造を提案し，芳香族化合物の原子の幾何学的配置に注目が集まっていた．したがって彼らは容易にアントラセンに対してベンゼンを三つ並べた構造式を当てはめることができたのであった．ケクレのベンゼン環の提唱はアリザリンのような芳香族化合物の構造決定に確実に道を開いた．

いったん，アリザリンがアントラセンの誘導体であることが突き止められると，アントラセンに酸素をつけ加えて合成する試みがなされ，天然のアリザリンと一致する合成品を一応つくることができた．しかしこの成果

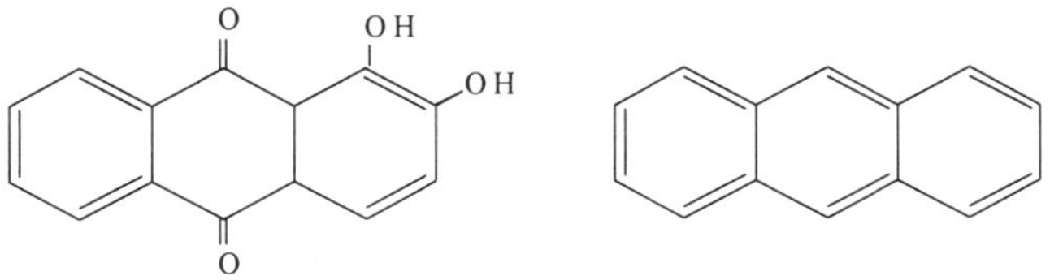
O
OH
OH
O

図3-7　アリザリン（左）とアントラセン

は学問的にはすぐれていたものの，この合成法では天然アリザリンを安く合成することはできなかったのである．

バーディシェ・アニリン・ウント・ゾーダ・ファブリウ工業会社(BASF)の技術者カロ(Heinrich Caro, 1834-1910)は，リーベルマンとともにアントラセンをアリザリンに高収量で変えることのできる方法を発見し（図3-8），BASF社はアリザリンの工業化に踏み切った[2]．この成功は，新しい合成化学技術についての発見，発明，研究開発の積み重ねであったばかりか，モーブの場合と異なり，天然染料と全く同じ染料を初めて人工合成できたことを意味した．合成アリザリンは1871年にドイツばかりかフランス，英国でも市販され始めた．この合成品は天然物の1/10にまでコストを下げることができたので，フランスのあかねの栽培は10年であっけなく壊滅してしまった．イノベーションに伴う既存産業の消滅であった．

3-2-2　インジゴの合成と困難を極めた工業化

アリザリンに比べ，インジゴの商品化に至るまでの道のりは苦難の連続であった．最初の合成はあっさりと成功したが，開発過程すなわち市場の拡大のための必須条件であるコストの問題の克服はアリザリンと比べ一段と厳しいものであった．

インジゴ（藍）もアリザリンと同様，古代から使われてきた．このイン

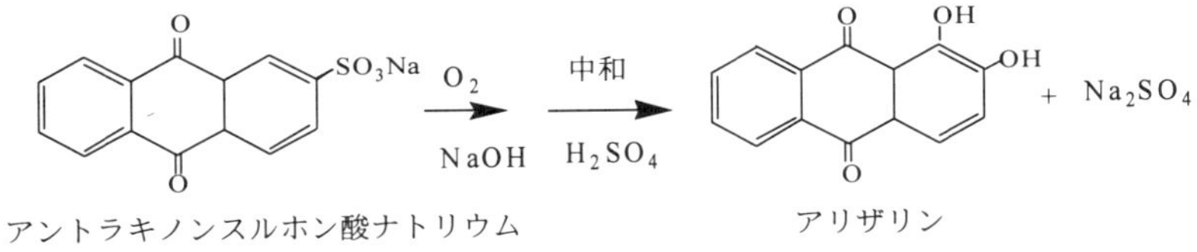
O
SO₃Na
O
O₂
NaOH
中和
H₂SO₄
O
OH
OH
O
+ Na₂SO₄
アントラキノンスルホン酸ナトリウム
アリザリン

図3-8　アリザリンの合成プロセス

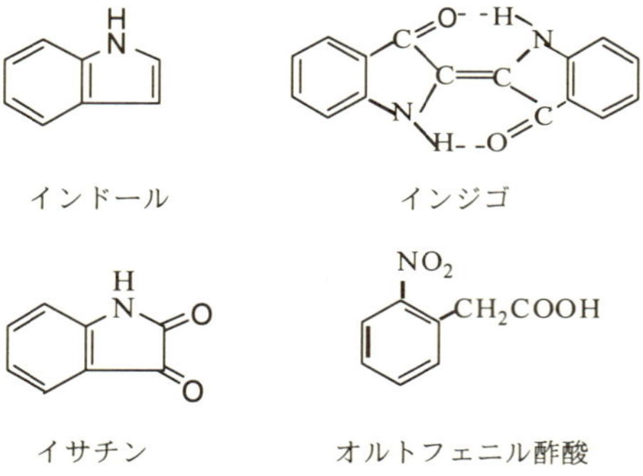

図3-9 インドール，インジゴ，イサチン，オルトフェニル酢酸

ジゴは絹などの動物性繊維も麻や綿などの植物性繊維も美しく染められる上，光による退色や化学的退色も少ない優れた染料として（註3）当時インドから大量に輸入されていた．1868年にドイツのバイヤーはインジゴの化学的分解物を研究していて，二つのインドール構造（図3-9）を持つことを明らかにした．1870年にはインジゴの分解物であるイサチンからインジゴを復元する方法も見出した．さらに長い年月をかけて地道な研究を続け，1878年にまずオルトニトロフェニル酢酸からイサチンを合成することに成功した．しかしこの方法からさらに改良を重ねても，天然インジゴより低いコストにすることができず，工業化することが困難であった．BASF社のカール・ハイマンが最初の工業生産に成功したのはやっと1893年のことであった．

しかしBASF社では研究員のセレンディピティーがさらに新しい開発の成功に導いた．BASF社のザッパーがナフタリンを発煙硫酸と加熱していたとき，偶然温度計を壊してしまい，中の水銀が反応容器中にこぼれてしまった．ザッパーは反応がいつものような進み方をしないことを見逃さなかった．彼はこの現象を詳細に調べた結果，ナフタリンが無水フタル酸に酸化されたことが原因であることが判明した．つまり，硫酸が水銀を硫酸水銀に変え，この硫酸水銀がナフタリンを無水フタル酸へと酸化する触媒になっていたのである．その後，無水フタル酸をインジゴに変えることは容易であった（図3-10）．こうしてBASF社は1897年に合成インジゴを天然より低いコストで初めて売り始めることができたのであった．

しかし当時，さらなる熾烈な研究開発競争が始まっていた．1901年，ヘキスト社ではアニリンを出発原料とする簡単で安価なインジゴの合成法を開発してしまったのである（図3-11）．こうして長年，研究開発に力をい

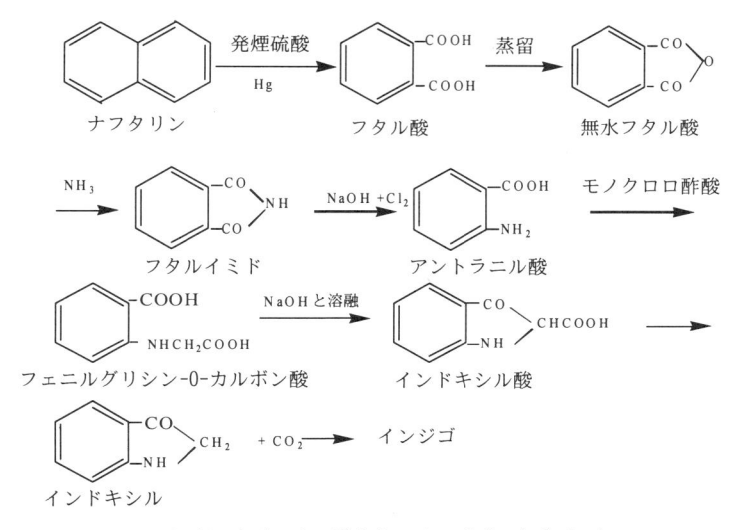

図3-10 無水フタル酸からのインジゴの合成プロセス

れてきたBASF社はあっさりとヘキスト社に負けてしまった．この競争の敗北により，BASF社がインジゴの開発の基礎研究に注ぎ込んだ多大な研究費は一見無駄になったかに思われた．しかし研究の過程でえたガス処理技術や基礎研究の成果は後述する数年後のアンモニア合成にみられる大型工業化の成功につながっていったのである．

3-3 ドイツにおいて開花した染料化学産業のイノベーション

最初の染料合成は英国においてパーキンによって行われ，企業化に成功はしたが，その後は皮肉にも英国やフランスよりもドイツの化学産業が合

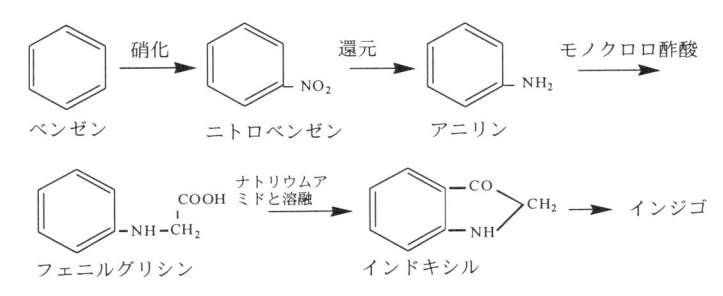

図3-11 アニリンからのインジゴの合成プロセス

成染料の生産をリードした．ドイツの隆盛は数値にはっきり表れており，1878年までの10年間にドイツは英国の7倍，フランスの12倍の染料生産額をあげるようになってしまった．その要因をここで述べる．

i）フランスの場合

赤色染料，フクシンは1856年にポーランドのナタンソン(Jacob Natanson, 1832-1884)によって初めて合成された．フクシンの製造技術の開発は1858年にフランスの E.ヴェルギンにより成され，フクシンはフランスで工業化された．赤いフクシンは，ナポレオン3世のイタリア出征の際のオーストリアに対する勝利を記念してマゼンタ・レッドと呼ばれるようになり，フランスの象徴的な合成染料となっていた．にもかかわらずフクシンをきっかけにフランスの合成染料産業が発展することはなかったのである．その要因として四つあげられる．①フクシンはモーブより製造法が簡単なこともあって，さまざまな特許紛争を引き起こした．②フランスの染料会社は独占傾向が強かった．③フランス国外に工場をつくり，自国における製造法の開発の努力を怠ってしまった．特に市場の拡大と研究開発によりコストを引き下げる努力を怠ったといえる．④フランスでは天然染料への回帰の傾向が強く，あかねなどの天然染料を保護した．

ii）英国の場合

ビクトリア女王(Queen Victoria，1819-1901；在位，1837-1901)の時代の前半までの英国の科学制度はフランスやドイツと対照的で，科学が十分職業として成り立っていなかった．中世から長い伝統があったオックスブリッジ（註4）においても科学の専門教育ではなく，教養教育であった．オックスフォードの詩人アーノルド(Matthew Arnold，1822-1888)が「フランスの大学は自由がない．英国の大学には科学がない．ドイツの大学は両方をもっている」と述べたのは1860年代である．1870年にオックスフォードにクラレンドン研究所(Clarendon Laboratory)，1874年にケンブリッジにキャヴェンディシュ研究所(Cavendish Laboratory)が設立されたが，いずれも資本家の寄付によるものであった．19世紀の英国の科学の研究・教育は，国家の援助もなく，企業により財政的に支えられていた．ギーセン大学の化

学教育を受け,化学者として成功したホフマンを教授に迎えた王立化学カレッジも産業資本家からの財政的援助が打ち切られたために,創立7年目の1863年に他組織に消えてしまったのである.財政的なサポートをした企業家たちはその実利的見返りが少ないと不満を持ったからである.王立化学カレッジで20年間にわたりギーセン式化学教育につくしたホフマンは1865年にやむなくドイツに帰国し,ベルリン大学で教鞭をとることとなった.1842年に英国を訪問したリービッヒは,「英国は科学の国ではない.この国では実用につながる仕事しか注目されない」と語った[3].リービッヒもそうだったが,特にホフマンは化学の応用の成功には長期的展望に立った基礎科学の研究が必要であるという信念も持っていた.一方,ビクトリア時代の英国の企業家は科学から性急に実用性を期待しすぎたのである.ホフマンの反対を押し切って10代の若さで一気に事業家に身を転じたパーキン自身も36歳の若さで事業から引退し,自宅の実験室で独り好きな学問的研究に没頭した.こうして彼は数々の有機化学上の優れた業績をあげることができた.しかし彼は職業として化学に従事したわけではなく,彼の業績は純粋に彼自身の科学的興味からの研究成果であった.すなわち,彼の研究が英国の化学教育の発展に直接つながることはなかったのである.

iii) ドイツの場合

ドイツの染料産業の隆盛の要因としてまずドイツの地理的条件の有利さがあげられる.多数の工場を結ぶ鉄道網とライン河の水路,ルールのコークス炉で製造されて入手が容易な原料のタール,エルベ川とバーゼル川の間やネッカー渓谷で産出する塩,ルールやシレジアからの石炭,そして豊かな水力エネルギーなどである.しかし最大の要因は,リービッヒの始めたギーセン式教育システムがドイツ中に行き渡り,高度な技術専門家の育成に成功したことである.1830年代から70年にかけてウェーラー(Friedrich Wöhler, 1800-1882)はゲッチンゲン大学に(1836),ブンゼン(Robert Wilhelm Bunsen, 1811-1899)はハイデルベルグ大学に(1852),ケクレはボン大学に,ホフマンは英国から帰国後,ベルリン大学(1865)にそのシステムを導入した.このようにギーセン式教育システムはドイツの国内に広が

ったばかりか，学問の諸分野にも広がりを見せた．すなわち化学ばかりでなく，生理学，物理学，微生物学などはもちろんのこと社会科学にもこの教育システムが取り入れられたのであった．

　ドイツでは1820年代に総合大学の他，技術者の養成校として技術高等学校(Technische Hochshüle, TH) が設立されていた．このTHの設立は，学問としての科学は大学で，学問としての技術，いいかえれば，工学はこのTHで行うという一種の分業体制を目指していた．しかし実際は，THでの教育の質は高く，応用技術だけでなく関連する基礎科学教育も導入され，THの工学教育はドイツ工業の発展に大きな役割を担っていった．

　当時，ドイツは統一されておらず，小国家同士が競いあって，学校や研究所に資金を出し，生徒を集め，教授を選抜する傾向にあった．このようにして，ベルリン (1821)，カールスルーエ (1825)，ミュンヘン (1827) などドイツ各地に多数のTHが創設された．この技術高等学校には国から補助金が与えられ，製造業で働こうと考えている学生達には高水準の技術訓練がなされた．こうして企業は率先して理系大学出身あるいはTH出身の科学者，技術者を採用し，彼らの研究能力を製品開発のために利用していた．1856年にチューリッヒの「スイス連邦立技術高等学校」(ETH)はドイツの大学の形態にならい，技術学校から脱皮していった．その後，ドイツにおいてもTHの各校が徐々に大学に昇格していった．1899年にはTHにも学位授与権が与えられ，真に大学と対等になっていった．

　この人材の輩出が後に化学系会社の発展の原動力となっていった．表3-2には1870年から1900年までの30年間のドイツの主要な化学企業の勤労者数を示している[4]．またドイツでは大学の研究と産業界との間のバリアーは低く，大学と産業の密接な連携が染料化学産業を勢いづかせていった．しかもドイツにおいても，統一されてドイツ帝国が成立した1871年以降特許を国家が法律で守ることが認識され，1876年に特許法が公布された．すなわち科学制度が明らかに染料産業の発展と深く結びついていたのである．

　1トンの合成染料をつくるのに実に3トンから5トンの化学薬品が必要であったが，これらはタールから分離精製されたものであった．したがって原料としてのタールの調達は重要な課題であった．当初ドイツの合成染

表3-2 1870年から1900年までのドイツの主要な化学企業の勤労者数[4]

会社名	1870年	1875年	1880年	1885年	1890年	1895年	1900年
BASF	500	850	1650	2366	3578	4444	6485
Hoechst	—	406	1088	1586	2243	2718	3555
Bayer	60	119	298	555	1264	2506	4515
Oehler	70 (1867)	—	130 (1878)	198	231	325	450
AGFA	—	—	100(—)	476	690	—	1790
Cassella	15	—	146	—	545	—	1800
Kalle	50	69	—	130	—	225	490

料製造は原料のタールを英国からの輸入に依存していたが，ドイツ人は早い時期から自分達の手で原料をつくりだそうとしていた．例えばBASF社のハインリヒ・フォン・ブルンクは1899年に鉄鋼所のコールタール炉でできるベンゾールが回収できるように工程を改良した．こうして輸入タールに依存する必要がなくなっていった．ドイツにおけるギーセン式教育の普及による人材の層の厚さと基礎科学の発展が企業の開発力を高めていた．

英国はドルトンのような優秀なアマチュア的科学者を輩出し，また産業革命の発祥の地であって，19世紀において「世界の工場」といわれた．しかしドイツのような産業研究が発展しなかったのは，英国とドイツの科学制度の違いにあった（註5）．

3-4 アリザリンとインジゴの有機合成と技術開発の意味するもの

前述したように，科学の目的は知識をえること，すなわち自然の仕組を解き明かそうとする真理探究や新しい知識をえて，人間の可能性を拡げ，自己認識を深めることである．一方，技術の目的は利用することで，道具の役割も備えている．したがって技術は人類の誕生以来，存在してきたが，科学はギリシャの哲学者が物質とは何であるかを問いかけて以来のことである．すなわち科学と技術では，その基本，方法，目的が全く違うのである．自然科学の分野では19世紀後半頃から技術者は科学者が生み出す知識を活用してきた．すなわち科学の成果から技術は演繹的に導き出され，科学の発達こそが技術を促すと考えられてきた．

一方，科学者は技術者が作り出した道具を使うようになって科学と技術が相互に影響しあって発展してきた．科学者も技術者も自然の法則を定量的に記述し，アイディアを実験で試す．科学者が，ときには技術者のよう

な役目をはたすが，技術者もまた彼らの仕事の過程で科学的発見をすることもあった[5]．

　科学と技術ではそれぞれの価値の評価のあり方も全く異なる．科学の評価とは，通常，学術雑誌の編集者が指名した3名程度のごく限られた科学者達が審査員となって，科学成果として純粋な新しい知識の拡がりがあるかどうかが判定される．しかし技術が成功したかどうかの判定は市場が拡大したかどうかであり，最終の判定は消費者によってなされる．技術は発明と開発との二つの段階を経て展開する．製品化する過程において，発明が最初にあり，開発は発明の段階よりもさらに具体的に目標が限定され，研究の目的はより明確にされている．さらに最終的に成功の見通しが判断しやすい段階になって，その各々の段階で経済的計算がなされ，市場の評価を目指して，慎重に計画されていくのである．製品化のプロセスにおいては発明の本質は開発が成功するにちがいないという最初の自信のようなものであるともいえる[6]．つまり発明の段階では，実用からはまだまだ遠いのである．

　インジゴの開発競争は科学の世界で価値が高くても，コスト的に採算のとれない発明は，あっという間に市場から消え去ることを示した事例である．

　2章で述べたパーキンのモーブの発明に至る頃までの有機化学の基礎的成果を年表3-1の科学の欄に，その後のモーブが端緒となり次々に合成された染料を年表3-1の技術の欄に，またこれら科学・技術を支え，発展させた教育制度などを年表3-1の社会の欄に並列して示した．ここで科学成果，技術成果，さらにリービッヒの始めたギーゼン式教育の普及を弘岡[7]に従い，定性的ではあるが，図3-12に示すようなロジスティック様曲線（註6）にプロットした．横軸は年代，縦軸は普及の度合いを示し，十分普及し，あるいは飽和した場合を1として示した．この図3-12の番号は年表3-1の番号に相当する．このロジスティック様曲線は従来，人口増加の時系列的推移を説明するのに利用されてきたが，最近では産業の成長・発展・衰退などの分析に幅広く利用されている．すなわちある一つのできごとがきっかけで急激にそれに近縁のものがある期間の間に次々に連鎖的に誕生し，やがて飽和に達する現象に適用される．

3章　原子をつなげて天然染料をつくる

図3-12 染料化学産業のイノベーション

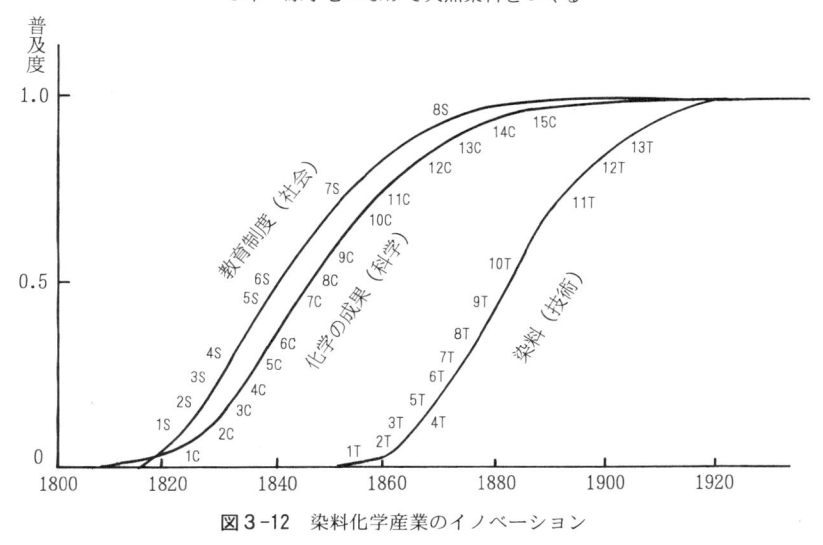

　図3-12の科学の曲線では，1828年のウェーラーによる尿素合成（5C）により有機化学が始まり，これがきっかけで1843年のアニリン同定（12C），1845年の酢酸の合成（13C），1846年のベンゼン分離（14C）に至るまで，大学において有機化学の成果が生れ，有機化学が成熟していく．ほぼ並列してリービッヒのギーゼン式教育の普及とそれにともなう人材の輩出が進行（1S～8S）してゆく．有機化学誕生の約30年後の1856年に，パーキンによるモーブ染料合成（1T）がきっかけとなり，その後の技術軌道に示した天然染料のアリザリン，インジゴなどの人工合成とともに，非天然性染料が次々に合成されてゆく．すなわち基礎科学と教育の普及が合成染料の技術を孵化し，モーブ染料合成が端緒となって人工染料が合成され，普及していくことを示しているのである．こうして染料の基礎科学は大学で，染料の合成と開発は生まれたばかりのベンチャーの技術者に委ねられ，モーブの発明から10年程の間に，後に化学産業を代表するBASF社などの芽が誕生していく[7]．

　パーキンのモーブは染料産業のイノベーションを引き起こす上で引き金の役割をはたした．一方，アリザリンの合成と工業化は，パーキンが意図せず偶然合成して染料に利用したモーブの場合と別の意味を持つ．それは図3-13のアリザリンの価格の低下からも伺い知れる[8]．10年間で研究開

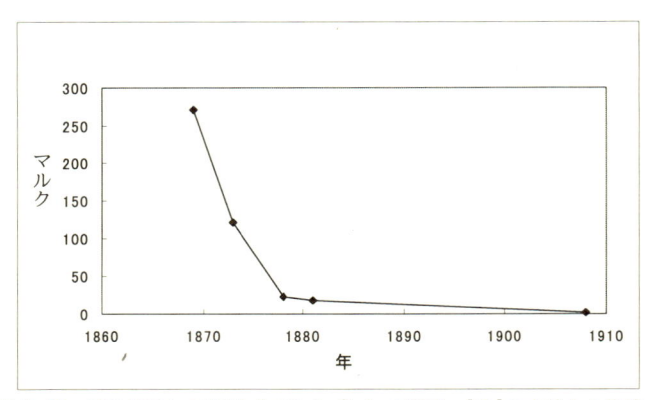

図 3-13 アリザリンの値段（マルク／kg）の推移．[8]の文献より作成．

発により急激にその価格は低下し，その後は30年間に徐々に低下し，1908年には1.78マルク／kgにまで低下している．天然のものより，石炭から人工的に合成された同じものがひとびとの日常の生活に当たり前になってしまう最初の出来事であったことを物語っている．天然の有用なしかも高価な染料と同じものを人工的に合成し，コストを下げて市場に普及させようとする目的が最初から明確であり，人類が自然物をライバルと見立てて挑戦した初めての試みであった．その意味で，ドイツで始まったこの工業化が，フランスのあかねの栽培を10年であっけなく壊滅させたことは象徴的であった．一方，インジゴの合成と工業化はアリザリンの開発製品化の過程に比べ困難を極めたが，コストを下げて市場に評価されるまでに開発競争が熾烈に行われた最初の事例である．

アリザリンの例でわかるように，開発競争はコストを下げるところまで下げた染料を市場に提供することとなる．しかし値段がもはや下がるところまで下がった場合は，その利益が極端に低下してしまうために，さらにコストが安くかつ品質の高い新たな染料の研究開発に取り組まざるをえなくなり，次々に新規な人工染料が登場することとなる．こうして染料化学産業にも市場の競争原理が働くようになったのである．その結果，年表3-1の技術の欄に示すようなさまざまな種類の染料が市場に登場してくるようになったといえる．

1860年代に創業したBASF社，ヘキスト社，バイエル社などのドイツ合

成染料会社は，莫大な資本と研究の組織化を進め，世紀末までに染料工業の発祥国である英国を凌ぐ生産規模を誇った．その一端として表3-2にすでに示した当時の化学系企業の勤労者数の経時変化からうかがいしれる．30年の間に勤労者数は10倍以上を示す企業もある．1890年代における世界の合成染料の9割近くはドイツで生産されるようになっていた．当時，諸外国は有機薬品の大半をドイツからの輸入に依存していた．ドイツ産業界には高等教育を受けた職業化学者が多数活躍していた．1899年にはドイツにおいて4000人の化学者が活躍しており，その1/4は有機化学関連の業界に進出していた．企業内研究所の起源も19世紀末ドイツの合成染料工業にあったのである．以後，科学研究が一握りの天才発明家の個人プレーによるものより，組織だったチームワークによってなされるようになる．すなわち科学的研究から技術的発明への転換は，19世紀末に登場した組織的に開発する制度により遂行されるようになったといえる[9]．

　産業革命の発祥の地，英国は，19世紀半ばまでには「世界の工場」と呼ばれ，パーキンの人工染料，モーブの企業化にも成功したが，ドイツのような化学研究と化学産業の発展はみられなかった．この対照的な違いは英国とドイツの科学制度の違いによるものであったのである．

　アリザリンの合成は自然の力で生成される物質を意図して人工合成し，天然のそれよりコストを下げて市場に出た初めての事例であった．これをきっかけに，人工化学物質が次々につくられ，身近に溢れるようになっていった．

註
　(註1) nm（ナノメータ）＝10^{-9}m；直径1メートルのボールと1ナノメータのボールの関係は，地球に対してビー玉のような関係である．
　(註2) 現在では，有機化合物が色をもつためには，分子内に光を吸収することができる不飽和結合を含む原子団が必要で，その最も典型的な例がアゾ基-N=N-を持つアゾ染料である．さらにこの発色団に水酸基-OHやアミノ基-NH$_2$などが加わると色が深くなり繊維に染まりやすくなる．これらの基を助色団と呼ぶ．
　(註3) インジゴは水に溶けないが，水酸化ナトリウムとNa$_2$S$_2$O$_4$（ハイドロサルファイト）を作用させると，還元されて黄色の溶液として水に溶ける．これに木綿を浸した後，空中でさらすと酸化されてもとのインジゴに戻って濃青色に染まる．このようにして還元して水溶液とし，繊維に付着させて酸化して発色させる染色方法は建て染めと呼ばれ，最も堅くてじょうぶな染色方法の一つである．

（註4）オックスブリッジ：オックスフォード大学とケンブリッジ大学の総称．19世紀前半までのイングランドでただ二つの総合大学であった．

（註5）日本経済新聞2002年1月1日朝刊の「民力再興」の中での阿部悦生によると，産業革命以来，「世界の工場」の座にあった英国は19世紀末から，ドイツ，米国の追撃を受け，鉄鉱，繊維の製造業の競争力が低下し，国が衰退するという閉塞感に被われ，国内産業の「空洞化」との表現も生まれていた．そしてわが国の現在の状況はこの100年前の英国に似ているというのである．いいかえれば，ドイツの科学制度が染料産業に活力を与えたことを鑑みると，わが国における特に地方大学における科学制度，特にどんな人材を育てるのかいうビジョンを持ったカリキュラムの中身が今ほど問われていることはないであろう．

（註6）ロジスティック曲線は $y=r/(1+ae^{-bt})$ と表され，$t \to \infty$ のとき $e^{-bt} \to 0$ であるから $y \to r$ となる．Y の極限値 r は飽和水準とよばれる．

引用文献

[1] O. T. Benefy, August Kekule and the Birth of the Structural Theory of Organic Chemistry in 1858, *J. Chem. Education*, **35**, 21-23(1958).
[2] R. M. ロバーツ『セレンディピティ』，安藤喬志訳，化学同人，pp104，2000年
[3] カードウェル『科学の社会史——英国における科学の組織化』，宮下晋吉・和田武編訳，昭和堂，pp80，1989年
[4] J. J. Beer, Coal Tar Dye Manufacture and the Origins of the Modern Industrial Research Laboratory, *ISIS*, **49** part2(156), 123-131(1958).
[5] エリック・ドレクスラー『創造する機械』，相沢益男訳，パーソナル・メディア，2001年
[6] J. ジュークス・D. ソーヤーズ・R. スティラーマン『発明の源泉』，星野芳郎・大谷良一・神戸鉄夫訳，岩波書店，1962年
[7] 弘岡正明「イノベーションのダイナミズムと産業政策」，「高分子」，49，764-767（2000）
[8] E. Hombug, The Emergence of Research Laboratories in the Dyestuffs Industry, 1870-1900, *BJHS*, **25**, 91-111(1992).
[9] 古川安「19世紀末とは化学にとってどんな時代であったのか」，「化学」，49，822-827（1994）

参考文献

1）竹内敬人『化学史』，放送大学教育振興会，pp49-54，1993年
2）道家達將『科学技術史』，放送大学教育振興会，pp273-277，1995年
3）竹内敬人・山田圭一『化学の生い立ち』，大日本図書，pp37-51，1992年
4）フレッド・アフタリオン『国際化学産業史』，日経サイエンス社，pp54-70，1993年
5）古川安『科学の社会史』，南窓社，p155，2000年
6）吉川弘之監修，田浦俊春・小山照夫・伊藤公俊編『技術知の本質——文脈性と創造性』，東大出版会，1997年
7）村上陽一郎『技術とはなにか』，NHKブックス，1996年
8）J. M. アッターバック『イノベーションダイナミックス』，大津正和・小川進監訳，

有斐閣, p17, 1998年
9) R. M. ロバーツ『セレンディピティ』, 安藤喬志訳, 化学同人, p96, 2000年
10) 大友 篤『地域分析入門』, 東洋経済新報社, pp233-235, 2001年
11) 簔谷千鷹彦『回帰分析のはなし』, 東京図書株式会社, pp186-187, 1992年
12) 一橋大学イノベーション研究センター編『イノベーション・マネージメント入門』日本経済新聞社, 2001年
13) 中垣正幸・島崎斐子『被服整理学』, 光生館, pp120-121, 1967年
14) リチャード・S・ローゼンブルーム；ウイリアム・J・スペンサー『中央研究所の時代の終焉』, 西村吉雄訳, 日経BP社, 1998年
15) 桜井英樹『現代化学入門, 物質のとらえ方』, 岩波書店, pp162, 2001年
16) R. T. モリソン・R. N. ボイド『有機化学, 上, 中, 下』, 中西香爾ら訳, 1994年
17) J. B. ヘンドリックソン・D. J. クラム・G. S. ハモンド『有機化学, I.II』, 湯川康秀ら訳, 廣川書店, 1990年
18) V. ショアー『現代有機化学』古賀憲司ら監訳, 化学同人, 1997年
19) J. Liebenau, Industrial R &D in Pharmaceutical Firms in the Early Twentieth Century, *Business History*, 329-346(1984).
20) G. Meyer-Thurow, The Industrialization of Invention: A Case of Study from the German Chemical Industry, *ISIS*, **73**(268), 363-381(1982).
21) U. Marsch, Strategies for Success: Research Organization in German Chemical Companies and IG Farben until 1936, *History and Technology*, **12**, 23-77(1994).
22) 市川惇信『暴走する科学技術文明』, 岩波書店, 2000年
23) 奥田栄『科学技術の社会的変容』, 日科技連, 2001年
24) D. Knight, H. Kragh, *The Making of the Chemist, The Social History of Chemistry on Europe 1789-1914*, Cambridge University Press, 1998.

4章

人類の科学・技術史上最大の成果
：染料から始まった化学療法剤

　人類は長い間，病原菌によって引き起こされる病気について全く無知であり，手の施しようがなかった．例えば14世紀半ばに流行したペストはとりわけすさまじく，ボッカチオの『デカメロン』にその恐怖の実態が記述されている．しかし19世紀から20世紀にかけてやっと人類は猛威を奮う伝染病克服に挑戦する準備態勢が整い，長年の夢であった特効薬の開発に成功した．この成果ほど科学・技術史の中でめざましいものはないであろう．この特効薬の扉を開いたキーパーソンはドイツのエールリッヒであった．ドイツの染料化学産業が勃興していく中で，彼は豊富な染料による細胞の染色の研究を粘り強く重ねて，選択毒性の仮説を立てた．彼はこの仮説に基づいて梅毒の特効薬サルバルサンを，彼の元へ留学していた秦佐八郎とともに開発し，梅毒の原因であるスピロヘータの撃退に成功した．これは染料化学産業から医薬品製造産業へのイノベーションを引き起こす糸口ともなった．

4-1　石炭タールから始まった医療現場の革命

　1833年にドイツのルンゲ(Friedlieb Ferdinand Runge, 1794-1867)がタールを蒸留してフェノール（石炭酸）（図4-1）を単離していた．石炭タールを原料とした合成染料の研究開発以前に，この石炭タールからえられたフェノールに関して，医療の現場で重要な発見がなされていた．外科医リスター(Joseph Lister, 1827-1912)はこのフェノール水溶液を外科手術の際の消毒に試みたのである．しかし当時，彼はパスツールの「発酵は微生物の作用であり，菌が侵入しない限り発酵は始まらない」という発見にヒントをえていたものの，病原菌を十分認識していたわけではなかった．けれども外

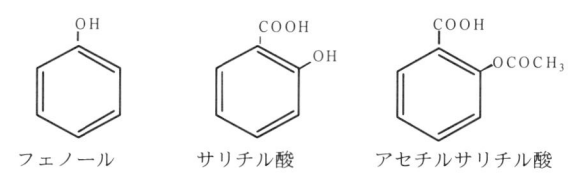

図4-1 フェノール（石炭酸），サリチル酸およびアセチルサリチル酸

科手術へのフェノールの利用はその効果を徐々に上げていくことが確認されるようになった．1867年には，彼は「外科手術における腐敗防止の原理」というタイトルでその成果を学会に発表した．やがてフェノールの効果は評判を呼び，「奇蹟の化学薬品」としてひとびとに受け入れられ，リスターのフェノールは外科手術に革命を起こす結果となった．

しかしリヒターを始め，多くの研究者は，フェノール自身の強い腐食性のために，細菌性の伝染病を治療する目的で人体に投与することはできないことにすでに気がついていた．1870年代になると，科学者はこの問題点を克服するために，合成染料からむしろ合成医薬品にそのターゲットを絞っていた．

例えば柳の樹皮から解熱剤がえられることは古くから知られていた．19世紀，その薬効を示す成分がサリチル酸（図4-1）であることが明らかにされると，石炭タールから工業的に合成する方法が模索され始めた．この技術開発のプロセスもアリザリン，インジゴのそれと酷似している．1873年にライプチッヒ大学のコルベは石炭酸ナトリウムに炭酸を作用させてサルチル酸ナトリウムにし，さらに塩酸を作用させて，安価にサリチル酸を製造する方法（図4-2）を発見していた．この方法に基づいてサリチル酸の工業化が始まっていた[1-3]．

こうして石炭タールから合成されたサリチル酸の値段は，柳の樹皮からえられる天然のものより一挙に1/10に下がった．しかもサルチル酸は解熱

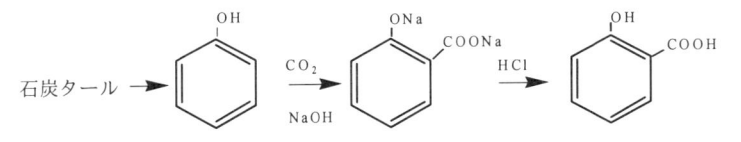

図4-2 サリチル酸の製造化学

剤としてばかりでなく，関節リウマチや細菌性皮膚病に効き，防腐剤としても効果的であることがわかってきた．その後，バイエル社でサリチル酸の改良型のアセチル誘導体，アセチルサリチル酸（アスピリン）（図4-1）が合成された．このアセチルサリチル酸は解熱と関節の痛みを抑え，副作用も少ないことが判明してきた．こうして1890年代に製薬業界に登場して以来，最も多く使われた医薬品となった．例えばアメリカでは年間1800トンのアセチルサリチル酸が生産され，一人当たりにすると毎年300錠に相当したという．このように石炭タールから合成されたサルチル酸もアセチルサリチル酸も医薬品として一般に広く普及していった[1-3]．しかしこれらは恐ろしい感染症に対しての「特効薬」ではなかったのである．

4-2　合成染料による細胞の染色

エールリッヒ(Paul Ehrlich, 1854-1915)（図4-3）はブレスラウ大学，ストラスブルグ大学の学生時代から職業としては医学を選び，医学の中でも彼の情熱は組織学に向けられていた．特にドイツで勃興していた染料化学産業を背景に，豊富に手に入るアニリン系染料による組織の染色に興味をもち，あらゆる組織標本を染めていた．ストラスブルグ大学時代はブンゼンやケクレの教え子であり，インジゴの合成の業績で有名であったバイヤーの講義も受け，細胞の染色に関する特異な才能を持っていることが認められていた．23歳ですでに選択的染色に関する最初の論文を発表していた．ライプチッヒ大学での1878年の彼の医学博士の論文は「組織学的染色の理論及び実用への貢献」というものであった．彼はさまざまな合成染料の提供を染料会社から受け，血液細胞，組織，バクテリアなどの染色に熱中していた．特にベルリンの病院勤務時代，勤務後のビアーホールで知り合ったドイツ染色工業の会社に勤める人物がエールリッヒの考え方に共鳴し，エールリッヒに染料の新製品のカタログを与えた．そのお陰で彼は欲しい色素で思い

図4-3　エールリッヒ

きり研究を進めていくことができるようになった．こうしてエールリッヒは10年間の染色の研究から組織によってその染色の仕方が異なり，生体内の組織が色素によって個別的に染色される事実を掴んでいった[3,4]．

当時，病気の原因に関する考え方は，ウイルヒョー(Rudolf Ludwig Carl Virchow, 1821-1902)らの「すべての病態は細胞のゆがみによって生じる」という細胞病理学が大勢を占めていた．当時，最も恐れられていた病であった結核もまたその考え方で解釈されていた．しかし1882年にコッホがベルリン大学で結核が結核菌の感染によるという研究成果を発表し，感染性の病気のターゲットが絞られた．しかもその研究報告はウイルヒョーらの細胞病理学の概念を全く覆してしまったのである．これはその会場にいた若きエールリッヒにとって大きな刺激となり，彼は本格的に組織を選択的に染色する方法の研究を開始するようになった．この間，彼は40報以上の論文を出しているが，一人で実験をこなし，成果を出していった．染料会社の専門技術者との染料の合成法と化学構造についての討論が研究上の最も重要なサポートであった．

彼がいつものように病態組織の染色に熱中し，根気よく組織を染色していたある日，消したストーブの鉄板の上に標本を何気なく置いてそのまま帰宅してしまった．翌朝，実験室に入ったエールリッヒは，用務員が火をつけたばかりのストーブの上に置かれた標本が鮮やかに染めあげられていることを見出した[3]．これはストーブのわずかな熱が結核菌の染色に有効に働いたからであった．セレンディピティである．エールリッヒはこの報告によりコッホに高く評価され，1891年にコッホが所長となって新設された感染症の研究所で研究することになった．しかしすでにエールリッヒはブレスラウ大学で15年前の学生時代にコッホと出会っていた．ブレスラウ大学のコーンハイム (Julius Friedlich Cohnheim, 1839-1884) 教授はエールリッヒに研究上の大きな影響を与えた．コッホ(Robert Koch, 1843-1910)がブレスラウ大学のコーンハイムを訪問したとき，コーンハイムはコッホに「彼がエールリッヒ君だよ」と愉快そうに紹介し，「エールリッヒ君は染色の技術には優れているが，医師国家試験にはパスしないだろう」とつけ加えたのであった．

合成染料が細菌学を大きく展開させた理由は，顕微鏡下ではっきり見え

なかった病原菌を合成染料で染色し,容易に直接観察できるようにしたことであった.その後の合成天然染料,インジゴ,アリザリンなどに加えて,さまざまなアニリン系合成染料の登場は染色の範囲を飛躍的に広げ,細菌学の急速な発展を促した.その結果,病原菌が感染症を引き起こすのであれば,病原菌を死滅させればよいという考え方が生まれてきた.しかし前述したようにリスターが消毒剤として用いた石炭酸やクレゾールは病原菌に冒された人体に適用されれば,感染症を治療できるが,臓器もそれと同時に犯されるというジレンマに陥っていた.抗がん剤が正常細胞まで破壊する現象の克服が課題である状況と似ているともいえる.

4-3 細胞の染色から生まれた選択毒性の概念

エールリッヒはその後も組織の染色の系統的な研究にこだわり続けていた.1884年にデンマークのグラム(Hans Christian Joachem Gram, 1853-1938)によって細菌染色法であるグラム染色法(註1)が考案され,細菌の種類を見分けることが一層容易になった.このグラム染色は彼にとって大きな解決の励みとなった.彼は,当時,鉛の中毒の判定には肝臓や腎臓の組織の一片を鉛の溶液中に入れ,一定時間後にどれだけの鉛が組織中に吸収されたかを測定する必要があるという論文に興味を持っていた[2,3].金属とそれぞれの生体組織の間に作用する親和力に差があれば,金属に限らず,染料も親和性のある組織に吸着されやすいのではないかという問題意識が生まれたからであった.この例が示すように,エールリッヒの研究手法は,文献からヒントをえて,次々仮説をたてて目的に到達するやりかたであった.彼は「もしも病原菌の増殖を妨げ,あるいは死滅させることができ,しかも病原菌に対してのみ特別に結合する色素が発見できれば,この色素は生体の組織には影響を与えず,細菌のみに作用することができるであろう」という新しい仮説をたて,その検証にとりかかった.ここで病原菌に結合する染料を病原親和性と呼び,生体組織にも結合する性質を有する場合を組織親和性と呼んだ.この親和性の差を利用する「選択毒性の原理」こそが,化学療法の本質である.彼のその後の研究には日本人研究者が参加し,エールリッヒの概念の証明に大きく貢献した.ベーリング(Emil Adolf von Behring, 1854-1917)とともに破傷風菌,ジフテリア抗毒素を発見

した北里柴三郎(1853-1931),さらに北里が帰国後はその弟子の志賀潔(1870-1957),秦佐八郎(1873-1938)らであった(註2).

4-4 染料から化学療法剤の誕生

エールリッヒは,病原菌の代謝を速やかに妨害し,死に至らしめるが,生体にはなんら影響を与えない化合物の合成が重要と考えた.そこで彼はある報告に注目した.トリパノソーマ(原虫)を注射されたマウスは100％発病して死ぬが,あらかじめ少量の亜ヒ酸を皮下に注射しておくと,ある程度の延命効果を示すというものであった.彼は志賀潔とともにトリパノソーマを接種したマウスに効果のある染料を探し出そうとしていた.すでに赤痢菌発見という優れた成果をあげていた志賀潔は,エールリッヒの下でマウスを用いてトリパノソーマに対する薬を探しつづけていた.それは2年にわたる根気のいる実験の繰り返しであった.なかなか成果をえられない中で,エールリッヒはある重要な原因に気がついた.染料が血液中で溶解せずに固まりとなって,トリパノソーマに作用しないのではないかと思いついたのである.そこで染料にスルホン基($-SO_3H$)を導入する,すなわち染料のスルホン化により,染料の血液への溶解性を高め,血液中で分子状に溶解させて,作用させることを試みたのである.染料にスルホン基を導入させた赤いアゾ色素の合成を染料会社に依頼し,早速,マウスに注射すると,このアイディアは見事に的中した.白いマウスは全身赤くなり,生き延びたのであった.エールリッヒは有機化学の知識に基づいて,治療効果が高くなるように分子をデザインして成功したのである.いわば分子の一部を操作して,性質を変え,薬効を高めるというナノサイエンスにつながる手法である.

エールリッヒはこの染料(図4-4)をトリパンロート(トリパンレッド;ロートはドイツ語で赤)と命名した.化学療法剤の誕生である.この研究成果は志賀潔とともに「ベルリン臨床週報」に1904年「トリパノゾーマ病に対する色素治療実験」と題して報告された.この成功は色素の化学構造を修飾することによって化合物の生体内での分布や細胞への親和性を変化させ,その薬効を変化させることができるという方法論の確立も意味した.この手法こそが20世紀初頭以降汎用されている化学療法剤の技術開

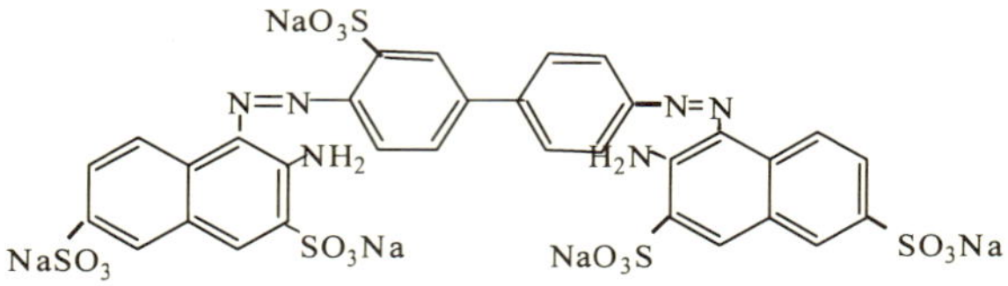

トリパンロート

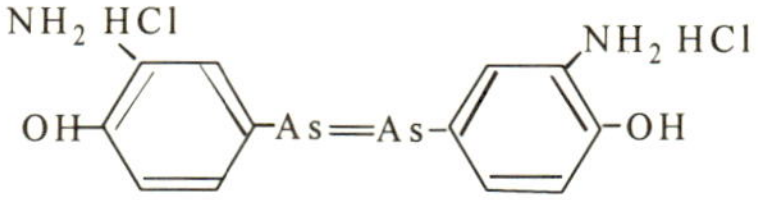

サルバルサン（エールリッヒ−ハタ６０６）

図4-4　トリパンロートとサルバルサン

発の中心的役割をはたしていった．

　さらにエールリッヒはアトキシールと呼ばれるヒ素（As）化合物に着目し，この分子の一部を化学修飾し，水溶性を高め，あるいは酸性度を変えるなどして，その作用性を変化させる試みを開始した．そこに北里柴三郎の弟子，秦佐八郎が自らエールリッヒに手紙を出し，研究に参加した．秦佐八郎の忍耐強さは臨床試験においてめざましく，関連ヒ素化合物の探索は600以上に達していた．1909年に秦は606番目のヒ素化合物をウサギの静脈に注射し，ついに梅毒の病原体であるスピロヘータを劇的に全滅させる効果を見出した．この化合物はサルバルサン（図4-4）と命名されたが，特許はエールリッヒ・秦606(Ehrlich-Hata 606)として認められた[4]．当時，梅毒には水銀しか治療薬がなかった．人への臨床実験は，水銀を塗っても効き目もなく死を待つばかりの患者に注射された．患者は１回の注射で立ち上がり，全快したという．606号の投与は奇蹟をみるようであった．こうしてサルバルサンは〈魔法の弾丸〉として熱狂的に受け入れられた．化学療法剤とは人体にあまり大きな害を及ぼさずに，病気を引き起こす病原体（細菌だけでなく原虫も含め）を殺す作用をもつ化学薬品をいうが，サルバルサンは真に化学療法剤というにふさわしいものであった．

しかし実のところは，トリパンロートにしてもサルバルサンにしても，その後の改良にもかかわらず，対象は熱帯性の原虫感染症の一部にすぎず，現実には臨床的には限られた範囲での効果であった．彼の名声はサルバルサンに象徴されるが，実は彼の研究の最大の成果は，化学療法の基礎的考えや原則を明快に示したことであった[4]．すなわちエールリッヒは特効薬の扉が開かれる糸口を示したのである．病原菌だけを攻撃し，死滅あるいは弱体化させる薬物を目指すという明快な考え方を提唱し，実証した点が記念碑的成果として高く評価されたのである．

その後，彼はいくつかの仮説を提唱した．細胞の構造や組織についての研究が進み，その仮説は後に多少修正されたものの，確実に実証された．例えば彼はすでに免疫の抗原－抗体反応の概念をもっており，さらに進めて病原菌のレセプターに結合し，その機能をブロックし，病原菌の代謝を抑える薬を期待していた．この考え方は後述するサルファ剤の成功につながっていったのである．こうして彼は化学療法の業績によって1908年ノーベル生理学・医学賞を受賞し，さらに1912年と1913年に2回目のノーベル賞候補となったが，2回目のノーベル賞の受賞はかなわず亡くなってしまった．その後，合成特効薬は新製品開発のターゲットとして，医学者，薬学者，技術者，企業家がこぞって競争をしながら開発を進め，時代を駆け抜けていくこととなった．

4-5　敗血症を救ったサルファ剤の先駆体

エールリッヒに続く研究者はドイツのドーマク(Gerhard Domagk, 1895-1964)であった．彼はもともとはポーランド出身であったが，ミュンスター病理学研究所教授の後，イー・ゲー・ファルベン(IG Farben-industrie) 社の実験病理学・細菌学研究所の所長となり，二人の化学者，フリッツ・ミーチュとヨーゼフ・クラーラーとともに合成した新しい染料の薬理学的性質を調べていた．ミーチュはすでに最初の合成抗マラリア剤アテブリン(アクリナミン)の開発者として有名であった．彼らは合成される染料を次々に検査し，それらの殺菌性の有無を片端から調べ上げるスクリーニングを開始した．中でもスルホンアミド基（$-SO_2NH_2$）を持ったものは毛織物でも色褪せしにくく，タンパク質分子に対して強い親和性をもっているら

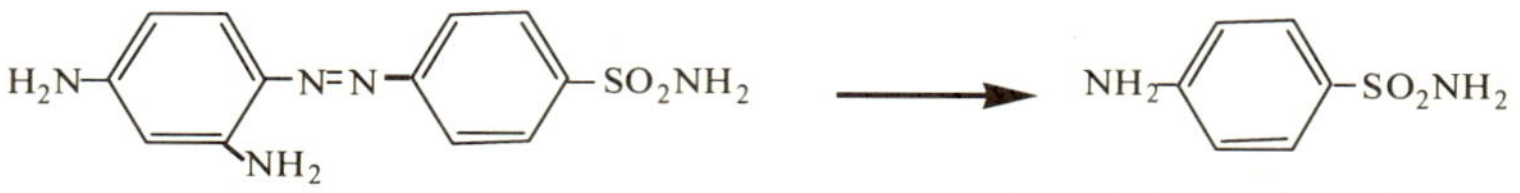

H_2N─⟨benzene(─NH_2)⟩─N=N─⟨benzene⟩─SO_2NH_2 ⟶ NH_2─⟨benzene⟩─SO_2NH_2

プロントシル　　　　　　　　　　　　　　　　　パラアミノベンゼンスルホンアミド（スルファニルアミド）

図 4-5　プロントシルとパラアミノベンゼンスルホンアミド

しいという伝承に注目した．そこで彼らはスルホンアミド基をもつ色素は，細菌の構成成分の蛋白質と結合し，細菌を殺したり阻害したりするかもしれないと仮説をたてていた．何千匹ものマウスがヒト由来の連鎖球菌やぶどう球菌によって感染させられては，染料が与えられた．その過程で，ドーマクは，1932年以後にプロントシル（図4-5）と呼ばれるようになった赤色の染料に殺菌性があることを確かめていた[4]．

　ドーマクの娘が編み針で刺した指の傷から連鎖球菌に感染し，重傷の敗血症となり，その病状は絶望的となった．彼はマウスに効果があった染料の効力に娘の命を賭けたがその結果は劇的であった．たった1回の赤い色素の投与で娘の高熱は下がり，敗血症は治癒されたのである．しかしドーマクは1935年の「ドイツ医学中央雑誌」に「細菌感染症に対する化学療法」というタイトルで報告したものの，マウスの結果だけを述べ，娘のことは公言しなかった．プロントシルはあまりにも簡単な化合物であるばかりか，特許権で保護されていなかったからである．ドーマクやIGファルベン社は，おそらく販売しても利益をえられない可能性を考慮し，その薬効を宣伝することに慎重であったのであろう．彼は企業研究者として企業の競争原理に支配されている市場に敏感であったわけである．そのために彼らはその同族体で，より薬効があり，特許をとる価値のあるサルファ剤を探す研究を始めていた．しかしプロントシルの噂は次第に拡がっていった[5]．

　パスツール研究所のチームはプロントシルの結果に注目し，合成に乗り出していた．研究チームのJ・トレフィー夫妻らは試験管内ではプロントシルそのものが連鎖球菌に作用しない事実に注目し，その作用機序を調べていた．その結果，プロントシル自身が細菌に対して有効ではないことが突き止められ，細菌の体内での代謝の過程でこの色素が，強力に細菌の増殖を抑えるパラアミノベンゼンスルホンアミド（図4-5）に変換してし

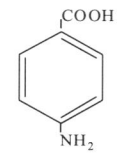

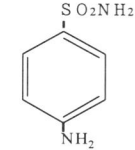

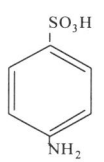

4章　人類の科学・技術史上最大の成果

パラアミノ安息香酸　　スルファニルアミド　　パラアミノベンゼンスルホン酸

図4-6

まうことが明らかとなってきた．しかしこの簡単な化学構造のパラアミノベンゼンスルホンアミドは，実は1908年にゲルモ(Paul Gelmo)により合成されたものであったが，1930年代にはスルファニルアミドと呼ばれていた．プロントシルの効き目がスルファニルアミドであることが判明すると，その後，数えきれないほどのスルファニルアミド剤が次々つくられ，その多くが細菌に対して有効であることが判明したのであった．数千種のスルファニルアミドの誘導体の総称がサルファ剤と呼ばれるようになった．

　1936年にドーマクの試供品で，医師コールブルグは38人の死にかけている産褥熱患者に治療を試みた結果，亡くなった患者はわずか3人であった．同年，ルーズベルト大統領の息子も連鎖球菌の感染による急性蓄膿炎を発症したが，プロントシルで救われた．こうしてサルファ剤への道を切り開いたドーマクは1939年ノーベル生理学・医学賞に指名された．しかしナチスに妨害されて受賞式には出席できなかった．そして戦後の1947年ストックホルムで受賞記念講演を行いメダルと賞状は受け取ったが，賞金はノーベル財団に返却された[1～5]．

4-6　化学療法剤のエポック：特効薬サルファ剤の効果の仕組み

　スルファニルアミドがなぜ細菌の増殖を抑制できるかという機構は1940年オックスフォードのウッズ(Donald Woods)によって明らかにされた．彼はスルファニルアミドによる細菌の増殖阻止作用は酵母抽出液を加えると失われてしまうことを見出した．1940年には，彼は酵母抽出液の中のパラアミノ安息香酸(図4-6)がスルファニルアミド（図4-6）と拮抗することも発見した．つまりこの二つの化合物の関係は厳密に競合的であることもわかったのである．例えばスルファニルアミドの濃度を倍にすると，

パラアミノ安息香酸の濃度も倍にしないと，阻害度は元にもどらない．この結果から，ウッズとフィルス(P. Fields)は1941年に抗代謝体説(antimetabolic theory)を提唱した[6-8]．これによると，パラアミノ安息香酸は細菌が必要とするものであり，スルファニルアミドはパラアミノ安息香酸に係わる酵素の部位に競争的に結合するという考え方である．図4-6に示すように，両者の化学構造式は母体の骨格は似ているが，カルボキシル基（-COOH）とスルホンアミド基（-SO_2NH_2）が異なる．この競合が起こる酵素は，葉酸の前駆体の合成を触媒することもわかってきた．

葉酸の分離はミッチェル(H. A. Michell)によりなされたが，この葉酸(註3)は哺乳動物体内では合成されない．しかしいったん欠乏すると貧血や胃腸障害を引き起こし，成長を阻害し，ビタミンMと呼ばれる．パラアミノ安息香酸の補給によって葉酸が合成されるのであるが，パラアミノベンゼンスルホン酸が存在すると，パラアミノ安息香酸と置き換わり，葉酸が生成されなくなるのである[9]．この機構の解明はある薬品がなぜある細菌に有効であるかという基本的な問題に対して一つの解答を与えたのである．このようにプロントシルは化学療法に新しいエポックを開き，世界に大きな衝撃を与えた．

1941年にはアメリカでは5000種ものサルファ剤が1700トンも合成された．1000万から1500万人の患者に投与され，改良されたサルファ剤が世界中に奇跡をもたらした．アフリカのスーダンでは80％の死亡率の脳せき髄膜炎が，英国のメイ・アンド・ベイカー社で作られた M＆B693（スルファピリジン）によりその死亡率を下げ，同じ薬が第二次世界大戦中に肺炎に冒された英国首相のウインストン・チャーチルの命をも救った．

サルファ剤の発展は3つの時期に分けられる．第1期（1930年代）はドーマクのプロントシルの発見を契機としてスルファニルアミドが広く臨床に応用された黎明期であった．第2期（1940年代～1950年代前半）はサルファ剤の副作用を下げ，溶解度の高い誘導体が開発された時期であり，第3期（1950年代以降）は持続性サルファ剤の開発の時代であった．

サルファ剤の薬効はその機構が示すように細菌の成長は阻止できてもそれを殺菌できず，対象となる細菌の種類も限られており，1950年以降は細菌のサルファ剤に対する耐性も問題になってきた．その上，1940年代後半

にはペニシリン，ストレプトマイシンの臨床使用も始まり，徐々に影が薄くなっていった．

4-7　染料から化学療法剤の普及に至るまで

　伝染病克服のために人類が成しとげた特効薬の開発ほど科学・技術史の中でめざましいものはない．この成果に導いたものは，前章に述べたように，有機化学の発展，特に有機化合物の構造の解明が進むとともに，天然，非天然の染料の人工的合成の成功，さらに研究開発が進み，コストを下げ，市場で評価されるようになっていったことがあげられる．またこれを下支えしたものは，リービッヒの教育改革が実り，ドイツを中心とした高度の専門技術者の輩出であったといえよう．こうして大学，ベンチャーにおいて染料の科学・技術が展開されていった．その結果，医学の世界にまで染料は応用されるようになった．それがグラム染色に象徴されるように細菌の染色である．この染色技術のレベルの上昇により次々に細菌が発見されていった．染料化学の工業化が細菌学の新展開にはずみをつけたのである．表4-1には重大な感染症を引き起こす細菌の主な発見が示されている．

　細菌が染料に染色されるという現象はエールリッヒを「選択毒性」という仮説に導いた．彼はこの仮説に基づいて，病原菌にのみ強く結合して殺すことができるという染料を求めて，ついに化学療法剤サルバルサンの発見に至ったのであった[4]．さらにドーマクのサルファ剤の発見は，薬が

表4-1　病原菌の染色とその発見に関する年表

```
1877  コッホによる微生物の標本の固定着色法（1M）
1880  エーベルとガフキ　腸チフス（2M）
1882  コッホ　結核菌（3M）
1883  クレブスとレフラー　ジフテリア菌（4M）
1884  コッホ　コレラ菌（5M）
1886  フレンケル　肺炎菌（6M）
1889  北里柴三郎　破傷風菌（7M）
1894  北里柴三郎，イェルサンが独立してペスト菌（8M）
1897  志賀潔　赤痢菌（9M）
1905  シャウデインとホフマン　梅毒スピロヘータ（10M）
      （図4-7の細菌の番号はこの表に従った）
```

表4-2　化学療法剤の発展

```
1870　石炭酸スプレーの発明（リスター）
1904　トリパンロート（エールリッヒと志賀潔）（1D）
1909　サルバルサン（エールリッヒと秦佐八郎）（2D）
1910　ヘヒスト社，サルバルサン発売（3D）
1928　ペニシリン（フレミング）（4D）
1932　サルファ剤プロントジル（ドーマク）（5D）
1936　スルファニルアミドの活性（トレフィ）（6D）
1940　スルファニルアミドの活性機構（ウッズ）（7D）
1940　ペニシリンの抽出と治療効果の発見（フローリーとチェーン）（8D）
　　　（図4-7の化学療法剤の番号はこの表に従った）
```

どのようにして細菌を殺すことができるかという新しい道筋を知る手がかりを与え，薬理学の発展に大きく貢献した．表4-2には主な化学療法剤の展開とその影響のプロセスが示されている．図4-7に細菌学の発展と化学療法剤の発展をロジスティック曲線に沿ってプロットした．この図が示すように，エールリッヒが辿り着いた特効薬のトリパンロートとサルバルサンが端緒となり，スルファニルアミドが発見された．その薬の効果の機構の研究により第1期から第3期へと次々に新しいサルファ剤が誕生し，普及していった．図4-7は科学と技術が相互作用しながら，イノベーションを引き起こし，さらに新しい科学と技術を生み出していく事例を示しているといえる．

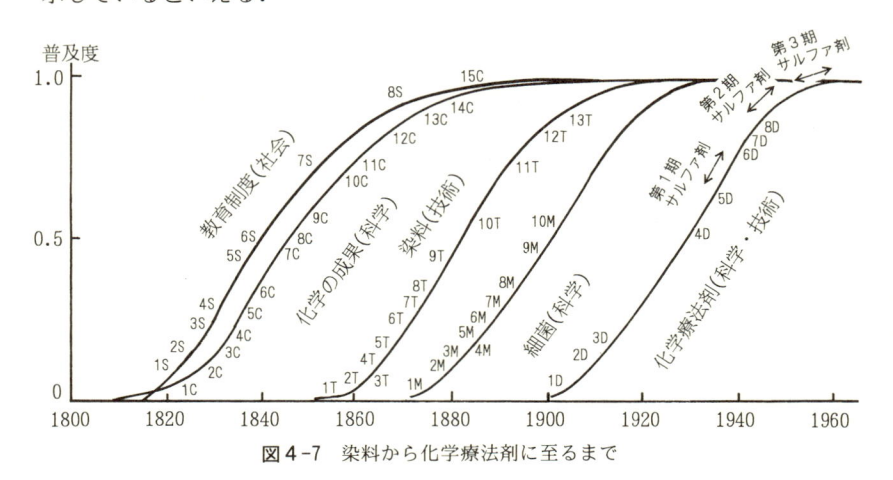

図4-7　染料から化学療法剤に至るまで

一方では，このサルファ剤の合成は未来の科学技術があらゆる病気を治癒してくれるという幻想をひとびとに与えた．サルファ剤は顕著な治癒効果とともに，かなり深刻な副作用があらわれることがわかるようになったが，薬には治療効果と副作用という光と影が存在するという認識にまでは至らなかった．それはその後のペニシリンという劇的な効果をもたらす抗生物質の出現により，サルファ剤は未熟な医薬品であったためという考え方が支配的になっていたからである．こうしてより一層，科学技術への信仰ともいえる社会の期待が商業主義と結びついて，いままで自然界に存在しなかったさまざまな種類のしかも大量の人工化学物質で溢れる生活を生み出していった．

　ドイツの染料化学産業が勃興していた中で，豊富な染料による根気強い組織の染色から特効薬サルバルサンが開発された．この大きな成果を辿ると，分子の「基」を変えたり，分子の一部を操作して性質を変え，薬の効果を高めるという分子化学のめざましい発展がみられる．この根底には，エールリッヒが，1847年のリービッヒの「生命は分子反応なくして存在しない」という考え方に強い感銘を受け，「生命のプロセスは化学反応であることは疑いもない」という考え方に突き動かされていたからである．真の意味で医学，生物，化学を結びつけたのである．さらにエールリッヒの成果はドーマクによるサルファ剤への道を切り開いたばかりでなく，薬品を使って細菌を退治する研究にはずみをつけた．こうして社会の期待を背負って，医学者，化学者は研究に励むとともに，技術者，企業家たちは製品化させ，薬の商業化を加速させていったのであった．

　リービッヒからエールリッヒに至る過程で，生命現象は分子レベルで説明される可能性が示唆され，分子をデザインし，感染症の撃退を可能にしたともいえよう．ナノサイエンスは分子を操作し，機能性の高いものをつくることであるが，この時代にナノサイエンスの下地がつくられていたといえよう．

註
（註1）グラム染色によって染まる細菌をグラム陽性菌，染まらない細菌をグラム陰性菌と呼ぶ．グラム陽性菌の代表は黄色ブドウ球菌であり，グラム陰性菌にはチフス，コレラ，赤痢，サルモネラ，大腸菌などがある．グラム染色性は細菌細胞壁の構造や

機能と関連性があり、細菌の分類や同定に重要な意味を持つ.
(註2）現在では、彼ら日本人の研究はノーベル賞級の研究業績をあげたとその評価は高い．明治の時代，科学教育もまだままならい日本において語学の壁も高かったと思われるが，単身，エールリッヒのもとに飛び込んでいき，評価されたことは国際性とはなにかを考えさせるものである．
(註3) 葉酸は葉緑中に分布するので，葉酸と名づけられた．生体内でプリンヌクレオチドの合成，コリンの合成，グリシンからセリンの合成など，生体内メチル化反応に関与する重要な役割をはたす．しかし哺乳動物では生産されず，腸内細菌によって補給され，ビタミンMと呼ばれる．欠乏すると成長が妨げられ，巨赤血芽球性貧血や胃腸障害を起こす．

引用文献

[1] ジョン・マン『特効薬はこうして生まれた』，竹内敬人訳，青土社，pp10-61, 2002年
[2] 山崎幹夫「化学者が放った魔法の弾丸（1）――トリパンロート」，「現代化学」, 1993, 12月, 42-45.
[3] 山崎幹夫『歴史の中の化合物』，東京化学同人，pp58-79, pp119-125, 1996年
[4] Kasten F.H., Paur Ehrlich: Pathfinder in cell biology 1, Chronicle of his life and accomplish-ments life and accomplishments in immunology, cancer research, and chemotherapy, *Biotech. Hitochem.* **71**(1), 2-37(1996).
[5] 山崎幹夫「化学者が放った魔法の弾丸（2）――スルファニルアミド」，「現代化学」, 1994, 1月, 44-47.
[6] D.D.Woods, The Relation of p-Aminobenzoic Acid to the Mechanism of the Action of Sulphanylamide, *Brit. J. Exp. Pathol.*, **21**, 74-90(1940).
[7] T. J. Bardos, Antimetabolites: Molecular Design and Model of Action, *Top. Curr. Chem.* **52**, 64-98(1974).
[8] P. Fildes, A Rotational Approach to Research in Chemotherapy, *Lancet*, **1**, 955-957(1940).
[9] M. H. Bickel, The Development of Sulfonamides(1932-1938) as a Focal Point in the History of Chemotherapy, *Gesnerus*, **45**, 67-86(1988).

参考文献

1) D.E.Metzler『生化学（上）』，今堀和友ら訳，東京化学同人，1979年
2) カールソン『生化学教程』，江上不二夫ら訳，朝倉書店，1971年
3) 竹内敬人・山田圭一『化学の生い立ち』，大日本図書，pp168-173., 1992年
4) 道家達將編『科学技術史』，放送大学教育振興会，pp281-291, 1995年
5) 竹内均編『科学の世紀を開いた人々 下』，Newton Press, 1999年
6) 高柳輝夫「サルファ剤――染料から生まれた薬」，「化学と教育」, 41, 537-542, 1993年
7) ジョン・マン『特効薬はこうして生まれた』，竹内敬人訳，青土社，2002年
8) 山崎幹夫「化学者が放った魔法の弾丸（1）――トリパンロート」，「現代化学」, 1993, 12月号, 42-45.
9) 山崎幹夫『歴史の中の化合物』，東京化学同人，1996年
10) A. L. Thorburn, Paul Ehrlich: pioneer of chemotherapy and cure by arsenic(1854-1915),

Br. J. Vener Dis., **59**(6), 404-405(1983)
11) J. P. Swann, Med Herit, *Paul Ehrlich and the introduction of Salvarsan*, **1**(2):137-138 (1985).
12) W. W. Spink, History of Medicine, The Drama of Sulfanilamide, Peniciline and Other Antibiotics, 1936-1972, *Minn. Med.* **56**(6), 551-556(1973)
13) L. Stryer, *Biochemistry*, W.H.Freeman and Company, New York, 1995.

5章

分子を数える：分子の実在の証明

　錬金術的化学から生まれた鉱物を中心とした無機化学は，その後，次々と発見された種々の元素の整理により，周期律表の完成へと向かっていった．一方，有機化学の登場により，生気論は終焉し，生命観も変わっていった．有機化学の研究の進展により有機化合物の組成，さらにはその化学構造までがかなり明らかにされてきた．その結果，有機合成化学の研究が進み，染料の合成の成功に導いた．これが端緒となり，染料化学産業のイノベーションが進行し，市場に数々の染料が提供された．豊富な染料は細菌の染色の研究へと繋がり，化学療法剤という科学史上の最大の成果が産み出されていった．

　しかし有機化合物の化学構造の解明とその合成がなされていっても，物質の基本である原子，分子の概念は，実際，科学者になかなか受け入れられなかった．英国のドルトンの提案した原子論のモデルは，偉大な英国の科学者ファラデーばかりか，ドイツの物理化学の創始者オストワルドらにも支持されなかった．原子，分子は眼に見えない．したがって原子論は，実験によって実証されることがむずかしく，架空のモデルとして捉えられていたからである．本章では物質とはなにかという問いに対して，科学者が提唱した原子，分子の概念が実証されるまでの経緯を述べる．

5-1　原子論の誕生

　自然の認識に関する歴史的に重要な科学モデルに関しては，初期には幾種類もの意見が出されるものの，結局は二つの相反する主張が激しく対立し，その後，どちらかに集約されてきた．物質の構造についても同様で，多くの議論は「粒子からできているのか（粒子説）」，それとも「ひとつなぎのものなのか（連続説）」の二つの議論に帰着された．ギリシャ時代の

5章 分子を数える

図5-1 デモクリトス   図5-2 アリストテレス

　デモクリトス(Demokritos, BC460頃-370頃)（図5-1）は，「物質は不可分の粒子である原子」からなるという説（古代原子論）を唱えた．分ける・分割するという意味の言葉に否定，不能を意味する前綴り「ア」をつけた「アトモス（アトム）」という名称がその単位粒子に与えられた．しかしデモクリトスよりわずかに時代を後にするアリストテレス(Aristoteles, BC384-322)（図5-2）は，「自然は真空を嫌う」という説を唱え，物質は分割を繰り返していっても無限に分割できると主張した．ここで真空とは無を意味していた．もし物質が粒子からなると仮定すると，粒子と粒子の間は必然的に真空になるので，彼の説は破綻してしまう．いいかえればアトム説とは対極にあったのである．しかしこのアリストテレスの説は，宗教的にも受け入れられやすく，古代から中世にかけて長い間，哲学から自然科学に至るあらゆる分野で絶対的権威をもつようになった．それに対して，粒子説は異端思想として排斥され，長い間，日の目を見なかった．

　しかし古代ローマの詩人ルクレティウス (Titus Lucretius Carus, BC99頃-55頃) は『事物の本性について』という詩のなかで，すでにデモクリトス的粒子説を展開していた．この著作は，異端思想として禁書目録の中に含まれていたが，それでも時代を超えて読み継がれていった．近世になってグーテンベルグ (Johannes Gutenberg, 1397-1468) が印刷機を発明してまもなく印刷された本の中に『事物の本性について』も含まれていた．これが引金となって，ギリシャ時代の思弁的原子論は，多くのひとびとに知られるようになり，原子論復活の下地が作られた．

水1分子	水2分子	水15分子
水素2原子と酸素1原子からできている	水素4原子と酸素2原子からできている	水素30原子と酸素15原子からできている
	水素2原子と酸素1原子と同じ割合	水素2原子と酸素1原子と同じ割合
水素2原子 / 酸素1原子	水素2原子 / 酸素1原子　水素2原子 / 酸素1原子	水素30原子 / 酸素15原子　水素2原子 / 酸素1原子

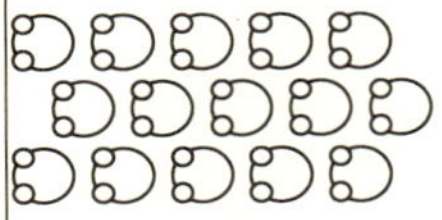

図5-3　定比例の法則

　16世紀から17世紀にかけ，アリストテレスの説でまず問題になったのはポンプによる水の吸い上げ現象であった．アリストテレスの説では，自然は真空を嫌うので，ポンプによって水や空気が追い出された隙間に，水が入り込んでくるため，水が吸い上げられると説明されていた．しかし地動説を唱えて教会の権威に反抗したイタリアのガリレイ(Galileo Galilei, 1564-1642)は，アリストテレスの説に疑問を持ったのである．彼はどんなにポンプを働かせても約10m以上吸い上げられない事実を「自然が真空をきらう」という考え方では説明できないと考えるようになった．その後，イタリアの物理学者，トリチェリ(Evangelista Torricelli, 1608-1647)は，有名なトリチェリの真空の実験によって空気の圧力を説明し，このアリストテレスの真空忌避の説に対する疑問を投げかけた．フランスの哲学者・自然哲学者のパスカル(Estienne Pascal, 1588-1651)もそれを支持した．英国のボイルも物質の究極は粒子からなるとする粒子説をとった．

　ところで一種の元素 (element) からなる物質を単体 (elementary substance) と呼び，2種以上の元素から成る物質を化合物 (compound) と呼ぶ．フランス人でスペイン王立研究所長プルースト (Joseph Louis Proust, 1754-1826) は2種類の元素が化合物をつくる際，その化合物に含まれる2元素の割合は一定であると考え，1799年に「ある定まった化合物は常に同じ組成で結合されている元素からなる」という定比例の法則（図5-3）を発表した．

すなわち，ある純粋な物質に含まれる成分元素の質量比は常に一定であるという法則である．図5－3は，水（H_2O）分子を例にして，水分子の数が増えても，水素と酸素の割合は常に同じであることをモデル化して説明した（註1）．

18世紀，数学を含んだ科学の分野は自然哲学と呼ばれた．ドルトン(John Dalton, 1766-1844)（図5－4）は，自然哲学を教える教師のかたわら，気象の観察から出発したアマチュア研究者でもあった．彼は1801年に湿度すなわち水蒸気と空気の混合気体の問題から，「分圧の法則」を発見していた．ドルトンは，メタン（CH_4）とエチレン（C_2H_4）の相対的な質量比（つまり分子量）を決める際，一定量の炭素と化合する水素の量は，［メタンの場合：エチレンの場合］＝［0.3356：0.1678］＝［2:1］となる．すなわち一定量の炭素に化合している水素の量は，メタンではエチレンの2倍であることに気づいた．これに興味を持ったドルトンは，2種類の元素からなる別の化合物の組，一酸化炭素COと二酸化炭素CO_2を調べた．ここでも一定量の炭素と化合する酸素の量は一酸化炭素と二酸化炭素を比較すると，1：2であった．この関係を一般化すると，2種の元素AとBが化合して，2種以上のAB，AB_2，AB_3 のような化合物をつくるとき，Aの一定量に対するBの量は簡単な整数比をなすこととなる．これが1803年にドルトンが発表した「倍数比例の法則」である．この「倍数比例の法則」に基づき，『化学哲学の新体系』（1808年）の中で，ドルトンは原子論の仮説をたてた．「すべての物体は原子と呼ばれる分割不可能な小粒子からできている．ある元素の原子はその質量（註2）および性質はすべて同一であるが，他の元素の原子とは異なる」．

18世紀末においては，自然科学は実験により実証する実験科学であるという認識が強くなっていた．したがってこのドルトンの原子論の仮説にも実験的裏づけが必要であったが，その役割をはたしたのが，原子量の決定であった．ベルセリウスは，当時の最高の感度の天秤を用い，試薬も念入りに精製し，執念ともいえる原子量

図5－4　ドルトン

の精密決定を行い，ドルトンの不完全な原子量の表を修正した．彼は基準に酸素を100として，一段と精度を上げ，元素記号も近代化し，ほぼ現在に近い原子量表を提出した．この原子量表の背景にはベルセリウスの原子論への熱い支持があった．このような天秤による原子量の精密決定は原子論の確立に大きく貢献したのであった．

しかしドルトンの原子論は，偉大な科学者ファラデー (Michael Faraday, 1791-1867) に支持されず，賛成者はゲイ・リュサックぐらいであった．しかし19世紀後半，マンチェスターのオーエンスカレッジの教授となったロスコー (Henry Enfield Roscoe, 1833-1915) が，「ドルトンはラボアジエと共に近代化学の成立に最も貢献した」と支持を表明した．その一方，19世紀末においても，物理化学者オストワルド (Friedlich Wilhelm Ostwald, 1853-1932) ばかりかマッハ (Ernest Mach, 1838-1916) のような偉大な科学者も頑固に原子論に反対した．19世紀，写実派の画家であったクールベは「なぜ天使を描かないか」との問に対して，「私は目に見えるものしか描かない」と答えたというが，科学の世界においても，近代科学発展の原動力は目に見えるものだけを信じようとする経験主義に基づいていたのである．原子は目では見えない．目に見えないものの存在の証明は，目に見えるものの存在の証明よりもはるかに難しいことであったからである．

5-2　アボガドロの分子論

ドルトンの原子論には重大な欠陥も含まれていた．それは分子の概念を含んでいなかったことである．そのため，矛盾もでてきた．しかしこのドルトンの原子論の矛盾を補う意味で，イタリアのアボガドロ(Carlo Amedeo Avogadro, 1776-1856)(図5-5)は数学的思考を化学の中で展開し，分子の概念を提出した．このアボガドロの分子論の提案の下地として，1805年に発見されたゲイ・リュサックの気体反応の法則があった．彼は「同温，同圧のもとで気体が反応するときには，反応物と生成物の体積はつり合いのとれた反応式の係数と同じ割合になること」を

図5-5　アボガドロ

5章 分子を数える

a) 水素 H 2リットル + 酸素 O 1リットル → 水蒸気 H₂O 1リットル

b) 水素 H₂ 2リットル + 酸素 O₂ 1リットル → 水蒸気 H₂O 2リットル

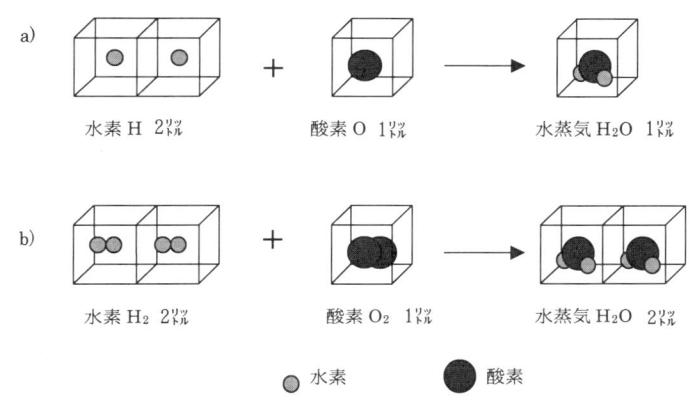

● 水素　● 酸素

図5-6　アボガドロの分子論
アボガドロの分子論を用いると実験事実がうまく説明できる

実験的に証明したのである．1811年にアボガドロは，この法則を合理的に説明するために，「等温，等圧の下では同体積の気体は同数の分子を含む」という仮説を提唱した．彼はこの中で初めて原子ではなく分子という化学用語を用いた．例えば図5-6に示すように，水素と酸素が化合して水蒸気を生じる反応にアボガドロの法則を適用してみる．ドルトン流に a) 水素も酸素も単原子であるとすると，実験事実とは合わない．しかし b) 水素も酸素もそれぞれ2原子からなる分子であると仮定すると，2リットルの水素と1リットルの酸素が反応して2リットルの水蒸気を生じる事実をうまく説明できるのである．

若いときに独学で苦労して自分の学説を唱えてきたドルトンであったが，当時，化学の世界ではすでに強力な権威をもつ科学者となっていた．彼は自己のモデルの破綻を恐れて，分子の概念を頑強に認めようとしなかった．そのために，長い間，化学界ではアボガドロの分子論は無視されてしまう結果となった．しかしもう一つの理由は，化学の世界では化学結合は異なる元素間の親和力によって起こるものであるという考え方が深く信奉されていたことにあった．イタリアのボルタ (Court Alessandro Volta, 1745-1827) らの電気に関する発見の後，一般に親和力は反対電荷の引力によるという認識が優勢であった．したがって，例えば二つの中性の同格の水素原子同士が結合して水素分子（H_2）を作りうるという考え方は，19世

紀初期にはなかなか受け入れらなかった．

　この分子の概念が化学界で受け入れられるには実に50年の歳月がかかった．1860年，カールスルーエで開催された第１回国際化学会議においてアボガドロと同じ出身のイタリアのカニッツァーロ(Stanislao Cannizzaro, 1826-1910)によって正式に認められた．この法則は後に気体の分子量を求めるのに用いられ，実用的価値が高い法則となっていった．

　ドルトンの原子は，今日では分子と呼ばれており，一つの分子は，普通は何個かの原子が結合してできているのである．

5-3　物理化学と分子論

　化学の世界では，伝統的有機化学が主流を占めており，化学の課題の解決に有機化学の手法にのみ頼る傾向があった．しかしこれに不満を抱く化学者が現れてきた．そこで物理学の概念や方法を化学親和力・化学平衡論に導入した学際領域が生まれてきた．このような気運の中で1887年にドイツのオストワルドがスウェーデンのアレニウス(Svante August Arrhenius, 1859-1927)とオランダのファントホッフ(Jacobus Henricus van't Hoff, 1852-1911)とともに「物理化学誌」(*Zeitschrift für physikalishe Chemie*)を創刊した．この年が物理化学の誕生の年といわれる．物理化学が有機化学とは違った方法論を用いて物質を研究する新分野であるという意識を強く打ち出した年であった．

　物理化学は物質の反応や性質を理論的に解明することを目的とする化学の分野である．なかでも化学熱力学が20世紀前半の物理化学を特徴づけるものであった．この化学熱力学の発展の下地として熱力学があった．熱力学には自然を支配する二つの自然法則が基本にある．一つは「熱と仕事は等価である」というエネルギー保存則，「エネルギーは，形は変えることができるが，創造することも破壊することもできない」という熱力学の第一法則である．もう一つの自然の法則は，「熱は自然には必ず高温部から低温部に流れ，その過程は不可逆的である」あるいは「すべての自発的過程ではエントロピー（註3）は増大する」という熱力学の第二法則であった．ドイツのヘルムホルツ(Hermann Ludwig Ferdinand von Helmholtz, 1821-1894)と米国のギブス(Josiah Willard Gibbs, 1839-1903)は化学変化が起こるかどう

かを，熱力学を用いて予測する「化学熱力学」すなわちギブスの自由エネルギーの考え方（註4）を発表した．これは化学反応の平衡状態の予測を可能にする平衡定数と自由エネルギーとの関係を明らかにしたものであって，化学熱力学と呼ばれるようになった．しかしさらに熱の出入りさえ把握すれば，自然が理解できるという「エネルギー至上主義」まで横行するようになった．化学熱力学は物質の化学構造と関連づけて思考するわけではなく，基本的には物質系の熱の出入りを扱うものであった．そのためにオストワルドのような物理化学者は，完成度の低い原子論を認めようとはしなかった．

ところがオーストリアのボルツマン (Ludwig Boltzmann, 1844-1906) は，分子は小さすぎて個々の分子のふるまいを扱えないので，統計的平均値で扱えばよいという考え方をもっていた．そこで彼は物質の物理化学的な性質を原子あるいは分子の統計的な平均値として扱う分子運動論の考え方を提案した．ここでは，温度は分子の並進運動エネルギーの平均値の尺度であり，圧力は分子がその容器の壁に反復衝突することから生ずる力の平均値であるとした．

このように分子論を支持したボルツマンは，気体の分子運動論の創始者として，英国のマックスウェル (James Clerk Maxwell, 1831-1879) の名前とともに評価されるようになった．しかし気体分子運動論で仮定されている分子は，いずれも剛体の球状粒子であった．つまり分子の化学構造式，いいかえれば分子の形とは無関係に，分子は剛体の球状粒子として扱われ，そのふるまいは統計的平均値として扱われたのであった．

5-4 分子実在の証明

20世紀を迎える頃から化学者や物理学者は，目に見えない原子の存在の実験的証明に挑戦するようになった．牛乳を顕微鏡下に観察すると，脂肪の粒子がたえず不規則に運動していることが容易に観察されるであろう．このような微粒子（直径5 μm（5000nm）以下）の運動は1827年にイギリスの植物学者ブラウン (Robert Brown, 1773-1858) によって発見された．彼はホソバノサンジソウの花粉を水に入れて顕微鏡で観察しているときに花粉がたえず動いていることから見出したのであった．発見当初は，花粉が生

きているためと考えられたが，その後，硝子や岩石などの微粒子も同様の運動を行うことが確かめられ，1863年になるとウィーナー(L. C. Wiener)によってその原因は粒子を取り巻く媒質の分子の熱運動によるものと指摘された．すなわち水のような媒質の分子はたえず不規則な熱運動を行っており，あらゆる方向からコロイド粒子に衝突するのであるが，粒子が小さくなるとある瞬間にはある方向から，また他の瞬間には他の方向からというような媒質分子の衝突の揺動のために，粒子はあちこち動かされると考えたのである．したがってブラウン運動は媒質分子の熱運動を間接的に示しているものと考えられ，ペラン(Jean Baptiste Perrin, 1870-1942)の言葉を借りれば，沖を通る船の動揺を見て沖に波のあることを知りうるのに似ている．これをさらに一歩進めて考えれば，コロイド粒子と媒質分子とは熱平衡にあるので，コロイド粒子のブラウン運動は粒子自身の熱運動に他ならないことになる．そのため分子の熱運動論に実験的根拠を与える可能性があることが期待されるようになった．そこで化学者はブラウン運動の観察から分子の実在の証明を試みるようになった．

　分子論実証の立て役者はペランであった．彼は顕微鏡では観察できない分子のかわりに限外顕微鏡で観察できる100nm〜1nmのコロイド粒子を用いればよいと思いついた．コロイド粒子は光学顕微鏡では観察できないくらい小さいが，限外顕微鏡ではブラウン運動が明らかに認められる．限外顕微鏡でみられるコロイド粒子のブラウン運動は極めて複雑なものであって，とうていそれを追跡することはできない．しかし一つの粒子のある一定時間ごと，例えば30秒ごとにおける位置を計って，それらを直線で結ぶと，図5-7のようになる．実際には図5-7の一つの屈折点から次の屈折点までの間は直線ではなく，やはり複雑な運動をしているのである．また粒子の運動は一平面上に限られているわけではなく，図5-7に示されているのは顕微鏡の視野面（xy 面）への投影にすぎない．しかし，今，粒子

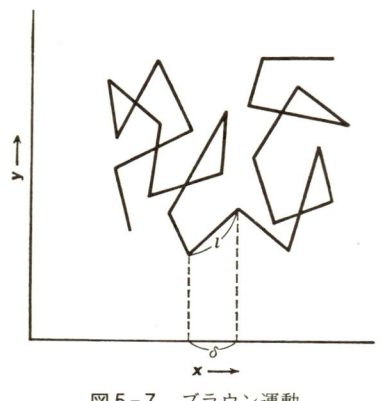

図5-7　ブラウン運動

観測された現象	$N/10^{23}$
気体の粘性率（ファンデルワールスの式）	6.2
ブラウン運動；粒子の分布	6.83
変位	6.88
回転	6.5
拡散	6.9
分子の不規則な分布；臨界乳光	7.5
空気の青色	6.0
黒体のスペクトル	6.4
球体の電荷（気体中）	6.8
放射能；放射体の電荷	6.25
発生するヘリウム	6.4
失われるラジウム	7.1
放射されるエネルギー	6.0

表 5-1 種々の方法で求めたアボガドロ数
（ジャン・ペラン／玉虫文一訳『原子』，p355，岩波文庫）

がある一定時間（例えば30秒）の間にある一軸（たとえば x 軸）の方向に動いた距離が図の δ で与えられるとしよう．ドイツ（スイスとアメリカ）のアインシュタイン (Albert Einstein, 1879-1955) の理論によれば，球形の粒子が時間 t の間にブラウン運動によってある方向に動く距離 δ の2乗の平均値 $<\delta^2>$ は次のように示される．

$$<\delta^2> = (RT/N_A) \cdot (t/3\pi \eta r) \qquad (5-1)$$

ただし R は気体定数，T は絶対温度，η は分散媒の粘性係数，r は粒子の半径である．N_A はアボガドロ数を示し，1モルあたりの物質に含まれる分子の数である．

この式は移動距離の2乗の平均値 $<\delta^2>$ が，液の粘性 η，および粒子の半径 r に逆比例し，絶対温度 T および観測時間 t に比例することを意味する．液体の粘度が低く，さらさらしていて，粒子の大きさが小さいほど，ブラウン運動は活発なのである．さらにこの式を使えば，粒子半径 r がわかっている粒子についてブラウン運動を観察することによって，アボガドロ数 N_A を決めることができるはずである．

このようにして求められたアボガドロ数 N_A としては，ペラン[1]が乳香（マスチック）の粒子（$r=5500$nm）で 7.8×10^{23}，雌黄（ガンボージ）の粒

子（$r=210\mathrm{nm}$）で7.3×10^{23}などの値をえた（註5），このように粒子の種類や大きさ，あるいは測定方法を変えても，ほぼ同一の10^{23}程度の値がえられることが表5-1にも示されている．なお今日正しいとされている値は，

$$N_\mathrm{A} = 6.02214199\times10^{23}\ \mathrm{mol}^{-1} \tag{5-2}$$

である．このアボガドロ数は1モルの物質に含まれる分子数を意味するので，アボガドロ数を実験的に知ることは，分子を数えることを意味するといえる．分子を数えることができれば，粒子の大きさが目に見えないほど小さくても，粒子の存在を証明したことになる．このようにアボガドロ数の値が確定したことによって，原子量や分子量のような相対値ではなく，原子や分子の各1個の質量の絶対値が求められることになった．つまりペランは原子を直接観察したわけではないが，原子論を仮定すると，アボガドロ数が一定値を示すことを根拠に，原子論を証明したのであった．こうなるとオストワルドやマッハは原子論を認めざるをえなくなった．

このようにナノの世界の分子を直接視ることはできなくても，分子数を数えることができるようになったのである．

註

（註1）例えば，具体的に当時研究の対象であったメタン（CH_4）とエチレン（C_2H_4, $CH_2=CH_2$）について考えてみよう．メタンの場合は炭素（C）に対する水素（H）の質量比が$w_\mathrm{H}/w_\mathrm{C}=0.3356$であり，エチレン（$C_2H_4$, $CH_2=CH_2$）では$w_\mathrm{H}/w_\mathrm{C}=0.1678$であって，これらの質量比は常に一定である．しかし例えばエチレンを不純物として含むメタンでは，$w_\mathrm{H}/w_\mathrm{C}$は上述の値0.3356よりも小さくなり，かつその値は不純物であるエチレンの含量によって変化する．そのような不純なメタンを強く冷却すれば，沸点がメタンに比べ低いエチレンの一部が液化するので，気相に残っているメタンとエチレンの割合が変化する．すなわちこのような不純なエチレンの場合は，当然その化学組成は変化してしまうのである．これに対して一般に，純粋な物質の化学組成は，蒸発や液化，融解や固化，あるいは再結晶のような相変化によって変化せず，定比例の法則が成立するのである．

定比例の法則に従わない物質として，不定比化合物（非化学量論的化合物またはベルトライド化合物）とよばれる物質がある．それらは主として結晶性無機化合物であるが，それらを〈純粋〉な物質といってよいか否かには若干の問題があろう．

（註2）今日では，同じ元素の原子で，したがって化学的性質は全く同一でありながら，質量の異なる原子を同位体（isotope，同位元素）と呼び，天然に存在する多くの元素は何種類かの同位体が一定の割合に混在したものであることが知られている．

（註3）エントロピー：自然界で自発的に起こる過程はすべて不可逆過程である．高温部から低温部への熱の伝導，気体の真空中への自由膨張，溶液中の高濃度部から低濃

度部への溶質の拡散などである．自然現象の不可逆性の程度を数量的に表わすためにエントロピー(entropy) という状態量を導入し，これにより，熱力学第2法則に数学的表現を与えた．エントロピーの概念を用いると，第2法則は，孤立系あるいは断熱系（外界との熱の出入りのない系）では自発変化が起こると系のエントロピーは増加し，エントロピーは極大になって系は平衡状態に到達する．この法則はエントロピー増大の法則とも呼ばれる．クラウジウスによると，「宇宙のエネルギーは一定であり，宇宙のエントロピーは増大に向かう」．これは熱力学第1法則と熱力学第2法則を簡潔に要約して述べたものである．エントロピーは，元来は分子論とは無関係に定義されたが，後にエントロピーは系の乱雑さあるいは無秩序性の尺度であるという統計的な意味が与えられた．したがって，熱力学第2法則は，系を放置しておくと，系より乱雑さの大きい状態へ向かって，すなわちより確率の大きい状態へ向かって変化し，最大確率の状態に達して平衡になるといいかえられる．

(註4) ギブスの自由エネルギー：孤立系や断熱系ではエントロピーが自発変化の方向を決める量である．しかし実際には温度一定，圧力一定という実験条件が用いられ，系と外界との間に熱や仕事の出入りがある．この条件ではギブスの自由エネルギーという状態量が重要である．ギブスの自由エネルギーGは次式で定義される．$G = H - TS$ ここではHはエンタルピー（定圧過程では系に出入りする熱は系のエンタルピーの変化に等しい），Sはエントロピーである．熱力学第2法則から，定温，定圧の条件では，自然に起こる変化は系のギブスの自由エネルギーが減少する方向に進み，ギブスの自由エネルギーが極小になって系は平衡状態に達する．

(註5) スベドベリ(Theodor Svedberg, 1884-1971)[2]は金のコロイド粒子（$r=24.7$nm）を用いて6.2×10^{23}，また鮫島実三郎（1890-1973）[3]は乳香の粒子（$r=2590$nm）を用いて（並進）ブラウン運動から5.0×10^{23}，乳香の粒子（$r=5200$nm）の回転ブラウン運動から5.15×10^{23}をえた．

引用文献

[1] J. B. Perrin, "Brownian Movement and Molecular Reality", (1910), 植村・玉虫・水島訳，『ペラン原子』，岩波書店，1925年
[2] T. Svedberg, "Die Existenz der Molekule", 1912.
[3] 鮫島実三郎『長岡博士記念論文集』，p210, 263, 1925.

参考文献

1) W.J.Moore『物理化学（上）』第4版，藤代亮一訳，東京化学同人，1975年
2) 竹内敬人『化学史』，放送大学教育振興会，pp40-42, 1993年
3) 古川安「19世紀とは化学にとってどんな時代だったのか」，「化学」，49, 822-827 (1994).
4) 中山茂『20・21世紀科学史』，NTT出版，p55, 2000年
5) 中垣正幸・福田清成『コロイド化学の基礎』，大日本図書，1969年
6) 竹内敬人『化学の基礎』，岩波書店，1996年
7) エベレット『コロイド科学の基礎』，関集三監訳，化学同人，1992年
8) 竹内敬人『化学史』，放送大学教育振興会，1993年
9) 中垣正幸『表面状態とコロイド状態』，東京化学同人，1968年

10) 竹内敬人『化学の基本7法則』, 岩波ジュニア新書, 1998年
11) Cathy Cobb, *Magic, Mayhem and Mavericks, ―The Spirited History of Physical Chemistry―*, Prometheus Books, New York, 2002.
12) A. Sherman, S. Sherman, L. Russikoff『化学――基本の考え方を中心に――』, 石倉洋子・石倉久之訳, 東京化学同人, 1990年
13) 妹尾学「物理化学誕生に貢献した4人の大化学者」,「化学」, 49, 854-856 (1994).
14) トーマス・クーン『科学革命の構造』, 中山茂訳, みすず書房, 2000年（27版）

6 章

マルサスの人口論から生まれたアンモニアの合成
： 化学理論と金属触媒の威力

19世紀後半，物理学の概念や方法を化学親和力・化学平衡論に導入した学際領域として物理化学が生まれてきた．物理化学は有機化学とは違った方法論を用いて，物質の反応や性質を理論的に解明することを目的とする化学の新分野であった．中でも化学熱力学は20世紀前半の物理化学を特徴づけるものであった．

この新しい物理化学的手法に基づいて，食糧増産の社会的要請に応える形で生まれた方法がハーバー・ボッシュのアンモニア合成法であった．この方法により空気中にある無尽蔵の窒素を原料にしてアンモニアの合成が可能になったのである．この成功により化学肥料の工業化が促され，農業の歴史を大きく変えていくことになった．一方，第一次世界大戦には大量生産されたアンモニアが火薬製造に使われてしまい，ヨーロッパを戦火のうずに巻き込むこととなった．またこの窒素固定によるアンモニア合成の成功は自然と人間の新たな関係をもたらしたばかりか，この成功に導いたキーテクノロジーの金属触媒がナノサイエンスの誕生に繋がっていった．

6-1 マルサスの人口論と窒素固定

18世紀初頭の英国では，産業革命により都市に人口が集中するようになった．また機械化の進展に伴い耕作面積も拡大し，肥料の需要が急速に増加した．1798年に英国の経済学者であるマルサス（Thomas Robert Malthus, 1766-1834）は食物の供給は直線的に増加するが，人口はそれよりずっと速く指数関数的に増加するという有名な『人口論』を著した．マルサスは最終的には人口は農業生産を追い抜いてしまうだろうと悲観的な予測を行ったのである．（この予測は皮肉にも20世紀末から21世紀にかけての発展途

上国の状況によく符合するものである．）その当時，肥料として用いられる窒素源は，骨粉，堆肥，コークス製造の過程で副生する硫酸アンモニウムであった．1840年頃以降は，チリのアタカマ砂漠地帯に局在する天然硝酸ナトリウム（チリ硝石）も使われるようになっていたが，輸送の問題もあり，食糧の確保のための窒素肥料の供給に危機感があった．

マルサスの人口論から100年後の1898年に，当時幅広く活躍していた化学者，クルックス卿（Sir William Crookes, 1832-1919）は，英国の大英学術協会の講演の中で「窒素は空気の79％を占めるにもかかわらず，反応性のない2原子分子の窒素分子（N_2）の形になっていて役に立たない．しかし自然界には窒素を固定化できる微生物は幅広く存在する．もしわれわれが十分な食糧供給を確保しようとするならば，窒素を含有する肥料の十分量が必要であるから，化学者は空気中の窒素を固定化する方法を考えださねばならない」と主張した．ここでいう窒素の固定化とは，窒素を気体の形から他の元素と化合した安定な固体または液体の形に変えることをいい，アンモニア，硝酸イオンなどがその例である．

1784年に英国のキャベンディシュ(Henry Cavendish, 1731-1810)は空気中で電気火花を飛ばすと窒素が酸化されることを発見した．これが窒素分子の反応の最初の例である．しかし窒素は2個の窒素原子が三重結合した極めて安定な分子からなるので，この結合を切って新たな結合を形成する反応にはかなりの活性化エネルギーを要する．したがって窒素の固定化は現実には難しく，多くの試みが不調に終わっていた．19世紀において米国やドイツでも工業化を目指して同様に検討されたが，電気エネルギーを大量に使うので失敗に終わっていた．1903年になってノルウェーの物理学者であるビルケラン(Kristian Birkeland, 1867-1917)と機械技師のアイデ(Samuel Eyde)は，効率のよい放電で窒素の酸化物をえる方法を完成した．電力の豊富なノルウェーでこの方法に基づいて工業的に窒素酸化物が合成されたが，多量の電力の消費のためにコストの問題をクリアーできなかった．一方，化学的な方法としては，ドイツのフランク(Adolf Frank, 1834-1916)とカロ(Nikodem Caro, 1871-　)が，高温にしたカルシウムカーバイド(CaC_2)に窒素を通して窒素化合物をえる石灰窒素($CaCN_2+C$)法を確立した．しかしアンモニアや硝酸をえるには，工程が多すぎて手がかかりすぎるという欠点

があり，採算がとれなかった．

6-2　アンモニアの化学平衡論とハーバーの挑戦

　19世紀には，無機化学は原子の性質を，有機化学は分子の性質を，主として研究する学問としてその地位を確保していた．1887年になってオストワルドらが中心になって，「物理化学」誌（Zeitschrift für physikalishe Chemie）を創刊し，物理化学を誕生させた．当時彼らは，物理化学は，有機化学や無機化学と違った方法論を用いて物質を研究する学問の新分野であるという自負があった．物理化学は，「物理学の理論と方法を化学に応用しようとするものであり，化学変化や物理的・化学的性質の一般化とそれを裏づける理論化学」と位置づけられていた．物質の物理的性質，中でも気体，液体，固体のような相の性質とその変化は，物理化学の分野で活発に研究されるようになった．オストワルドらは主に溶液の物理化学の研究に取り組んでいたが，20世紀前半の物理化学の特徴は化学熱力学であった．ヘルムホルツとギブスは化学変化が起こるかどうかを，熱力学を用いて予測する「化学熱力学」を発展させていた．平衡定数と自由エネルギーの関係が明らかにされ，ギブスの自由エネルギーの考え方が生まれて，化学反応の平衡状態がどの程度生成側に片寄るかの予測がなされるようになったのである．このために熱力学が化学反応の平衡状態を理解する上で重要であることが広く認識されるようになった．

　鉱山学校に教師として勤務していたフランス人のルシャトリエ（Henry Louis LeChatelier, 1850-1936）は，1884年に化学平衡の法則を公式化した．この法則をアンモニア（NH_3）の合成に適用すると，高圧にすることで化学平衡がアンモニア生成側に傾くと予測された．1900年には彼は自分の理論に基づいて，触媒を使って水素と窒素からアンモニアが生成される場合の適切な温度と圧力の条件を実験で調べようとしたが，大爆発を起こし，失敗した．一方，1894年にはオストワルドは，化学平衡の状態は触媒によって変わるものではないという研究を発表し，化学反応における触媒の役割も明らかにした．こうして19世紀末までにはアンモニアの化学平衡についての科学的知見がかなり蓄積されるようになっていた．

　ドイツ人のフリッツ・ハーバー(Fritz Haber, 1868-1934) (図6-1)はルシ

ャトリエの研究を実験的に証明しようと試みた．当時，鉄触媒によりアンモニアが容易に分解することは知られていたので，分解反応に有効な触媒は合成反応にも効果的であるはずであると思いついた．そこでシュウ酸鉄を石綿に混ぜたものを触媒として使用し，種々の反応条件下におけるアンモニアの平衡濃度を測定した[1]．彼はアンモニア合成の重要な鍵は，使用される反応温度，圧力，アンモニアの平衡濃度の関係を知ることであることを熟知していたからである．

図6-1　ハーバー

ここでアンモニアの生成反応の化学平衡について考えてみよう．

$$N_2(気体) + 3H_2(気体) \underset{逆反応}{\overset{正反応}{\rightleftarrows}} 2NH_3(気体) + 22.08\,\text{kcal/mol} \qquad (6\text{-}1)$$

はじめに適当な反応条件下で窒素と水素を反応させると，式(6-1)の化学反応式が示すように，1モルの窒素と3モルの水素が反応し，2モルのアンモニアを生成する．式(6-1)の右方向に進行する場合を正反応という．

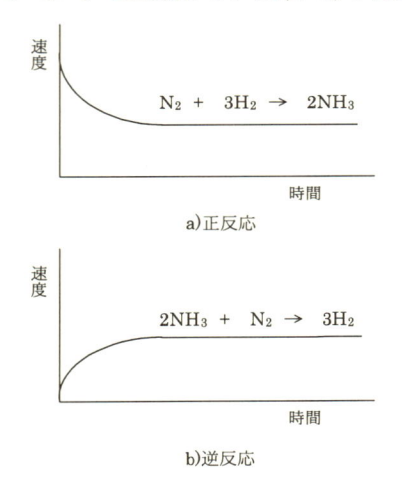

図6-2に示すように反応初期には正反応速度（V_f）は大きいが，時間の経過とともに減少し，やがて一定値に近づく．一方，アンモニアが生成されるにつれ，2モルのアンモニアが1モルの窒素と3モルの水素に分解する逆反応が進行し，その逆反応速度（V_b）は時間とともに増加し，やがて一定値に近づく．反応の平衡状態では見かけ上，反応が静止しているように見えるが，そうではなく，V_fとV_bが等しく

a)正反応

b)逆反応

図6-2　アンモニア合成反応の正反応と逆反応

なった状態なのである．当時，熱データはまだ揃っておらず，それぞれの平衡濃度を知るためには実験で求める必要があった．そこでまず彼は平衡濃度を求めたのである．

ルシャトリエの平衡の原理に基づいて，アンモニアの化学平衡に対する圧力の影響を考えてみよう．化学平衡とは，反応系がエネルギー的に最も低い安定な状態である．またみかけ上，反応が静止しているようにみえるが，生成物ができる方向の正反応と生成物が原料にもどる逆反応が同じ速度で進行している状態をさす．ルシャトリエの平衡の原理は，反応の平衡系にストレスがかかったとき，系はストレスを除く方向に変化して新しい平衡に到達するという法則である．アンモニアの合成反応は気体状態で進行するので，一定の体積を占める気体の圧力は気体の分子数に比例する事実をここに当てはめてみる．

式 (6-1) が示すように，アンモニア生成反応は1モルの窒素が3モルの水素と反応して2モルのアンモニアができる反応であるから，分子数としては半分に減り，アンモニアが生成するにつれて圧力が減少するはずである．圧力をかけた場合，この圧力というストレスを除く方向に動くためには，総分子数を減らす方向である(6-1)式の右方向であるアンモニア合成の方向にいくはずである．事実，圧力の増加とともにアンモニアの収量は増加し，この合成反応は高圧が望ましいことが実験により証明されたのである（表6-1）．

次に温度の効果について考えてみよう．アンモニア生成反応は式(6-1)に示すように発熱反応なので，熱を除去する方向が望ましい．したがって低温の方が反応収率は高いはずである．しかしどんな反応でも電子で接着されている原子と原子の間の結合を切断し，新しい結合を生む過程で活性錯体という不安定な中間体を経る必要がある．すなわち反応が進行するためには図6-3が示すように活性化エネルギーが必要である．したがって，反応収率を高めるために温度を低くした方がよいのであるが，低くしすぎると活性化エネルギーの山を越えられなくなり，反応速度は著しく遅くなってしまう．この矛盾を除くために活性化エネルギーを下げる触媒探しが始まった．このように彼の第一の業績は平衡定数を測定し，アンモニアの合成条件を推定したことであった．

表6-1　アンモニアの収率に及ぼす温度と圧力の効果

温度/℃	全圧/atm			
	1	30	100	200
200	15.3	67.6	80.6	85.8
400	0.44	10.1	25.1	36.3
600	0.049	1.43	4.47	8.3
1000	0.0044	0.13	0.44	

　1905年にハーバーは原料の気体ガスを赤熱鉄管に通し，800〜900℃でアンモニアのわずかな生成を認めたが，硫酸などの触媒毒のために反応を進行させることができなかった．1908年に彼は30気圧，700〜900℃でアンモニアの分解を，974℃でアンモニアの合成の実験を行い，常圧でえた平衡値を再確認した[2]．彼は高圧装置を改良し，実験室で1909年オスミウムを触媒として175気圧，550℃でアンモニアの合成に成功した．ハーバーの成功の秘訣は共同研究者の R. Le Rossignol という助手が高い高圧技術をもっていたことと，触媒の選択が適切であったことである．

6-3　ボッシュらによる高圧技術と企業内技術開発の大型化

　ハーバーは高圧にすると反応が実際に有利に進行することを確認した

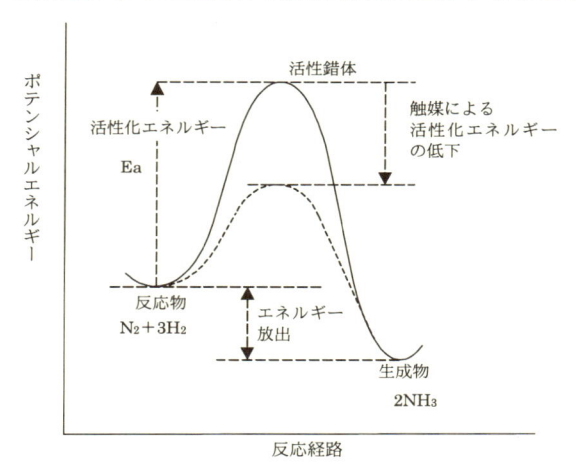

図6-3　アンモニア合成反応の活性化エネルギー

後，1908年にはBASF社に共同研究を依頼した．こうしてハーバーとBASF社との共同研究が始まり，開発研究がスタートした．結局，アンモニアの工業化は前年になされた実験室での成功をうけて1910年に始まったが，この工業化は社運をかけた〈ばくち〉ともいわれた．BASF社が工業化に踏み切った背景には，過去の苦い経緯があった．3章に述べたように，1901年に競争相手のヘキスト社がインジゴの合成法に関してコスト的に有利な簡単な方法を開発してしまったために，BASF社は長年かけて，やっと開発したインジゴの製品化から撤退せざるをえなくなった．しかし不利な点ばかりではなかった．BASF社はインジゴの開発過程でナフタリンを発煙硫酸で酸化してフタル酸に変える方法を見出していた．しかもこの過程で温度計が壊れて反応器の中に入った水銀が著しい触媒作用をもっていることを偶然，発見していた．これが糸口となり，BASF社では触媒の基礎的研究に力を注ぐようになっていた．また発煙硫酸による装置材料の腐食やガスの精製など，従来解決がむずかしかった困難を経験的にすでに克服していた．このようにBASF社にはインジゴから学んだ触媒とガスの基礎的知識が蓄積されていたのであった．

　当時の技術の水準では十数気圧，100℃以下が反応装置として精一杯であったが，高圧反応装置の開発はドイツのボッシュ（Karl Bosch, 1874-1940）（図6－4）がリーダーとなり進められた．化学，物理の分野ばかりでなく，機械工学，電気工学，金属学など幅広い専門家との共同体制がつくられ，その技術開発の形態も先駆的であった．ハーバーの装置で不備な点はボッシュのスタッフにより改良された．高温，高圧に耐えるように設計されたはずの鋼鉄製装置は，水素が高温下で鉄の中に浸透して脱炭素化することにより脆くなり，爆発を起こすことも発見された．そこで装置の改良を重ねたばかりか，多量の原料ガスの製造や計測器の開発を行い，問題を解決していった．化学産業が装置産業の様相を呈し始めたのは，このアンモニア合成の工業化以来のこ

図6-4　ボッシュ

とである．

6-4　二重促進鉄触媒の開発

　アンモニア合成反応において高い反応速度で短時間に低温で収率をあげるためには適切な触媒を探す必要があった．当初，オスミウムが触媒に使われていたが，オスミウムは生産量が少なく高価であったために，実用化は困難であった．そこでオスミウムの代わりに，より安価な触媒物質の探索が急がれた．鉄はすでに活性があることがわかっていたが，気体中の不純物が触媒の働きを弱めることもあって，そのままでは触媒として使えない状態であった．しかし安価な鉄は魅力があり，その改良に主力が注がれることとなった．

　ボッシュの要請により窒素の固定化法の触媒の研究を担当することになったミタッシュ（Alivin Mittasch, 1869-1953）の活躍はめざましかった．彼は，触媒は反応過程で化学的に関与していると推測していた．そこで彼はまず触媒金属と反応物質の一つである窒素との化合物である金属窒化物が形成され，これが水素と反応するという仮説を立てた[3]．気体分子は金属や金属酸化物表面に化学吸着してさまざまな表面化合物をつくる．アンモニアの合成反応では，化学吸着しにくい窒素ガスと比較的化学吸着しやすい水素ガスの両方を，一つの触媒上に適度な結合力で化学吸着させて，反応性を高める条件を備えている金属触媒が必要である．しかし鉄は触媒作用があっても，不安定で再現性に欠けていた．そこでミタッシュは助触媒（註1）に注意を払った．彼は入手しうるあらゆる鉄鉱石や鉄に添加物を加え，片端から活性試験を行った．当時は触媒毒の概念もなく，その探索は困難を極めていた．しかし彼はある日偶然，スウェーデン産の磁鉄鉱が高活性を示すことを見出した．早速，この試料の分析と再構築が始まった．その結果，酸化鉄（Fe_3O_4），酸化アルミニウム（Al_2O_3），酸化カリウム（K_2O）の組み合わせが重要であることがわかったのである．さらに酸化鉄（Fe_3O_4）は酸化カリウム（K_2O）により酸化アルミニウム（Al_2O_3）と結合することがわかり，二重促進鉄触媒の原型ができあがっていった．このようにミタッシュの驚異的な粘り強い探索と洞察力ある観察により，1909年に二重促進鉄触媒（$Fe/Al_2O_3/K_2O$）が誕生したのであった．この触媒にとってイ

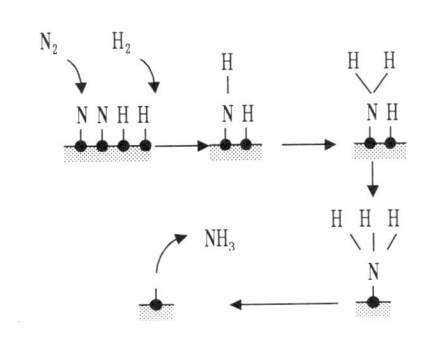

図6-5 金属触媒上で窒素ガス、水素ガスからのアンモニア生成過程

オウなどが有害成分であることが明らかにされ，触媒毒の概念も生まれてきた．しかも触媒活性が高いときは，酸化鉄は金属鉄に還元され，この還元された鉄表面の原子の配列が大きな役割をはたすこともわかってきた．また酸化アルミニウムがこの鉄の表面の原子配列を整え，酸化カリウムは鉄原子の電子状態を変える化学的促進剤として作用する役割も見出された．この触媒は今日においても実質的に使われているものである．ミタッシュによる二重促進鉄触媒($Fe/Al_2O_3/K_2O$)の開発こそが，アンモニア合成反応の工業化の成功をもたらしたキーテクノロジーであったといえよう．

鉄触媒表面上でのアンモニアの生成の機構をスキームで示すと，図6-5のようになる．吸着された窒素ガスと水素ガスの分子は触媒上の活性点に吸着してそれぞれ窒素原子，水素原子に解離する．解離した窒素原子は触媒上を移動してきた水素原子と次々反応してアンモニアになり離脱するのである（註2）．

このように二重促進鉄触媒($Fe/Al_2O_3/K_2O$)は金属表面に反応物質を吸着させ活性状態にして反応させるものであるが，これは固体界面上で分子を操るナノサイエンスにつながってゆくのである．

6-5 窒素固定によるアンモニア合成の意義

アンモニア生産量はうなぎ登りに上昇した．1912年には1日当たりの生産量が1トンであった装置が，1913年には10トンで運転開始されるようになった．アンモニアから製造された硫安（硫酸アンモニウム）は農業用に使用され，窒素肥料不足は解消され，農業を変えていくこととなった．しかしこの偉大なアンモニア合成は，1914年にぼっ発した第一次世界大戦において軍需用火薬製造に利用されてしまった．

ハーバーは「アンモニアの成分元素（窒素，水素）からの合成」によって1918年度のノーベル化学賞を受賞する折，連合国の強い反対を受けた．その理由は，彼が第一次世界大戦の際に毒ガスとして塩素ガス，マスタードガスやホスゲンの開発と実用化にも関わったというものであった．一方，ナチスの力が大きくなると，ユダヤ人である彼は迫害されるようになり，最後はバーゼルで亡くなったといわれる．それに対して、ボッシュはBASF社がその他の化学会社と合併され，IG染料会社となった1925年にその社長に昇進したばかりか，1931年に「高圧化学的方法の発明と開発」というタイトルで，石炭液化を成功させたベルギウス（Friedrich Carl Rudolf Bergius, 1884-1949）とともにノーベル化学賞を受賞した．しかしやはりナチス独裁政権統治の1933年以後ヒットラーと正面衝突し，苦しい晩年を送ったといわれる．

　このアンモニア合成にとって最も重要な触媒の研究に携わったミタッシュにはノーベル賞は授与されなかった．しかし彼の触媒研究はその後の化学産業の基盤研究として位置づけられるようになり，金属表面を触媒とする不均一系触媒反応として研究が進んでいった．水素や窒素などの気体分子の吸着や反応速度論も研究され，固体表面の科学として，吸着活性点と反応の関係は大きな研究の関心の対象となっていった．その結果，金属表面はどんなふうになっているのだろうか，あるいは気体分子や原子がどんなふうに吸着しているのだろうかという疑問が生まれてきた．こうして固体の表面を実際に眺めてみたいという科学者の夢は，後に電子顕微鏡，さらには走査型顕微鏡による直接観察から固体界面の原子，分子操作に繋がるナノサイエンスへと発展していった．

　この空気中に無尽蔵にある窒素を利用するアンモニア合成とその工業化の成功は，現在の温暖化現象に対する二酸化炭素の削減や水素エネルギーの開発の先駆けというふうに解釈される場合もある．しかし温暖化現象に対する二酸化炭素削減の試みや水素エネルギーの開発は，その背景にもろさが露呈してしまった地球環境を修復しようとする意図があり，アンモニア合成の研究開発の背景にある自然観と大きく異なっている．すなわち20世紀初頭までは科学・技術は急速に進歩したものの，地球全体としてはあまり変化がなく，ほぼ準定常状態であった．したがって人間にとって自然

は偉大であり，常に恒常的であると信じられており，自然と人間の関係を議論する場合にも，自然が人間にどんな影響を与えるか，人間は自然にどんな働きかけができるかを問題にすればよかったのである．科学者にとっては，自然にいかに挑戦するかが課題であったともいえる．このようなわけで空気中の窒素によるアンモニア合成の成功は，科学・技術が自然をコントロールできるかもしれないという期待を人々にいだかせた．

　事実，アンモニアの工業化がきっかけとなり，装置産業と触媒の開発が石油化学産業を大型化させ，その結果，例えば，BASF社ではアンモニア合成の工業化からさらに石炭液化技術も産みだされていったからである（註3）．

　こうして科学・技術が人間の欲望を満たしくれるという幻想をひとびとに与え，資源の浪費を伴う大量生産・大量消費の世界への突入につながるきっかけをつくったともいえよう．

註
　（註1）触媒の主成分の活性を高める物質を助触媒という．主触媒の活性状態の構造の安定化や副反応の抑制や触媒毒に対する抵抗性を増すような働きをなすものを助触媒という．
　（註2）これらの反応の過程で窒素分子の三重結合を切る解離・吸着が律速段階である．窒素分子は金属鉄結晶表面に吸着すると解離して結晶内部に侵入して窒化鉄（Fe_4N）のような表面化合物をつくるが，その結合力がアンモニアの合成に適当であったのである．さらに少量の酸化アルミニウムと酸化カリウムを添加することにより触媒活性や寿命を向上させることができたのである．酸化アルミニウムは鉄結晶中に入って固溶体となり構造を強化し，表面積の低下を防ぎ，触媒の寿命を長くする．カリウムの原子半径は金属鉄の原子半径よりかなり大きいので，表面に多く偏在して金属鉄表面の鉄の電子密度を高くして触媒活性を高めると推測された[3]．
　（註3）BASF社ではアンモニアの開発を踏まえて，高圧下で一酸化炭素（CO）と水素（H_2）からメタノールの接触合成法の開発に成功した．この開発により合成樹脂などの原料供給がなされるようになったが，BASF社ではさらには石炭液化技術の開発にも成功し，1925年にはモリブデン金属触媒によりガソリンをえることにも成功した．

引用文献
[1] F. Harber, G. van Oordt, Ueber die Bildung von Ammoniak aus den Elementn, *Z. Anorg. Chem.*, **44**, 341(1905).
[2] F. Haber, R. Le Rossignol, Bestimmung des Ammoniakgleichgewichts unter Druck, *Electrochem.*, **14**, 181(1908).
[3] 尾崎翠「触媒の発見と発展――その契機を探る」,「表面」, **30**, 885-894（1992）

参考文献
1) 廣田鋼蔵「アンモニア合成の成功と第一次大戦の勃発」,「現代化学」, 1975年2月, 60-67.
2) A. Sherman, S. Sherman and L. Russikoff, *Basic Concepts of Chemistry*, Houghton Mifflin Company, 1988.
3) 茅幸二他『化学と社会』(岩波講座 現代化学への入門), 岩波書店, 2001年
4) フレッド・アフタリオン, 柳田博明監訳『国際化学産業史』, 日経サイエンス社, 1993年
5) 五島綾子「21世紀のものづくりの時代にむけて――分子化学から自己組織化へ」(情報社会と経営), 青山英男・小島茂編著, 文眞堂, 1997年
6) William H. Bock, *The Fontana History of Chemistry*, Fontana Press, 1992.
7) 中垣正幸『表面状態とコロイド状態』, 東京化学同人, 1968年
8) J. R. Jennings, *Catalytic Ammonia Synthesis, Fundamentals and Practice*, Plenum Press, New York and London, 1991.
9) G.W.Castellan『物理化学(上)』, 目黒謙次郎・田中公二, 今村喜夫監訳, 東京化学同人, 1970年
10) W. J. Moore著『物理化学(上)』, 藤代亮一訳, 東京化学同人, 1977年
11) 田丸謙二「触媒が拓いたもの」,「化学と工業」, **53**, 473-478(2000).
12) 廣田鋼蔵「F. Haberの祖国」,「現代化学」, 1974年3月, 24-31.
13) 廣田鋼蔵「カール・ボッシュとドイツの化学工業」,「現代化学」, 1974年8月, 58-61.
14) 竹内節『吸着の化学』, 産業図書, 1995年

7章

分子を表面に並べる：水や固体表面にできる単分子膜

　金属触媒が気体の化学反応において有効であることは19世紀後半においてすでに知られていた．例えば，1888年の水蒸気とメタンを原料にした一酸化炭素（CO）と水素（H_2）の生成反応における金属触媒の効果の発見が挙げられる．その後，金属触媒への関心が化学産業界において飛躍的に高まったが，それはアンモニア合成における二重促進鉄触媒の顕著な効果によるものであった．というのも，豊富な石炭，石油資源を背景に勃興する化学産業の最重要課題が，いかに生成物を高収率でえて，コストを下げるかにあったからである．こうして金属の固体表面は触媒化学者・技術者にとって興味ある研究の対象となっていった[1]．

　ここで固体表面という用語を使ったが，物体が気相，液相，固相のいずれであれ，二つの相が接触しているときの境界面を一般に界面という．しかし一方が空気または真空の場合には，表面というのが普通である．例えば水の表面といえば，普通は水と空気の界面を意味するが，油中における水滴の表面は，水と油の界面と呼ばれる．

　19世紀以降，無機化学は原子の性質を，有機化学は分子の性質を研究してきたが，物理化学では，分子が集合して形成される相の研究が重要な分野となっていった．一つの相の中に，肉眼でも顕微鏡でも見えない直径100nm以下の微粒子が分散している分散系を研究するコロイド科学や，微粒子と媒体の界面を研究する界面科学が発展し，その基礎として，水面上の油膜も研究されるようになった．

　一方，19世紀から20世紀にかけて，固体に関しては，化学産業の発展とともに，金属，セラミック，高分子などさまざまな素材が研究対象となるようになり，その界面も注目されるようになっていた．この研究対象の一つとして20世紀後半に代表される半導体のような電子材料があった．その

表面の制御が製品の性能を左右することが明らかにされ，その表面状態を研究する分析手段が次々と開発されるようになった．こうして金属の表面の原子の並び方を観察したいという夢が生まれ，走査型プローブ顕微鏡につながっていった．この点については11章で取り上げる．

これら界面あるいは表面の科学は，18世紀フランクリンによる水と油の界面の先駆的研究から始まった．本章では特にアメリカ産業界での初のノーベル賞受賞者となったラングミュアの単分子膜の研究，吸着の研究が花開くまでの過程を辿り，ナノサイエンスの中核をなしてゆく分子を並べる操作につながる界面科学の歴史を述べる．

7-1　フランクリンによる水面上の油膜の先駆け的研究

表面に関する観察の歴史は凧を用いた雷の実験で有名な米国のフランクリン (Benjamin Franklin, 1706-1790) の時代にさかのぼる[2,3]．1757年にフランクリンは，米国から英国に向かう船から海面を眺めていると，その航跡はほとんど波が立たず静かであった．船長に訊ねたところ，料理人が排水口から油を含んだ水を流したためであろうという「ごく当たり前のこと」という答が返ってきた．しかし彼はこの現象に興味を持ち，実際に池で確かめ，さらにビーカーを用いて実験を試みた．一滴の油を大理石のテーブルにおくと，その場所に滴のままになってほとんど拡がらない．しかし水の上に置くと，油滴はたちまち何フィート四方に拡がり，非常に薄くなって膜となり，遠くまで波を鎮める効果が残る．これらは界面科学に関する最初に記録された実験である[4]．

フランクリンの記述から，後にギルス (C.H. Giles) は，水の表面上の油膜の厚さを，0.99nm (9.9Å；1Å (オングストローム) = 0.1nm) と見積もった[2]．この値は英国のレイリー (Lord Rayleigh, 1842-1919)（図7-1）が水面上のトリオレイン（油脂の一種）の膜の厚さを見積もった1.63nmに比較的近く[5]，18世紀に行われたものではあったが，フランクリンの実験データの信頼の高さを示すものである．

さらにフランクリンは有名なイタリアランプに関する実験を行った．航海している船の中でビーカーに1/3は水，1/3は油を入れ，1/3を空間とした．針金の小さい輪にコルクをつけて灯芯とし，その油に浮かべてイタリ

7章 分子を表面に並べる

図7-1 レイリー

アランプをつくった．このランプの灯をともすと，空気に接する油表面は安定していた．しかし水と油の界面は激しく波打つ．さらに油が燃え尽きてしまうと，水の表面は油の表面のように静かになった．そこでビーカーの中に水と油を入れ，実験を試みた．その結果，ビーカーを揺れ動かすと油の表面は静かであるが，水と油の界面は激しく波立つことを同様に確認した．図7-2にその様子が図示してある．これは油－水界面を拡張するのに必要なエネルギー（界面張力）が空気に接している油の表面張力より低いために，拡がりやすく，油－水界面で激しい振動が生ずるのである．

フランクリン以前から毛管現象，すなわち細い管や，繊維の隙間を水が上昇する現象は知られており，イタリアのレオナルド・ダヴィンチ(Leonardo da Vinci, 1452-1519)が発見したといわれる．1670年にはボレリ（Borelli）が毛管における液体の上昇をはじめて定量的に研究し，1686年にはデハイド（De Hyde）が種々の液体の表面上でのしょうのうの独特な運動を報告した．1804年には英国のヤング（Thomas Young, 1773-1829）は液体と固体が接するとき，これらの表面がある角度をなし，この角度は液体分子間の相互作用，固体を構成する分子間の相互作用，液体と固体分子間の相互作用で決まると考え，これを接触角と名づけた（図7－3）．つまり濡れの現象に表面張力と同時に接触角を導入したのである．このように

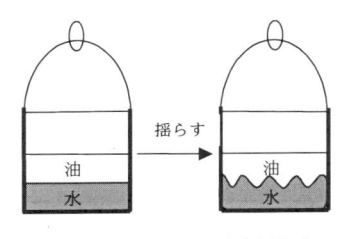

図7-2 ゆれによる油/水界面の激しい振動

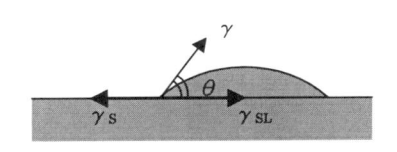

図7-3 接触角 θ

界面科学の現象は19世紀においてすでにかなり認識されていた．

7-2　表面天秤の起源とその発展

1891年1月も半ば，英国のレイリーのもとに水面上の表面膜に関する独創的な実験を記述した手紙が突然送られてきた．送り主はドイツの若い女性，ポッケルス（Agnes Pockels, 1862-1935）(図7-4)であった．彼女はいずれの研究機関に所属していたわけでもなく，プロの科学者でもなかった．しかしポッケルスの手紙の中に記述されていた手作りの実験装置は，新しい界面科学を切り開くブレークスルーの発明であった．一方，手紙を受け取ったレイリーは，後にレイリー散乱などの成果により科学界の重鎮となり，王立協会の会長を歴任し，1904年にはノーベル物理学賞を受賞した科学者である．しかもポッケルスから手紙を受け取った当時すでに物理および化学の世界では当代一流の王立研究所の物理学教授であった．

ポッケルスの装置は台所のありきたりの材料を用いて作られたもので，後にポッケルスの表面天秤と呼ばれるようになった．図7-5はポッケルスがレイリーに送った書簡の中のスケッチである．aは水槽，bは表面を二つに区切る仕切り板でこれを移動させて測定する．cはスタンド，dは天秤の棹，eは円板（磁製のボタンないし針金の輪）である．この表面天秤を用いて水面上に油を落とし，油の薄膜を展開させ，仕切り板bの位置を変えながら水面表面張力γを測定し，薄膜の表面圧Fを求めたのであった（表面張力は円板eを溶液表面から持ち上げる力を天秤で測ったのである．式(7-5)を参照）．ここで彼女は脂肪酸などのような少し水に馴染みやすい基をもった油性物質の薄膜をb

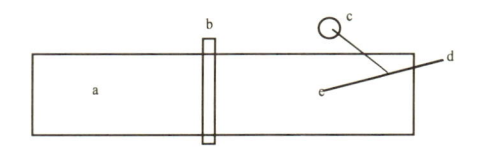

図7-4　ポッケルス　　　　図7-5　ポッケルスの表面天秤

の仕切り板で圧縮したり拡張したりしてその圧力を測定し，再現性も確認した．その結果，圧縮すれば表面張力は水に溶けにくい脂肪酸が水の表面に形成する薄膜（凝縮膜）の値に低下する．反対に拡張すればそれは純水の値まで上昇する．これは純水の表面張力は高いが，石鹸水はあわ立ちやすく，表面張力が低くなる現象に似ている．このポッケルスの表面天秤は後のウイルヘルミーやラングミュアの表面天秤の原形となった[6,7]．

レイリー宛の2番目の手紙には，水に不溶性の油性化合物を水面上に拡げるために，まずその化合物をベンゼンに溶かした溶液の何滴かを水面におき，その後ベンゼンを蒸発させて薄膜をつくる方法が記述されていた．この方法は，現在，広く普及している．彼女はアルキル鎖が長い脂肪酸の一種，ステアリン酸（$CH_3(CH_2)_{16}COOH$）が水面上で薄膜を形成することや，その上，表面張力の測定から，ばらばらに浮かんでいた分子が互いに押しつけられると，分子がきっちり並んだ単分子膜（図7-11で説明する）を形成する転移現象にまで言及していた．また図7-3に示す接触角を測定する際には，ガラス表面が極度に清浄でなければならないことなども指摘している．そして彼女は膜で被われた水面の表面張力や，油と水との界面張力に関して数多くの測定を行った．

ポッケルスは，軍人であった父が病気になって除隊すると同時に，家族全員でドイツのブラウンシュヴァイク(Braunschweig)に落ち着いた．彼女は病弱な父母の看病に追われた生活を余儀なくされた．しかしその合間に台所に設置した手作りの装置で行った実験による観察は，当時としては驚くべき科学的厳密性を示していた．しかもこの観察のすべては正規な科学教育を受けていない一人の若い女性によりやりとげられたものであった．1932年にオストワルドは，彼女の研究に関する総説の中で，彼女の70歳の誕生日を記念して次のように書いている[7]．「現在，表面層あるいは薄膜の研究に携わっている者は，この分野における定量的方法がまさしく50年前に彼女の観察に基づいていることを認めるであろう」．

ポッケルスの手紙を読んだレイリーはその後，水面上のヒマシ油の厚さによる表面張力の変化をポッケルスの円板法などで測定した．彼は実験結果を「表面張力の最初の大きな低下は一分子層の厚さをもつ完全な膜の形成に相当し，油1分子の直径は1.0nmである」と推論した．これは単分子

膜の概念に関する最初の記述であった．このように表面膜に関する定量的研究はポッケルスとレイリーによりスタートしたのである．

ところで当時，分子は想像上のものであった．分子と称されていたものは，気体分子運動論で仮定されているような剛体の球状粒子であり，一つの分子の大きさを決めることはとうてい不可能であると考えられていた．しかし表面天秤の技術により，それが可能となったのである[8]．この単分子膜という概念が把握されるようになっても，レイリーとポッケルスの研究は当時，学会の注意をひくようなものではなかった．

7-3　ラングアミュアによるガス入り電球の発明と気体の固体表面への吸着現象

レイリーとポッケルスの研究から少しずつではあるが，水面上の脂質薄膜の性質が明らかにされていった．一方，気体分子の固体の表面への吸着現象についても関心が持たれるようになっていた．気体の固体表面への吸着現象は日常の生活に馴染み深い．木炭やシリカゲルは種々の気体を吸着する能力が高いことは昔からよく知られている．このことを利用して容器の内部の湿気や臭気を取り除くために，シリカゲルや木炭（吸着力を高めた木炭は活性炭とよばれる）がしばしば使われてきた．また紙や繊維などもよく水分を吸う．これらの現象は，実は，固体の表面にたえまなく衝突を繰り返している気体分子のいくつかが，ある時間表面上にとどめられているためである（註1）．

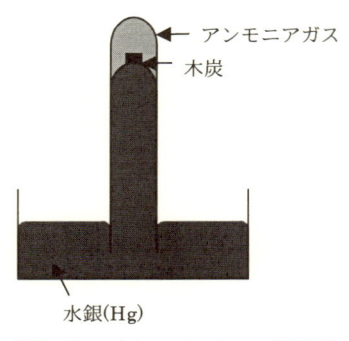

図7-6　プリーストリーの吸着実験

木炭が大量に気体を取り込む能力については，1773年にスウェーデンのシェーレ（Carl Wilhelm Scheele, 1742-1786）が彼の書簡の中で記述している．それに続いて，1775年に英国のプリーストリー（Joseph Priestley, 1773-1804）が図7-6に示されるような有名な実験を発表している．水銀上の木炭が二酸化イオウガスやアンモニアガスを取り込むために水銀面が上昇することを観察した．1881年に

はチャピウス(P. Chapius, 1855-1916)が常温における一定重量の木炭に吸着された二酸化炭素の量 x の測定結果を，気相の平衡圧力 p に対して初めてプロットした．彼がプロットした曲線が，発表された最初の吸着等温線である．このようなグラフは物理化学のデータを記述するためによく用いられ，問題を理解するのに本質的なものである．吸着等温線を log-log 形式であらわしたときに直線関係がえられれば，p と x の関係は式(7-1)で表される．

$$x = bp^n \qquad (7\text{-}1)$$

ただし b と n は定数で，$n \leqq 1$ である．この式はフロインドリッヒ(Herbert Max Finlery Freundlich, 1880-1941)の式(1906)と呼ばれる．この関係式はさまざまな気体と条件を変えて実験し，当てはめてみた実験式すなわち経験式に留まり，吸着の機構は不明であった(註2)．

その後，1910年代に米国のラングミュア（Irving Langmuir, 1881-1957）(図7-7) は自らの論文の中で，溶質分子の固体表面，液体表面への吸着現象について，その分子の並び方にまで言及する新しい概念を発表した[8-11]．

ニューヨーク生まれのラングミュアは，コロンビア大学冶金工学科を卒業した後，1903年ドイツのゲッティンゲン大学でネルンスト（Hermann Walter Nernst, 1864-1941）の下で物理化学の博士号をえた．ネルンストは熱測定からの化学平衡の計算について研究していたドイツの熱力学の第一人者であった．ラングミュアに与えられたテーマはネルンスト電球と呼ばれる白熱電球のフィラメントと気体分子の相互作用であった．この研究がきっかけとなり，固体表面への気体の吸着現象の究明がその後の彼のライフワークとなった．その後，ゼネラル・エレクトリック（GE）社で1909年から1950年まで研究を行った．米国において企業研究者として初めてノー

図7-7　ラングミュア

ベル賞（1932年ノーベル化学賞）が与えられた人物である．

　GE社は米国最大の総合電機メーカーであったエジソン・ゼネラル・エレクトリック社とトムソン・ハウストン社の2社が1892年に合体して誕生した．激化する競争の中でGE社の生き残りには，新製品を生み出すための斬新なアイディアが必要であった．GE社ではこの原動力として，科学的な原理を探究すると同時に，技術的な情報源として機能する研究所を1920年に設立した．その初代研究所長としてMITのホイットニー(Willis R.Whitney)が就任した．世界で初めての基礎研究を目的とした企業内研究所が設立されたのであった．「基礎的科学研究から市場に評価される技術が生まれる」という思想に立った革新的な大型研究所の先例であった．しかも企業内の研究所であったにもかかわらず，ホイットニー研究所長の「自由こそ研究の神髄」という精神に満ちあふれていた．

　ラングミュアはこの研究所の研究員として気体分子の固体表面への吸着現象と，溶質分子の固体表面および液体表面への吸着現象の両者を研究し，統一的かつ定量的に説明することに成功した．ラングミュアの業績は大きく分けて二つあげられる．一つはラングミュアの吸着等温式と触媒反応の機構の解明であり，もう一つは水面上の薄膜の研究である．後者の研究の方が年代的には後であった．おそらく固体表面上への分子の吸着から水面上への分子の吸着にも興味が拡がったのであろう．そこでまず固体表面への気体の吸着現象の研究に至る軌跡を述べる．

　当時，電球はタングステンのフィラメントを真空中に封入したものであったが，GE社ではその寿命をさらに長くすることが望まれていた．電球の内部に空気があると，熱せられたタングステンが酸化され，すぐに燃えてしまう．しかし電球の中を真空にすれば，寿命はかなり長くなったが，ラングミュアは寿命をさらに長くするために，白熱状態のタングステンの観察に取りかかった．彼は白熱したフィラメント中のタングステン原子がゆっくりと蒸発し，そのためにフィラメントがだんだんと細くなり，切れることを見出した．そこで彼は白熱電球の寿命をいかにして高めるかという課題に対して，発想の転換を試みた．つまりランプの中にいろいろの種類の気体を入れては，タングステンのフィラメントがどのような影響を受けるかということに興味を持ち，実験を開始したのである．彼はタングステ

ン原子の蒸発を抑えるためには，酸素以外のガスで満たせばよいという考えに到達した．そこで窒素を電球内部に満たしたのであった．彼のアイディアは見事に的中し，ガス入り電球の寿命は2倍になった．当時，ラングミュアは「蒸発するタングステン原子の中には気体の分子と衝突した後，再びフィラメントに戻ってしまうのが多いため，蒸発速度は気体中で非常に減少してしまう」と述べている．

1913年4月に申請したラングミュアのガス入り電球の特許は，電球産業に革命を起こした．ラングミュアはこの実績が認められ，研究所で自由な研究が保証されることとなった．その後，彼は吸着現象に関連して多くの基礎科学と技術の両面に貢献した．例えば，高温の金属の表面にガスが接触したときに起こる変化を研究し，水素炎噴射機や高真空水銀ポンプなど次々発明につなげていった．さらに白金線上での気体薄膜形成によって白金の触媒能力を説明することを試みた．その他，ガラスの表面に薄膜をつけることによって，ガラスの表面からまぶしいきらめきを減らし，自動車やその他の安全問題にも寄与し，その研究活動は多彩であって，人工降雨の研究（1946）にまで及んだ．

7-4 ラングミュアによる単分子層吸着の研究

吸着に関する研究においてラングミュアは，図7-8aの吸着等温曲線の実験データを考察した．気体の圧力の上昇とともに気体の固体への吸着量は増加するが，気体濃度（圧力）が高くなると，ほぼ一定になる．この実験結果に関して，1916年に図7-8bに示すように固体面上の吸着座席に気体の分子が一分子ずつ吸着すると仮定して，吸着等温式を提出し，見事に吸着現象を説明した．一定温度で固体が気体を吸着する場合には，表面の単位面積あたりに吸着する気体の量である吸着量 x と気体の圧力 p の間に次の関係が成り立つとした．

$$x = x_m ap/(1+ap) \tag{7-2}$$

ただし a は固体と気体との結合の強さをあらわす定数である．x_m は固体表面のすべての吸着座席に気体分子が1分子ずつ吸着されたときの吸着量であって，飽和吸着量と呼ばれ，その値は図7-8bに示す吸着座席の数によって定まる．すなわち，a と x_m は固体と気体の種類・温度によって定

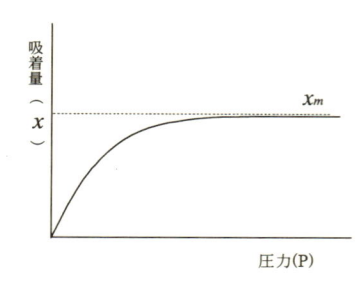

a) 気体の吸着等温式

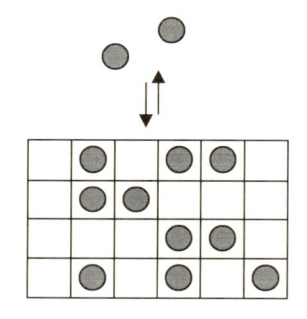

b) 固体表面での気体分子の単分子吸着モデル

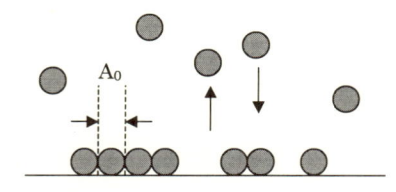

c) 気体分子の単分子吸着モデル（可動吸着）

図7-8　固体表面での気体分子の吸着等温線と単分子吸着のモデル

まる定数であり，固体表面と気体分子に相互作用が強く働くほど，あるいは吸着座席数が多いほど，吸着されやすいという理論で実験データを見事に説明した．現在はこの関係式はラングミュアの吸着等温式と呼ばれている．ラングミュアの吸着の理論は，単分子層吸着の理論と呼ばれ，1つの吸着座席には1分子だけが吸着される考え方である．したがって固体表面に一並びだけ，気体の分子が吸着されるというのである（図7-8b）(註3)．

その後，分子が一並びの単分子層吸着ばかりでなく，2層あるいは3層というふうに，多分子吸着層モデルの存在が知られるようになってきた．ここでその気体の液化する圧力である飽和蒸気圧を p_0 とする．すると図7-9に示されるように，(p/p_0) が大きくなると単分子層の上にさらにその吸着が起こって多分子吸着層が形成されるというのである(註4)．

溶液のなかで，たとえば表面や溶液中の粒子界面における溶質の吸着も単分子吸着で説明される場合が多く，式（7-2）の圧力 p の代わりに溶質の濃度 c に置き換えて，式（7-3）が用いられる．

$$x = x_m kc/(1+kc) \quad (7\text{-}3)$$

ここで，k は吸着の強さを表わす定数

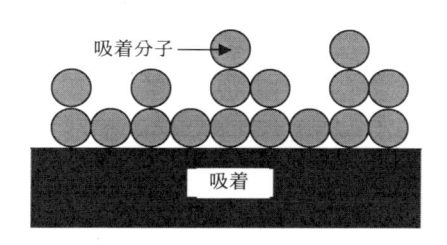

図7-9　固体表面での気体分子の多分子層吸着モデル

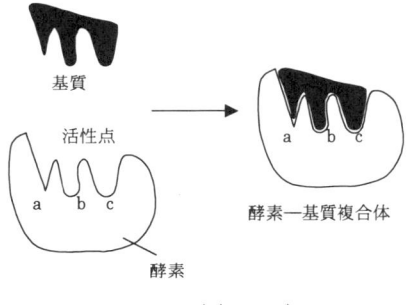

図7-10　酵素のモデル

であり，x_m は単分子飽和吸着量で，吸着座席の全数である．

この単分子吸着の考え方は生命にとって最も重要な酵素の触媒効果を説明する場合にも用いられてきた．細胞中に多数存在する酵素は，生命を司る重要な役割を担っているが，溶液中で働く触媒である．酵素はタンパク質の一種であり，酵素分子には図7-10に示すように活性点と呼ばれる反応座席がある．ここに基質（酵素の作用を受けて化学変化する物質）の分子がすっぽり入り，結合して酵素―基質の複合体が形成される．これが酵素反応の第一段階となる．この複合体の形成も座席吸着の式

(7-3)で表わされる．酵素反応の速度 v は x に比例するので，最大速度を V_m，基質濃度を c として，

$$v = V_m c / (K_m + c) \tag{7-4}$$

であらわされる．K_m はミハエリス定数と呼ばれ，式（7-3）の k の逆数，$(1/k)$，に相当する．式（7-4）はミハエリス（Leonor Michaelis, 1875-1949）が1913年にメンテン(M. L. Menten)とともに提出したので，ミハエリス・メンテンの式と呼ばれる（註5）．これは酵素分子の反応座席に特定の基質分子のみが吸着してはじめて酵素作用が発現するという考え方である．酵素は特定の基質にのみ作用するという基質特異性をもっており，いわば分子を認識することができるのである．つまり酵素分子が基質分子を見分ける分子認識は，図7-10に示すように，「鍵と鍵穴」モデルによって説明されるのである．10章で述べるが，この概念は酵素と特定の基質分子との関係から，さらに拡大されて分子認識の考え方に発展し，ナノサイエンスの基

礎として重要な役割をはたすようになっていった．

7-5　水面の脂質単分子膜の形成について

ポッケルス，レイリーの先駆者に続いて，1910年にドボー（H. Deveaux）は簡単な実験装置により，水の表面の薄い油膜の厚さは分子の長さに等しいという結論を導いた．この研究に触発されて，ラングミュアは水面上の脂質薄膜に関する研究に着手した．流動パラフィンなどは，沸点の高い石油留分で，炭素数の多い炭化水素C_nH_{2n+2} またはC_nH_{2n}（nの数は10～20ぐらい）からなっている．炭化水素は，水に対する親和力も弱く，水に溶けにくい．つまり疎水性の高い化合物である．したがって水と接触するよりも炭化水素同志で集まる傾向の方が強いので，膜になって拡がらない．しかし同じように長いアルキル鎖をもつ脂肪酸の一種，ステアリン酸（$CH_3(CH_2)_{16}COOH$）（註6）の一片を水の上に置くと，それは水の表面全体に拡がって薄膜をつくる．ステアリン酸は分子全体としては水に溶解しないが，カルボン酸の親水基が水に馴染みやすいために，水に対する付着性が著しく増したためである．このように水に溶けにくい物質で，しかも分子内に親水性の強い基を有するような構造のものが水面上に置かれたならば，その分子は，親水基を水面に向け，疎水性の基（ステアリン酸では$CH_3(CH_2)_{16}-$）を水から遠ざけるように分子が向きをとるであろう．このような現象を配向という．そして，そのような物質の水に対する付着力が，そのもの自身の凝集力よりも大きい場合，しかも物質の量に比して水面の面積が十分に広ければ，すべての分子が水面に引きつけられて，そこにできる膜は分子が一並びにならんだものとなる．これが単分子膜と呼ばれるもので，そのありさまを図7-11に示す．

この単分子膜の考え方は分子の化学構造と分子の配列の関係にまで言及したものである．ラングミュアは，化学者が化学反応を理解するために考えだした化学構造式で表されるような形で分子が配列していると考え，そのうえで分子同志に働く分子間力でもって，水表面に働く力，表面張力の現象を理解しようとしたのである．

ポッケルスやウイルヘルミーの表面天秤は，溶液の表面張力を測定して，式（7-5）によって表面圧 F を求めた．この式において溶液の表面張力

7章 分子を表面に並べる

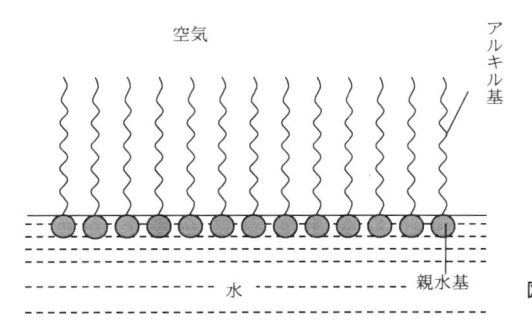

図7-11 水面での脂肪酸の単分子膜

（液面が縮まろうとする張力）γは水（溶媒）の表面張力γ_0よりも小さくなる．

$$\gamma = \gamma_0 - F \tag{7-5}$$

例えば洗剤のような界面活性剤水溶液の表面張力は水の表面張力よりも小さくなる．一方，表面圧Fは脂質分子が水面上に拡がろうとして，壁にぶつかる力であり，気体が呈する3次元の圧力に対して，表面圧は2次元の圧力である．ラングミュアの表面天秤は単分子膜の表面圧Fを直接測定するものであった．その装置も図7-12に示すように天秤を利用したもので，ラングミュアの表面天秤と呼ばれている．水面上の単分子膜に関する彼の最初の実験は，かってポッケルスが行ったのと同様に，身辺にあるごく簡単な道具で行われた．試薬の他は，わずかに写真用の現像皿と天秤だけで実験が行われた．それによってえられた結果から，彼は単分子膜のモデルの仮説を立て，彼の考案した表面圧Fを直接測定する装置で精巧な実験を繰り返した．

ラングミュアは，試料としてパルミチン酸（$CH_3(CH_2)_{14}COOH$）ばかりでなく，炭素数の異なる長鎖の脂肪酸の同族体についても測定した．それらの結果から脂肪酸のアルキル鎖の長さが異なっても，十分圧縮された単

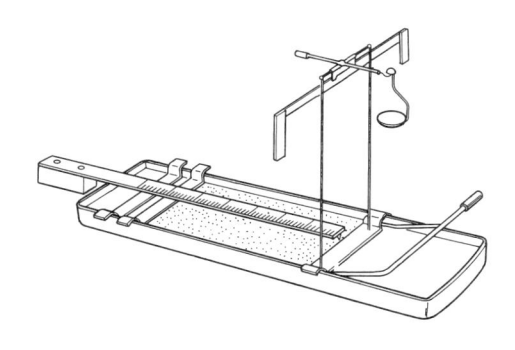

図7-12 ラングミュアの表面天秤

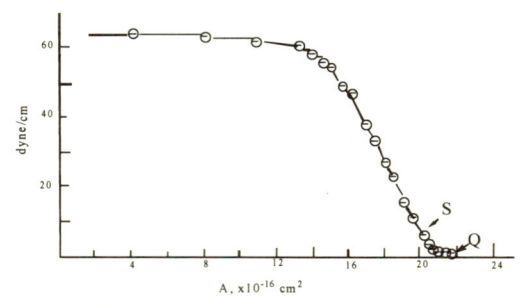

a) 16℃における水面上のパルミチン酸の圧力－面積曲線（[9]の図8を用いた）

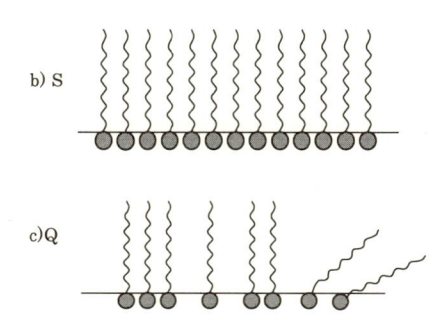

b) S

c) Q

図7-13 水面上のパルミチン酸の表面圧－面積曲線

分子膜の中では，同じ断面積を与えるという結論をえた．図7-13a について考えてみよう．このデータはラングミュアにより16℃で測定されたパルミチン酸の蒸留水上の膜についての曲線である．縦軸で示される水の表面に形成される脂質薄膜の膜圧，表面圧を，横軸で示される1分子の脂質が占める表面積に対してプロットしたものである．ここでの膜圧はさらに2次元に拡がろうとする力である．Sで示した点は膜が固体になる点で，$0.218 nm^2$（$21.8 \times 10^{-16} cm^2$）である．ラングミュアはこの状態Sに対して図7-13bに示されたモデルを提案したのである．さらにQでは脂肪酸分子はアルキル基の長さによって異なるであろうが，水の表面に垂直にアルキル鎖の先端のメチル基を空気側に向けて立つか，斜にたわんでいる場合もあろうと予測した（図7-13c）．表7-1には飽和脂肪酸（註7）などの結果

7章 分子を表面に並べる

表7-1 分子の断面積と長さに関する予備的測定[10]

物質	化学式	I 断面積 (cm^2)	II 断面積の平方根 (cm)	III 長さ (cm)	IV 炭素原子あたりの長さ (cm)
パルミチン酸	$C_{15}H_{31}COOH$	21×10^{-16}	4.6×10^{-8}	24.0×10^{-8}	1.5×10^{-8}
ステアリン酸	$C_{17}H_{35}COOH$	22×10^{-16}	4.7×10^{-8}	25.0×10^{-8}	1.39×10^{-8}
セロチン酸	$C_{25}H_{51}COOH$	25×10^{-16}	5.0×10^{-8}	31.0×10^{-8}	1.20×10^{-8}
トリステアリン	$(C_{18}H_{35}O_2)_3C_3H_5$	66×10^{-16}	8.1×10^{-8}	25.0×10^{-8}	1.32×10^{-8}
オレイン酸	$C_{17}H_{33}COOH$	46×10^{-16}	6.8×10^{-8}	11.2×10^{-8}	0.62×10^{-8}
トリオレイン	$(C_{18}H_{33}O_2)_3C_3H_5$	126×10^{-16}	11.2×10^{-8}	13.0×10^{-8}	0.69×10^{-8}
トリエライジン	$(C_{18}H_{33}O_2)_3C_3H_5$	120×10^{-16}	11.0×10^{-8}	13.6×10^{-8}	0.72×10^{-8}
パルミチン酸セチル	$C_{15}H_{31}COOC_{16}H_{33}$	23×10^{-16}	4.8×10^{-8}	41.0×10^{-8}	2.56×10^{-8}
ミリシンアルコール	$C_{30}H_{61}OH$	27×10^{-16}	5.2×10^{-8}	41.0×10^{-8}	1.37×10^{-8}

が示されている．これらの飽和脂肪酸の炭素原子の数が16から26まで増加するにもかかわらず，いずれもほぼ同じ面積0.21－0.25nm²を占有する（表7-1）．これは分子が水面上で垂直に配向するということを示した重要な証拠である．このラングミュアの研究が契機となって，界面における吸着分子の配向によって界面の物性が支配されるという見解が界面の物理化学を大きく前進させたのであった．

X線解析が利用される以前に，ラングミュアは表面天秤の技術により有機分子の大きさや形に関する見事な知見を与えたのであった．彼は1932年に界面化学における発見と研究によってノーベル化学賞を受けたが，彼の業績の一部は，正規の科学教育を受けていない若い女性，ポッケルスがボタンや錫の小皿を用いて誰よりも先に行った独創的実験にもとづいていたといえよう．その後，表面天秤は次々と精巧に改良され，製品化されていったが，これらはポッケルスやレイリーが用いた装置と原理的には何ら変わらなかったのである．

ラングミュアの研究のスタイルも独特であった．長年，彼の共同研究者となったシェイファー(V. J. Schaffer)は，高校さえ卒業していない見習工であったが，ラングミュアは彼を助手の採用に申請した．上司達は賛同を示さなかったが，結局この申請は認められ，こうしてできた二人の組んだ共同チームは完璧であった．ラングミュアが説明してシェイファーがその問題の本質を飲み込むと，実験はシェイファーにまかせ，ラングミュア自身はさらなる理論の構築に専念した．シェイファーによると，「科学の基礎

に対する彼の重要な貢献の多くは，最も簡単な実験装置，場合によってはただ知的な両眼だけを用いて成しとげられた．彼は，データをいっぱい書き込んだノートを携えて家庭や山荘に数日過ごすことがよくあった．そのデータはごく粗末な間に合わせの装置を用いてえられたものであった．その後，これらのデータをさらに一層正確に測定し，そして他の実験法をも併用して研究をしたが，その結果が彼の最初にえた結論を大きく変えたことは極めてまれであった」[12]．このような研究スタイルであったからこそ，単分子膜の概念の構築と実証が可能となったのかもしれない．昨今，研究組織が大型化していく中で，独創的な成果がえられる研究システムを考える上で示唆的である．

ラングミュアは彼自身の経験から後年，セレンディピティを好んで話題に取り上げた．彼は，「セレンディピティとは，予期せぬところからおかげを蒙るための一つの技である」と定義した．彼は予測せぬ状況が起こっても，すでに十分の下地ができていれば，偶然であったものが何かということを推測して，ただちに実験計画を立てることが可能であるという信念を培っていた．そしてその推測が合理的だと確信すると，個々の問題について忍耐強く実験を重ね，問題一つ一つに鮮やかな解答を出していった．セレンディピティから独創性を生み出していったのであった．

こうしたラングミュアの業績を記念して，1985年にアメリカ化学会でコロイド界面科学の専門誌として"*Langmuir*"の創刊号が出版された．初版にはラングミュアの貢献の偉大な広がりとその後のラングミュアの評価が記されている[13,14]．実学的な見地と基礎的研究の両方を目指し，ナノサイエンスの研究が豊富に盛り込まれている．ラングミュアの研究姿勢と彼の業績からして，雑誌 *Langmuir* のネーミングは未来のナノサイエンスにむけて複数語のタイトルよりもふさわしいといえよう．

7-6 LB 膜の発見

近年，LB 膜の研究が極めて活発である．LB とは Langmuir-Blodgett の略であり，Blodgett とは，ラングミュアと同じGE 社の同僚の女性研究者，ブロジェット(Katherine B. Blodgett)である．この LB 膜は水面上の単分子膜を幾層にも重ねて固体表面に移しとった多重の膜であって累積膜と呼ば

れ，ブロジェットによって発表された短かい報文から始まった．そのタイトルは「ガラス上における脂肪酸の分子フィルム」[15]であった．このLB膜は単分子膜で覆われた水面に固体表面を浸し，それをゆっくりと引き上げることによってその単分子膜を固体表面上に移し取ったものである．

水面上の薄膜を固体界面上に移し取ることは古くから墨流し染めに用いられていたので，アメリカ化学会が雑誌 "Langmuir" を創刊したときに，その表紙は墨流し染めで飾られた．

このように LB 膜の技術は，昨今では分子レベルでの厚さ，配列，凝集状態などを制御できるまでになり，それらは有機超薄膜の作成に用いられている．近年では，用いる対象が蛋白質のような複雑な分子にまで拡がるに及んで，ますます表面科学が基礎と応用の両面において重要なことを世間に認識させることになった．LB 膜の技術は分子配列組立技術につながる新しい技術，ナノテクノロジーの一翼を担う分野，として注目されるようになった．

不明であった界面現象の多くがラングミュアによって解明され，新しい2次元相の世界が発見されたのであった．この配向単分子膜の考え方は分子の化学構造と分子の配列の関係にまで言及したものである．この考え方こそナノサイエンスの本格的な誕生を意味している．

註
 (註1) 加熱された表面に接触する気体は暖められる．この現象は，気体分子が加熱された表面へ吸着された結果起こるのである．このような熱伝導は地球上の生命誕生に大きな役割をはたしたと推測されている．
 (註2) 例えば，木炭の場合，気体はその表面に吸着（adsorption）されるだけではなく，固体内部へも溶解して吸収（absorption）されるので，両者を合わせて収着（sorption）という．したがって式（7-1）は収着等温式と呼ぶべきであり，$n=1$ の場合はヘンリー(William Henry, 1775-1836)の気体溶解の法則に相当するのである．
 (註3) 固体表面に吸着座席が非常に密に存在する場合や，吸着座席ではなくて，気体分子が固体表面上を自由に動き回ることができる可動吸着の場合には，飽和吸着では，気体分子は固体表面上に一並びだけきっしり並んでおり，飽和吸着量 x_m は吸着気体分子の断面積 A_0 によって定まる（図7-8 c）．
 (註4) このような多分子層吸着は BET 吸着等温式であらわされるが，この式は (p/p_0) が小さいときにはラングミュアの吸着等温式（7-2）に一致するので，BET 吸着を測定して単分子飽和吸着量 x_m を求めることができる．例えば窒素の BET 吸着

を$-195.8℃$で測定して単分子飽和吸着量 x_m を求め，窒素分子の断面積が $A_0=0.162\text{nm}^2$ として，粉体の比表面積（粉体 1 g 当たりの表面積）を求めることがある．(p/p_0) が 1 になると固体表面への蒸気の凝縮（液化）が起こって多分子層吸着層が形成される場合もある（図 7-9）．

（註 5）ミハエリスは 1922—1925 年に来日して，愛知医科大学（現名古屋大学）の教授を務めた．

（註 6）ステアリン酸は石鹸，界面活性剤，ろうそく，化粧品などの原料となる馴染み深い物質である．

（註 7）飽和脂肪酸とは，その炭化水素鎖を構成する炭素骨格の原子価が全て水素原子で飽和されているものをいう．

引用文献

[1] G. A. Somorjai, *Introduction to Surface Chemistry*, John Wiley & Sons, INC. 1993.
[2] C. H. Giles「Franklin と茶匙一杯の油，界面化学の黎明期における研究第 1 部」，「表面」, **9**, 635-644（1971）．（竹野英子翻訳）
[3] C. H. Giles and S. D. Forrester「荒波をさざ波に：スコットランド人のはたした役割，界面化学の黎明期における研究第 2 部」，「表面」, **9**, 762-770（1971）．（岩田和子翻訳）
[4] B. Franklin, *Phil. Trans. Roy. Soc.*, **64.**, 445(1774)
[5] Lord Rayleigh, *Proc. Roy. Soc.*, **47**, 364(1890), London.
[6] C. H. Giles and S. D. Forrester「表面天秤の起源，界面化学の黎明期における研究第 3 部」，「表面」, **10**, 113-127（1972）．（福田清成・仲原弘雄翻訳）
[7] F. W. Ostwald, The Works of Agnes Pockels on Boundary Layers and Films, *Kolloid-Z.*, **58**, 1-8(1932).
[8] 立花太郎『化学の原典 7，界面化学』，日本化学会編，東京大学出版会, 1975．
[9] I. Langmuir, The Constitution and Fundamental Properties and Liquids, Part I, Solids, *J. Am. Chem. Soc.*, **38**, 2221-2295(1916).
[10] I. Langmuir, The Constitution and Fundamental Properties of Solids and Liquids, Part II, Liquids. *J. Am. Chem. Soc.*, **39**, 1848-1906(1917).
[11] S. D. Forest, C. H. Giles「気－固吸着等温線：1918 年までの歴史的概観，界面化学の黎明期における研究　第 4 部」，「表面」, **11**, 432-442（1973）（福田清成・石井淑夫翻訳）
[12] V. J. Schaffer, In memoriam: Irving Langmuir-scientist, *J. Colloid Sci.*, **13**, 3-5(1958).
[13] A. Adamson, A Journal is Born, *Langmuir*, **1**, 1-2(1985).
[14] K. J. Mysels, Why Langmuir, *Langmuir*, **1**, 2-3(1985).
[15] K. B. Blodgett, Molecular Films of Fatty Acids on Glass, *J. Am. Chem. Soc.*, **56**, 495(1934).

参考文献

1) 筏義人『表面の科学』，産業図書，1990 年
2) 竹内均編『科学の世紀を開いた人々（下）』, Newton Press, 1999 年
3) 中垣正幸『表面状態とコロイド状態』，東京化学同人，1968 年
4) 中垣正幸・福田清成『コロイド化学の基礎』，大日本図書，1969 年
5) 日本化学会編『界面化学』（化学の原典 7 ），東京大学出版会，1975 年

6) 中垣正幸『膜物理学』, 喜多見書房, 1987年
7) 竹内節『吸着の化学』, 産業図書, 1995年
8) 日本化学会編『コロイド科学1（基礎および分散・吸着）』, 東京化学同人, 1995年
9) 日本化学会編,『実験化学講座13（表面・界面）』, 丸善, 1993年
10) 小野周『表面張力』, 共立出版, 1980年
11) 妹尾学「物理化学の誕生に貢献した4人の大化学者」,「化学」, **49**, 854-856 (1994)
12) E.Hoover, "Schaeffer Performs Cloud Seeding By Using Dry Ice", in F. N. Magill, ed., *Great Events From History II: Science and Technology Series,* Vol.3, Salem Press, Englewood Cliffs, N.J., 1991, pp.1276-1281.
13) http://www.woodrow.org/teachers/ci/1992/Langmuir.html (Irving Langmuir).

8章

DDTが引き起こした農薬産業イノベーションとその影

　19世紀末は物理学の分野ではレントゲン(Wilhelm Konrad Röntgen, 1845-1923)によるX線の発見（1895），トムソン(Joseph John Thomson, 1856-1940)による電子の発見（1897）など大発見が続いていた．化学の世界でもキューリー夫妻（Marie Curie, 1867-1934, Pierre Curie, 1859-1906）によるラジウムの発見（1898）などがあるが，物理学の分野のような大発見は少なかった．しかし有機化学の世界は成熟期を迎えていた．

　産学共同の発展とともに，企業内の研究所が大型化し，組織化された研究体制の下で化学的ものづくりが進んでいった．その結実が窒素の固定化によるアンモニアの合成と工業化の成功であった．アンモニアの大量生産は産業革命以降の人口の急激な増加による食糧に対する危機感から生まれたものであったが，その期待に応えて，化学肥料の生産・普及に導き，食糧の増産に貢献するようになった．

　20世紀に入ると，爆発的な人口の増加の兆しが見えてきて，化学産業界は農薬の研究にも乗り出した．その成功例がヨーロッパの代表的な化学企業であるスイスのガイギー社のミュラーによる DDT の開発であった．本章では，まずこの DDT が奇蹟の農薬として光り輝く過程を述べる．しかしその後，大量に散布されるようになった農薬がやがて生態系にじわじわと影響を与えるようになっていき，その影も見えてきた．カーソンはこの農薬による生態系の汚染を詳細に観察し，『沈黙の春』(Silent Spring)[1]の著作の中で食物連鎖による農薬の生物濃縮を提唱した．この著作が社会に与えた影響とともにナノテクノロジー誕生に貢献する新しい化学の芽生えをも促したことを述べる．

8章　DDTが引き起こした農薬産業イノベーション

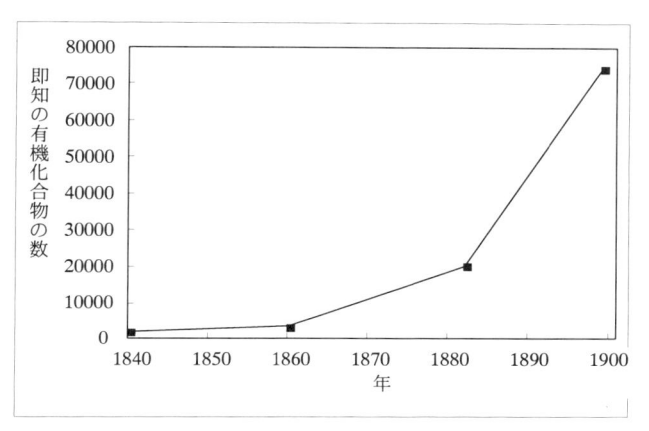

図8-1　19世紀後半の既知の有機化合物の数の増加の推移（[2]のデータより作成）

8-1　ドイツを中心とした有機化学の成熟と産業研究の組織化

　19世紀末，錬金術の時代から続いてきた化学の基本技術である再結晶や蒸留などが工夫され，大幅に改善されるようになっていた．この化学の基本技術を用いて，新しく合成された有機化合物を精製したり，天然物質を単離して，有機化合物を分析し，その化学構造を決定するという手法が確立されていった．これはギーセンでリービッヒが始めた実験化学教育の中身の結実であった．こうして新しい有機化合物の化学構造が次々決定されていくこととなり，図8-1に示すように，報告された既知の有機化合物の数は年代とともに急激に増加していった[2]．

　ドイツにおいては1890年代，世界の合成染料の9割近くを生産していた．ドイツの化学産業の繁栄により，当時，諸外国は有機薬品の大半をドイツからの輸入に依存していた[2]．1899年にはドイツ産業界には4000人の化学者が活躍しており，その4分の1は有機化学関連の業界に進出していた．ドイツでは19世紀末に企業が率先して理系学部出身の科学者を採用し，彼らの研究能力により製品開発を進めるシステムを推し進めていた．これは1860年代にドイツに創業されたBASF社，ヘキスト社，バイエル社などの代表的な合成染料会社が莫大な資本投資により産業研究の組織化に力をいれていったことの結果であった．いいかえれば，科学の研究から技術的発明を生み出すプロセスが一握りの天才発明家の個人プレーの時代から，組

織だったチームワークの体制に移行したことを意味していた．米国をはじめとするドイツ以外の先進国においては，この制度の導入が第2次世界大戦中であったことを考えると，19世紀末のドイツの合成染料工業化が企業の研究所の起源であったといえる．こうして20世紀になって，石炭，石油を原料とした化学工業が企業内の組織化された研究体制で一層，押し進められていくことになった．

8-2　有機合成殺虫剤第一号，DDTの登場

産業革命以降，増え続ける人口を支える農作物の維持と増産には，肥料の供給とともに，病原菌，害虫，雑草から農作物を守る殺菌剤，殺虫剤，除草剤の開発が急務となっていた．有機化学が成熟し，それに伴い染料や製薬産業が発展していくと，当然，化学産業界は農薬の開発にも目を向けていった．

農薬の歴史は17世紀のフランスにさかのぼる．当時，フランスではたばこの粉つまりたばこに含まれるニコチンによって害虫を防除していた．19世紀にはコーカサス地方で除虫菊の粉が殺虫剤として用いられるようになり，後に除虫菊の中に含まれるピレトリンがその効力を発揮することも見出されていた．こうして植物に農薬として有効な成分が含まれていることが明らかにされてきた．1885年には石灰と硫酸銅を混合したボルドー液が，ボルドー地方のぶどうのかび対策に効果があることが発見された．これを契機に，農薬として硫酸銅は幅広く使われるようになった．1931年になるとデュポン社ではW.H.ティズデールとウイリアムズがゴムの加硫促進剤（註1）として使われていたジチオカルバメート（註2）に殺菌作用があることを発見し，人体に無毒でより強力な農業用殺菌剤の開発が始まっていた（註3）．

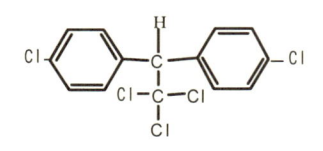

図8-2　DDTの化学構造

図8-3　ミュラー

8章　DDTが引き起こした農薬産業イノベーション

　DDT（p, p'-ジクロロジフェニルトリクロロエタン，図8-2）は，有機合成殺虫剤の第一号として第2次世界大戦の最中に登場した．ナポリを中心としたアメリカ進駐軍で兵士に流行した発疹チフスは，これによる死者の数が戦死者の数をはるかに上回る勢いで蔓延していた．しかしDDTは発疹チフスを瞬く間に根絶し，奇蹟の農薬と呼ばれるようになった．このDDTは図8-2に示すように，芳香族環に塩素を付加した有機系塩素化合物である．1874年にストラスブルグ大学のバイヤーの学生のザイドラー（O. Zeidler）が博士論文にすでにその合成法を発表していた．その六十数年後にミュラー(Paul Muller, 1899-1965)は，注意深い観察と綿密で粘り強い基礎研究に基づいて，DDTを輝かしい農薬として世に送りだしたのであった．

　ミュラー（図8-3）は1899年スイスの小都市，バーゼルの郊外に生まれ育ち，バーゼル大学で化学と物理を学び，博士号を取った．その後，1925年にバーゼルにあるガイギー社に勤務した．ガイギー社は現在でもスイスの最大化学系企業であり，当時も合成染料に加えて羊毛防虫剤などいわゆる化学薬品が主力製品であった．

　ヨーロッパでは絨毯は重要で高価な家財の一つであったので，絨毯の管理は昔から主婦たちの重要な役割であった．特に絨毯を虫の被害から守ることには切実なものがあった．DDTの開発はバイエル社の研究員がヨーロッパでの伝承に着目したことから始まった．それは昔から緑色に染めた毛織物は虫の被害を受けないといういい伝えであった．ミュラーはこの原因は緑色をだすための黄色染料に由来することをまず明らかにした．これを踏まえて，羊毛防虫剤の開発が始まり，その途上で化学構造が類縁のDDTにたどり着いたのであった．この間，多くの種類の近縁化合物を合成しては生物試験を繰り返すという研究が続けられ[3]，DDTの殺虫性がついに発見されたのであった．このような昔からのいい伝えから重要な生理活性物質が発見されるきっかけがえられ，画期的な研究開発が進むことは現在では珍しいことではない．しかし当時としては有効な化学薬品のこのような探索方法は画期的なことであった．さらにミュラーは，初期に合成されたDDTが強い殺虫性を持つが，即効性の面では，除虫菊のピレトリンに比べかなり劣ることに満足していなかった．そこで彼はさらに試験を重ね，その原因が，DDTの精製の不十分さにあることを突き止めたのであった．

今なら，核磁気共鳴（NMR）や高速液体クロマトグラフィー（HPLC）などの機器で大学院生でも容易に化学構造やその純度を指摘できるであろう．しかし当時のレベルでの追究はどんなにすぐれた研究者が集まっても，実験上，工夫と多大な忍耐強い労苦を要したであろうことは想像にかたくない．

　殺虫剤には二つの目的がある．一つは虫が農作物を食害することを防ぐことであり，もう一つは眠り病やマラリアのような熱帯病を媒介する蠅や蚊などの昆虫を撲滅することである．当時，ミュラーが夢見た合成殺虫剤は以下の8つの必要条件を想定していた[4]．（1）強力な殺虫性，（2）即効性，（3）温血動物や植物に無害，（4）広い範囲の殺虫性，（5）効力の持続性，（6）無刺激，（7）無臭で取り扱いやすい，（8）低コストで大量生産が可能なことである．

　これだけの条件を揃えた合成殺虫剤であれば，ターゲットの害虫はすべて絶滅し，害虫から解放された農業が訪れると夢を描いていたのであろう．精製されたDDTにその理想の農薬を見出したのであった．DDTは，即効性の点ではピレトリンよりも低かったが，それまでの常識的な線で設定されていた薬量よりはるかに少ない量で殺虫性を示したばかりでなく，8つの必要条件をすべて揃えていた．年表8-1はDDTに関する事項が示されている．1941年にはガイギー社は農業用殺虫剤として試作品をスイス国内での販売にまでこぎつけた．実際にDDTが世にでたのは第2次世界大戦のまっただ中であった．中立国であるスイスのガイギー社から販売されたDDTは連合国側の英国そして米国で普及していった．英国では産業革命以後，工業の進展とともに進んだ都市化がもたらした公衆衛生の悪化や公害問題に長い間，直面してきた．そのために公衆衛生の分野が発展し，科学者たちに長年培われた高い見識があった．先見性のある英国の科学者たちのDDTに対する高い技術評価がDDTの命運を決定的なものにしたのであった．

8-3　輝いたDDT

　こうして第2次世界大戦に登場したDDTは，北アフリカや南太平洋などの戦線で威力を発揮した．マラリアによる連合軍の兵士の損失はドイツ軍

8章　DDTが引き起こした農薬産業イノベーション

年表8-1　DDTに関連する出来事

DDTについて	社会
1874　ストラスブルグ大学のザイドラーがDDT合成	
1938　ミュラーがDDTの殺虫性を発見	
1941　DDT試作品がスイスで販売される	
1942　DDTがスイスでGesarolという名で正式に発売される	1944　シュレーダーによってパラチオンを発見した
1945　日本曹達，二本木工場がDDTの研究を開始	1945　日本降伏，GHQ設置
1946　日本曹達，呉羽化学工業がDDTを国産化	1946　日本において新憲法公布
1947　日本において農薬取締法制定	
1948　ミュラー，ノーベル生理学・医学賞受賞	1956　日本において水俣病の発見が正式に認められる
1962　レイチェル・カーソン『沈黙の春』出版	
1963　ケネディ大統領は大統領顧問団の生物科学委員会に農薬の危険性を調査することを命じた	1963　ケネディ大統領暗殺される
1963　カーソンの主張を確認したウイズナー報告が公表された	
1963　日米においてDDT国内生産量ピークに達する	
1969　日本においてDDTの新規許可を一時停止	
1971　日本においてDDTの製造販売禁止	1971　農薬取締法改正
1971　アメリカにおいてDDTの使用禁止	1971　環境庁発足

や日本軍に比べて桁違いに少なかった．アジアの南方やアフリカでのマラリアや発疹チフスに対する効果は劇的であった．その後，国連のWHOを軸としてアフリカ，インドなどにおけるマラリア対策に使われ，DDTは世界中でマラリアから何百万人もの人の命を救った．1972年までにマラリアは7億3千万の人口をもつ37カ国で根絶され，6億2千万の人口の80カ国でほぼ制圧された．公衆衛生面，農業害虫の防除による食糧生産への寄与はいうまでもない．DDTの成功により合成農薬の研究開発は加速され，農薬への期待は，医薬品とともに膨らんでいった．こうしてDDTとその近縁化合物が次々に開発された．これらの殺虫剤の驚くべき効果と低価格によ

り途方もない需要が引き起こされ，農薬産業は爆発的に発展した．1945年に米国の軍部の予防医学の責任者は，第2次世界大戦中の米国の軍部のDDTの使用が世界のさらなる健康の維持に繋がったと発表した[5]．こうしてDDTの開発者であるミュラーは1948年にノーベル生理学・医学賞をえた．

8-4　それはカーソンの『沈黙の春』から始まった

　DDTは無色，無臭，取り扱う人に不安を与えず，取り扱いが簡単なため，その後世界中にばらかまれた．サルファ剤など次々に合成される医薬品は多かれ少なかれ医師，薬剤師の管理下にあったのに対して，この白い小麦粉のようなDDTは化学知識の乏しいひとびとにもゆだねられた．例えば米国では小麦畑はもとよりピクニックで食事を楽しんでいる人々やプールで水遊びする若者の上にも直接に飛行機やヘリコプターで大量にばらまかれた映像が残されている．こうして図8-4に示されるように1963年には米国ではDDTの年間生産量が8.1万トンに達していた[4]．しかしこの大量にばらまかれたDDTは静かに徐々に湖や森の魚類や鳥類を蝕みつつあった．

　大学で生物学を学んだカーソン（Rachel Carson, 1907-1964）（図8-5）は1951年には『われらをめぐる海』（*The Sea Around Us*）という著作がベストセラーとなり，数々の賞をえて，サイエンスライターとして知られていた．そのカーソンの元にDDT，BHC（註4）などの有機塩素系殺虫剤が生

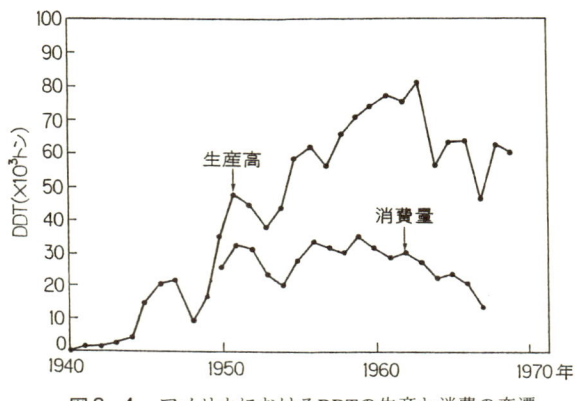

図8-4　アメリカにおけるDDTの生産と消費の変遷

8章　DDTが引き起こした農薬産業イノベーション

図8-5　カーソン

態系を破壊し，さまざまな生物に深刻な被害を与えつつある具体的な訴えが次々と手紙で届いていた．彼女は丹念に収集したデータと多数の文献に基づき，生態系とDDTなどの農薬の相互作用を体系的に理解しようとした．彼女は生態系に与える様相をサイエンスと文学的才能により詩的な表現で描き出し，"Silent Spring"というタイトルで出版しようとした．美しい挿絵と多数の引用科学文献を載せた，科学と詩的なやさしい雰囲気が織り成す世界であった．しかしすでに巨大化していた農薬産業を恐れて，いずれの出版社も二の足を踏んでいた．1962年に出版社（Houghton Mifflin Company, Boston）は農薬企業の訴えに備えて多大な保険をかけて，その後，カーソンの*Silent Spring*[1]の出版に踏み切ったのである．たちまちこの著作はベストセラーとなり，市民の間に大きな反響を呼んだ．

　カーソンはこの著作の中で次のように述べている．

「DDTにより汚染された土をみみずが食べ，体内に農薬を蓄積する．みみずを好んで食べるこまどりなどの小鳥はそれらを食べて，その毒性のために死に至る．かくして小鳥のさえずりの聞かれない "沈黙の春" がやってくる」．

ミュラーの目指した理想の農薬のいかなる性質に問題があったのであろうか．それらは「効力が持続すること」と「即効性」に集約された．効力が持続することは，化学的に安定で，多少の熱，光，酸性度の変化により分解しないことを意味している．即効性の合成農薬は通常脂溶性である．脂質に溶解しやすいので，生物の寿命に応じて，体内に滞留するのである．この結果，湖などでは微生物からプランクトンそしてアミ，小えびなどに取り込まれ，小さい魚から大きい魚へと食物連鎖により生物濃縮されていったのである．その間，DDTが脂肪部分に蓄積された魚を，鳥類やほ乳類が捕食し，その寿命の中で濃度を徐々に上げてゆくのである．

この本に感銘したケネディ大統領は，ただちに大統領顧問団の生物科学委員会を設置し，農薬の危険性を調査することを命じた．その間，カーソンの著作は，一般市民に大きな衝撃を与えた．一方，彼女は農薬産業界からは激しい中傷誹謗を受けた．しかし1962年に，アメリカ人の死体の腹部皮下脂肪に成人1人当たり平均200mgのDDTが蓄積されていたことが明らかにされるようになった[7]．こうして翌年の1963年にウイズナー報告が公表され，カーソンの主張が認められた．米国でのその後の農薬に関するいろいろな政策は，この報告に基づいて行われるようになった．しかし1963年にはケネディ大統領が暗殺され，翌年の1964年にはカーソンががんで亡くなり，DDTに深く関わった主役の二人はこの世から去っていった．

その後，1972年の全面禁止にいたるまでに10年近くの長い年月がかかったのである．1963年のウイズナー報告の公表により，DDTの生産は半減したものの，1972年までDDTは散布され続けたのであった．

しかしラッセルは興味ある論文を発表している[5]．第2次世界大戦中のDDTの使用はチフスやマラリアなどから兵士を守り，しかも短期間の暴露であったために兵士が被る直接のDDTの毒性の影響は低かった．軍部は合理的にリスクを計算し，第2次世界大戦中でのDDTの使用を実施したものであり，DDTの散布は軍事技術の一環として成功したというのである．第

2次世界大戦の終戦後，米国の医薬食品部は，平和時のDDTの使用はたとえ少量でも長期間人体がそれに暴露されれば，DDTの蓄積による影響はさけられないとその危惧を公表していた．しかしこの公表には，戦後の軍部のDDTの成果の宣伝が大きすぎて，市民は耳を傾けなかったというのである．事実，1949年すでに医薬食品部の長官はミルクに含まれるDDTについて警告を発していたが，一般市民は，DDTには毒性はないと信じてしまっていたという．現在，テレビのコマーシャルで宣伝される科学的根拠の乏しい健康食品などが市民に容易に受け入れられる現象に共通しているともいえる．

8-5　DDTのその後の運命と影響

海の中で36億年前，生命が誕生し，20億年前にはシアノバクテリアが光合成により酸素を放出するようになった．その結果，地球のまわりにオゾン層が形成され，強力な紫外線が遮蔽されるようになった．すると6億年前には植物も動物も，陸地においても生命活動を営むことができるようになった．こうして地球誕生以来，長期的にみると非可逆的に地球はダイナミックに徐々に変化してきた．

人類誕生後について眺めてみると，1万年前に人間が道具を用いて農業を営み，生活を営んできたが，産業革命以前までの年月は，地球はそれほど変化がなかったといえよう．人間活動が強大でなかった当時は，動物も植物も繁殖したり，食べたりしても，地球全体としてはほとんど変化がなく，ほぼ定常状態すなわち準定常状態であった．つまり生態系は，部分部分でみると，活発な物質の移動や物質のやりとりがあっても，システムとしては時間が経過してもほとんど変化がない状態であった．人間も生態系の一部として，自然の営みを乱さず，地球全体として準定常状態であった．この状態が続く限り，人間にとって自然は偉大であり，恒常的であった．したがって自然と人間の関係を論ずる場合も，自然が人間にどんな影響を与えるか，人間は自然にどんな働きかけができるかが課題であった．例えばアンモニア合成と工業化の成功は，無尽蔵にある空気中の窒素を利用し，食糧増産を目的とした挑戦であったし，自然の厳しさの克服であったといえよう．いいかえれば，化学産業界は科学的研究から技術的発明を生み出

すプロセスを組織的に制度化し，自然現象に立ち向かい，自然の法則に基づいてその不都合を直し，効率化するよう働きかけたのである．ミュラーのDDTの成功も然りであった．

　DDTの過去に例をみない効果は，その後数々の有機系塩素化合物の開発を爆発的に促した．BHC，クロリデン（註5），コンデンサーの絶縁油などとして活躍したPCB（ポリ塩化ビフェニル）（註6），フロン（註7）などみな有機系塩素化合物である．これらの有機系塩素化合物は個々に優れた化学的性質と機能を持ち，われわれの文化的生活に寄与した．しかしこれらの化合物の炭素－塩素の結合は自然界では少なく，とりわけ芳香族の炭素－塩素の結合は少なく，しかもその結合は強いのである．つまり化学的に安定で，バクテリアによっても分解されにくい．また合成されやすく，低コストであることが爆発的需要を引き起こした．この低コストの理由の一つとして，塩素ガスは食塩水の電気分解により水酸化ナトリウムの生産の副産物として容易にかつ安く入手できるという事情があった（註8）．

　これまでの常識ではたとえどんな人工化学物質であろうとも，自然の中で拡散，希釈，分解，浄化されるはずであった．北極は，地球上で最も清浄な地と信じられてきた．しかし1990年代には汚染とは縁遠い生物のはずの北極の白熊さえも汚染されていることがわかった．カナダ環境省野生動物研究センター化学部長ノーストローム博士をして「いまでは大都会にうごめくどぶねずみさながら汚染されてしまった」[10]といわしめるくらい有機系塩素化合物の汚染が進行していた．実際のDDTの危機はじわじわ忍び寄る恐怖であり，その個体の生死に直接関わるという毒性ではなかった．例えば，コンドルの卵の殻がうすくなり，絶滅に瀕するというふうに長期的な危機が続いていったのであった．DDTは，半減期はほぼ100年という説もあり，毒性に加え，体内での蓄積や世代間の転移もある．元来，自然界に存在しなかった有機系塩素化合物は自然の中ではあくまでも異物である．自動車の排ガスが大気汚染を引き起こすように，DDTも自然の力により分解せず，異物のままエントロピーの法則にしたがって拡散したのであろうが，その機構は地球規模であるが故に，十分証明されていない．カーソンも想像のつかなかった事態が起きているのであり，自然は人間が考えるほど，懐が深くなかったのである．今日では人間が自然にどんな働きか

けができるかということだけでなく，働きかけた結果，どういうふうに自然が変化し，その変化した自然が，今度はどんなふうに人間や生態系に影響を与えるかを考え直さねばならなくなった．

DDTの代替品として化学兵器の毒ガスから生まれた有機リン化合物は非常に毒性が強く，即効性であるが，バクテリアによって速やかに分解する性質すなわち生分解性があった．しかし有機リン化合物は毒性が強く，対象となる昆虫の幅が広くていわゆる選択毒性が低く，生態系への影響も好ましくないことがわかってきた．その後，化学者，技術者は生分解性をもち，選択毒性が高い，優れた農薬に進化させてきた．現在使われている農薬には$1m^2$にわずか0.1mgの薬剤でその効果を発揮できるものもある（註9）．さらに昆虫生理学の分野からも昆虫フェロモンや幼若ホルモンの農薬への応用などの新しい発想も生まれてきた．

しかし化学者は，実のところ，どんなに優れた機能をもつ人工化学物質も必ず影があることをすでに知っているのである．

8-6　DDTの科学・技術と社会の相互作用

19世紀後半から成熟期に入った有機化学は農薬にも向けられていた．人口の増大とともに必要になってきた食糧の増産を目指した空気中の窒素固定による肥料の合成研究の成功も，農薬の研究開発に拍車をかけた．化学系企業の大型研究所の農薬の目標は害虫の絶滅をめざしていた．その成果がDDTであった．このDDTがどのような科学・技術・社会の相互作用により凋落していったかのプロセスをスキーム8-1に示した．

DDTは第2次世界大戦の最中，米国においては軍事技術の一つでもあった．長い歴史の中で繰り返されてきた戦争は，人口の制御に一役買っていた．しかし実際には戦死者は敵と戦って死ぬことより，昆虫媒介などによる感染症による病死者の方がはるかに多かったのである．例えば，南アのボーア戦争(1899-1902)では，実際の戦争での戦死者に比べ感染症による戦病死者は35倍，第1次世界大戦（1914-1918）でも9倍であったという[4]．したがって第2次世界大戦のように，南方まで戦線が拡大した場合には感染病媒介昆虫の防除は重要な戦略であった．DDTの驚異的な成果があげられ，宣伝された．その結果，DDTとその関連農薬の生産はうなぎ上りに増

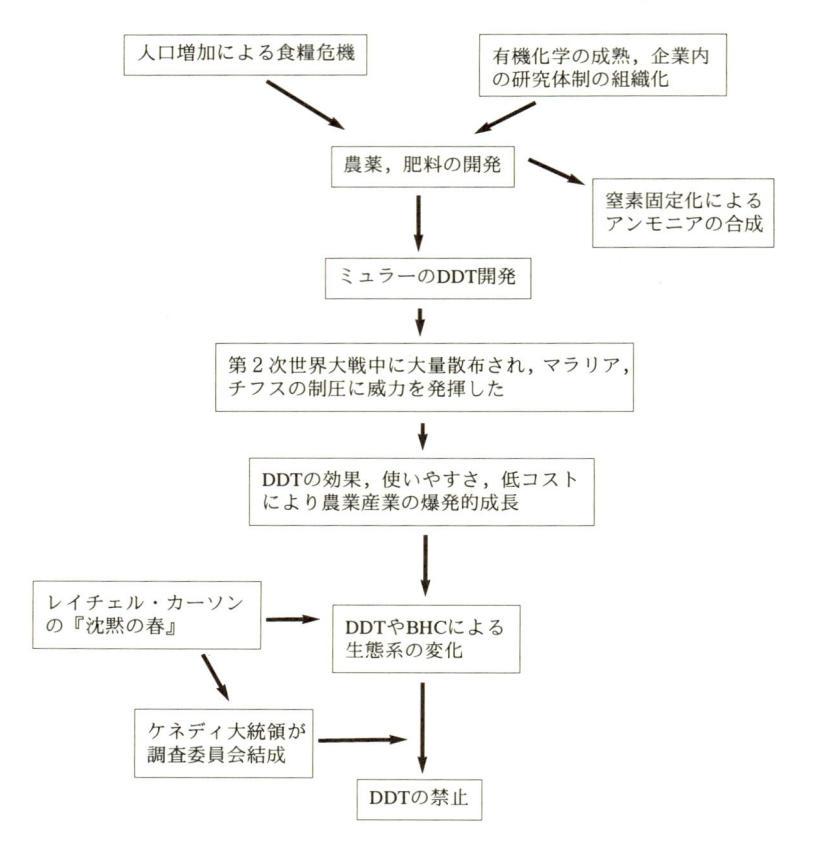

```
┌──────────────────┐         ┌──────────────────┐
│ 人口増加による食糧危機 │         │ 有機化学の成熟，企業内│
└──────────────────┘         │ の研究体制の組織化  │
            ↘               └──────────────────┘
              ↘             ↙
            ┌──────────────┐      ┌──────────────┐
            │ 農薬，肥料の開発 │ ───→ │ 窒素固定化による │
            └──────────────┘      │ アンモニアの合成 │
                    ↓              └──────────────┘
            ┌──────────────┐
            │ ミュラーのDDT開発 │
            └──────────────┘
                    ↓
        ┌────────────────────────┐
        │ 第2次世界大戦中に大量散布され，マラリア，│
        │ チフスの制圧に威力を発揮した    │
        └────────────────────────┘
                    ↓
        ┌────────────────────────┐
        │ DDTの効果，使いやすさ，低コスト │
        │ により農業産業の爆発的成長   │
        └────────────────────────┘
                    ↓
┌──────────────┐    ┌──────────────┐
│ レイチェル・カーソン │ →  │ DDTやBHCによる │
│ の『沈黙の春』  │    │ 生態系の変化  │
└──────────────┘    └──────────────┘
         ↘                  ↑
     ┌──────────────┐         │
     │ ケネディ大統領が │ ────────┘
     │ 調査委員会結成  │
     └──────────────┘
                    ↓
                ┌──────────┐
                │ DDTの禁止 │
                └──────────┘
```

スキーム 8-1　DDTの誕生，発展及び凋落の過程

加し，農薬産業は巨大化していった．医薬品は医師，薬剤師の管理下にあるが，農薬はその性質上，農業従事者など科学知識の乏しいひとびとに委ねられ，過剰に散布されてしまった．その結果，引き起こされた生態系への被害を，食物連鎖という概念で説明したのがカーソンであった．しかしカーソンは，「化学合成殺虫剤を決して用いてならぬ，などとはいってはいない．私のいいたいのは毒性である．しかも生物体に対して，極めて強力な作用を及ぼす化学合成物質の大半あるいはほとんどを，その潜在毒

性に無知な人達に委ねてしまったことである」[8]と主張していた．いいかえれば，これは農薬の科学的管理を求めていたともいえる．DDTの凋落に関与した二人の人物のうち，一人は大学や研究機関などのアカデミズムの世界の人でなく，どこの機関にも所属しないフリーの女性サイエンスライターとして登場してきたこともまた興味深い．そしてもう一人はカーソンの『沈黙の春』に感銘して行動した優れた政治家，ケネディであり，この二人の組み合わせがDDTなどの塩素系有機化合物の禁止の道を開いたのである．

　植物性プランクトンが動物性プランクトンに食べられ，さらにこのプランクトンが魚類に食べられるというように，植物をもととする食物エネルギーが次々と高い栄養段階の生物に食べられることにより，転送されていくことを食物連鎖という．この食物連鎖の過程で蓄積性のある物質が生物濃縮を起こす．生物濃縮は生物が外界から取り込んだ物質を体内に高濃度で蓄積する現象をいう．カーソンは自然の生態系のなかには「食物連鎖」と「生物濃縮」という自然の摂理が働き，この「食物連鎖」と「生物濃縮」を経てDDTなどの塩素系有機化合物の環境汚染がじわりじわり進むことを警告したのである．このカーソンの警告が一般市民，科学・技術者，企業，行政に与えた影響は計りしれない．

　*Time*誌（1999年3月29日号）[9]では20世紀に最も影響を与えた科学・技術者として，化学とその関連の世界からは高分子を最初に合成したベークランドとともに，カーソンをあげている．当時の有機合成化学の世界では組織化された研究体制の中で，化学者や技術者は分子を切りきざんだり，つなげたりして凌ぎをけずっていた．しかしカーソンは組織化された化学の世界から遠く離れ，長い時間と広い空間で生命を見据え，人工化学物質を告発したのである．さらに重要な点は，このDDTの負の遺産の発見が大学や研究機関などのアカデミズムの世界から生まれたのではないということである．多くの場合，新しいパラダイムは既成アカデミズムの外，あるいは民間で生まれて，それが後になって大学のような公的な機関の中に認められて，通常の科学的な発展の道筋を辿る．食物連鎖と生物濃縮による環境汚染の概念形成もこれに相当する．

　1991年アメリカのウイスコンシン州レイシンにあるウイングスプレッド

会議場で行われた会議では「内分泌撹乱化学物質」の存在が確認された．それはホルモン作用を撹乱し，精子数を減少させ生殖を妨げ，種を絶滅に導く危険性のある物質で，「環境ホルモン」ともいわれる．その原因物質のほとんどは日常的に使われている人工化学物質であり，その被害は生命現象の基本次元にかかわる深刻な問題である．この環境ホルモンに対する関心は，1996年に刊行された環境学者コルボーン(Theo Colborn, 1927-)らの著書『奪われし未来』[11]で一気に高まった．専門知識を駆使し，世界に警鐘を鳴らしたカーソンとコルボーンに共通するものは女性であるということだけでなく，既成アカデミズムの枠外にいた科学者であったということである．彼女らの生き方は後に実際，環境問題の告発・提言・規制に体制外の一般市民やジャーナリスト，非政府団体(Non-Governmental Organization, NGO)がはたす役割を高めた．

化学物質による環境汚染と生態系の破壊が人類にとっていかに深刻であるかをカーソンらが世界中のひとびとに気づかせたことから，地球環境科学が生まれてきた．1995年フロンなどによるオゾン層の破壊を明らかにした大気化学，特にオゾンホール形成の研究に対してクルツエン（Paul J. Crutzen），モリーナ(Mario J. Molina)，ローランド(F. Showerwood Rowland)にノーベル化学賞が与えられた．これは地球環境科学が科学の分野において確立された年でもあった．人間が作り出す化学物質の光ととともに影がはっきり示され，人工化学物質の限界が認識されるようになったのである．また化学者の中に改めて生命への畏敬の気持ちが生まれ，生命から学ぼうという姿勢がうまれ，超分子化学が誕生していった．カーソンの『沈黙の春』は科学の方向性までも変えたのであった．

註
(註1) 加硫促進剤：ゴムの加硫時間の短縮，加硫温度の低下，イオウ量の減少，加硫ゴムの品質向上を目指す物質．当時，自動車用のタイヤとして摩擦に強い丈夫なゴムが求められていた．

$$\underset{R'}{\overset{R}{N}}-C-S^--M^+ \quad\underset{S}{}$$

R,R'；アルキル基またはアリール基
M；金属イオン

(註2) ジチオカルバネート；天然ゴム配合用の加硫促進剤
(註3) 殺虫剤(insecticides)，殺菌剤(fungicides)，除草剤(herbicides)などを総称して農薬(pesticides)という．

（註4）BHC：六塩化ベンゼン(1,2,3,4,5,6-ヘキサクロロシクロヘキサン)；DDT同様に，有機塩素化合物系の農薬であったが，後にDDTと同様禁止された．
（註5）クロリデン：DDT，BHCと同様の有機塩素化合物系の農薬
（註6）PCB：ポリ塩化ビフェニル；化学的に安定で，水に溶けず，有機溶媒によく溶ける．電気絶縁性にすぐれ，乾燥しにくいので絶縁油として広く使われたが，魚介類に蓄積するなど環境への残留性が高く，かつ人体に対する毒性が強くかねみ油症事件なども起きたので，後に禁止された．1分子当たりの塩素原子数3－6のものが多い．
（註7）フロン：塩素とフッ素を含んだ化合物．例えば$CHClF_2$, CCl_2F_2, $CCl_2F-CClF_2$などである．大気中に放出されたフロンはオゾン層を破壊するといわれている．
（註8）ナトリウムはわれわれの生活にも，また化学工業上も不可欠の元素であるが，食塩からナトリウムを製造する際には，ナトリウム1g当たり1.54gの塩素を発生する．この比率は定比例の法則により定まっていて変えることは出来ない．この塩素は毒ガスであってそのまま放出することはできないので，安定で有用な塩素化合物を開発して実用化するとともに，それを使用後に安全に廃棄する方法を確立することは，化学者に課せられた重要な債務である．
（註9）ET-751

引用文献

[1] レイチェル・カーソン『沈黙の春』，青木簗一訳，新潮社，1987年
[2] 古川安「19世紀末とは化学にとってどんな時代だったのか」，「化学」，**49**，822-827 (1994)．
[3] P. Lauger, H. Martin, and P. Muller, *Helv. Chim. Acta*, **27**, 892(1944).
[4] 深海浩「DDT―その栄光と没落―」，「化学」，**48**，441-446 (1993)．
[5] E. P. Russell III, *Technology and Culture*, **40**, 770-796 (1999).
[6] G. M. Woodwell, P. P. Craig, and H. A. Johnson, DDT in the Biosphere:Where Does It Go?, *Science*, **174**, 1101-1110(1971)．
[7] 大学自然科学教育研究会編『新編化学』，教学社，pp158，1986年
[8] 美里朝正「農薬の安全性と必要性―小説"複合汚染"を読んで」，「現代化学」，1975,

9月，36-44．
[9] P. Matthiessen, *Time*, March 29, 101-103, 1999.
[10] 石弘之『地球環境報告』，岩波新書，p195，1997年
[11] シーア・コルボーン，ダイアン・ダマノスキ，ジョン・ピーターソン・マイヤーズ『奪われし未来』，長尾力訳，翔泳社，1997年

参考文献
1）深海浩『変わりゆく農薬』，化学同人，1998年
2）フレッド・アフタリオン(柳田博明監訳)『国際化学産業史』，「日経サイエンス」，pp212-213，1993年
3）茅幸二他『化学と社会』（岩波講座　現代化学入門18），岩波書店，pp65-83，2001年
4）中山茂『20・21世紀科学史』，NTT出版，2000年
5）森田桂『新薬はこうして生まれる』，日本経済新聞社，2000年
6）五島綾子「21世紀のものづくりの時代にむけて—分子化学から自己組織化へ—」，『情報社会と経営』，青山英男，小島茂編著，文眞堂，1997年
7）竹内啓『科学技術・地球システム・人間』，岩波書店，2001年
8）IUPAC編，宮本純之監訳『塩素白書』，化学工業日報社，2000年
9）ロバート・バンデンボッシュ『農薬の陰謀』，矢野宏二訳，社会思想社，1984年
10) S. Zdenek, Risk Cancer in an Occupationally Exposed Corhort with Increased Level Chromosomal Aberrations, Environmental Health Perspectives, 109, 41-45，2001．
11）石弘之『地球環境報告』，岩波新書，1997年
12）半谷高久・秋山紀子『人・社会・地球』，化学同人，1991年
13）「Newton 別冊」，「宇宙と生命」，教育社，1994年
14）堀淳一『エントロピーは何か』，ブルーバックス，講談社，1983年

9 章

分子をつなげる：人工高分子の光と影

　19世紀には石炭の産業廃棄物のタールから合成染料さらには化学療法剤，農薬が生まれ，人工化学物質は産業基盤を支える材料として歴史を刻んできた．この過程で人間の輝く創造性と偶然のような幸運の重なりが実を結んできた．

　石炭から生まれた人工化学物質は，19世紀末まではその分子量が1000以下の小さな分子であった．しかし20世紀，特に第2次世界大戦以後，小さな分子が鎖のようにつながった人工高分子が次々登場して，新たな物質文明の扉が開かれた．カロザースは絹のような繊維を目指して人工高分子，ナイロンの合成に成功し，デュポン社から1940年に発売された．このナイロンは，そのキャッチコピー，「石炭と空気と水からつくられ，蜘蛛の糸よりも細く，鋼鉄よりも強い繊維」とともに爆発的に一般大衆に受け入れられた．

　前章で述べたように，1999年3月の*Time*誌[1]は，20世紀を代表する科学者たち20名を選んだ．この中で化学に近い分野では2名の科学者が選ばれた．一人は合成化学者ベークランド，もう一人は前章で述べたカーソンであった．ベークランドは石炭のタールから人工高分子を初めて合成した化学者であった．この*Time*誌の評価は20世紀において人工高分子がいかに材料の歴史を大きく転換させたかを示すものである．

　高分子の魅力は，高分子そのものは珍しい貴重な化合物ではなく，身近に存在することである．高分子は遺伝子やタンパク質や天然資源の構成成分であるばかりか，衣服，食物，住宅などいたるところで利用されている．しかし生命体の構成成分である天然高分子が生命体でどんなふうにつくられ，機能しているかという課題は謎が多く，化学，生化学の世界で幅広く研究されてきた．この天然高分子の研究を踏まえて，現在，よりすぐれた

人工高分子を創ろうという挑戦がなされている．

本章では石炭から生まれた人工合成高分子の誕生とその発展過程，さらに人工高分子，特にプラスチックなどがその優れた化学的性質が故に，環境問題を引き起こしてゆく過程を述べる．

9-1　高分子とは

　高分子（macromolecule；ポリマー，polymer）の定義は，小さな分子を一つのユニット（モノマー，monomer）とするならば，多くのモノマーが鎖のようにつながったものである．例えばペーパークリップが100個ぐらいつながった鎖をイメージしてほしい．このポリマー (polymer) はギリシャ語で polymeres，つまり〈いくつものパーツ（parts）からなる〉という語源を持ち，いわば小さな分子をつなげたものである．もう少し化学的に表現すると，小さな分子が共有結合で鎖のようにつながった分子量の非常に大きな化合物の総称である．

　ここで共有結合（註1）とは，2原子間の結合の一つで，2原子間に電子が共有されて生ずる結合である．最も簡単な高分子の例が図9-1に示す炭化水素のみからなるポリエチレンである．現在では実際の高分子はフレキシブルな鎖状であることが知られている．このように炭素と水素からのみなる高分子には表9-1が示すように，ポリプロピレン，ポリスチレンなどがあり，私達の生活に馴染み深いものである．しかしほとんどの高分子は炭素，水素の他に，酸素，塩素，フッ素，窒素，硅素，りん，硫黄などの元素を含んでいる．高分子の代表的なものがプラスチックあるいは合成樹脂ともいわれる．石炭や石油を原料として合成された典型的な合成樹脂が表9-1に示されている．これらの合成樹脂は加熱することにより柔らかくなり，自由に好きな形に成形することができる場合が多い．このような性質を塑性（plasticity）というが，プラスチック（plastic）という呼び名はこの塑性という言葉から生まれた．

　高分子を構成する小さな分子のユニットを単量体あるいはモノマーという．モノマーが化学的に結合することを重合という．この重合する方法として主に二つあげられる．（1）付加重合と（2）重縮合である．

9章　分子をつなげる

表9-1　代表的な合成高分子
(繰り返し単位の構造を示す．括弧内は一般名である．)

構造	名称
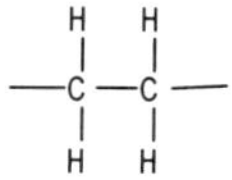 -CH₂-CH₂-	ポリエチレン（ポリエチレン）
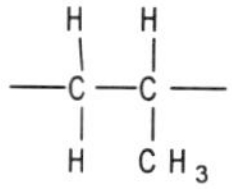 -CH₂-CH(CH₃)-	ポリプロピレン（ポリプロピレン）
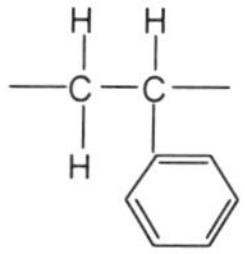 -CH₂-CH(C₆H₅)-	ポリスチレン（スチレン）
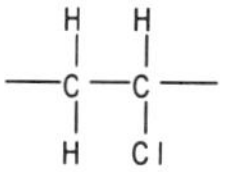 -CH₂-CHCl-	ポリ塩化ビニール（ビニール）
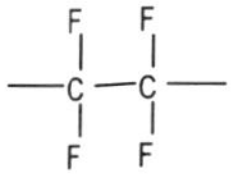 -CF₂-CF₂-	ポリテトラフルオロエチレン（テフロン）
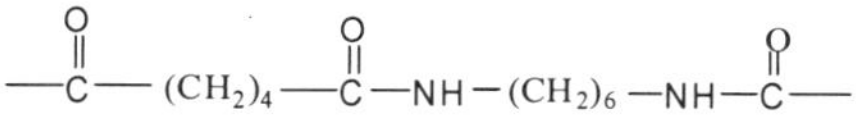 -CO-(CH₂)₄-CO-NH-(CH₂)₆-NH-	ポリヘキサメチレンアジピン酸アミド（ナイロン66）
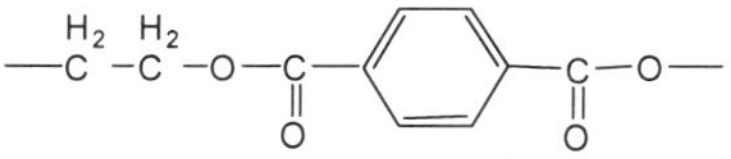 -CH₂-CH₂-O-CO-C₆H₄-CO-O-	ポリエチレンテレフタレート（ポリエステル）
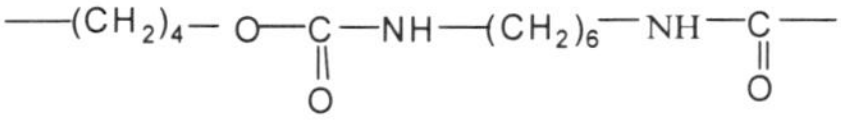 -(CH₂)₄-O-CO-NH-(CH₂)₆-NH-CO-	ポリウレタン（ポリウレタン）

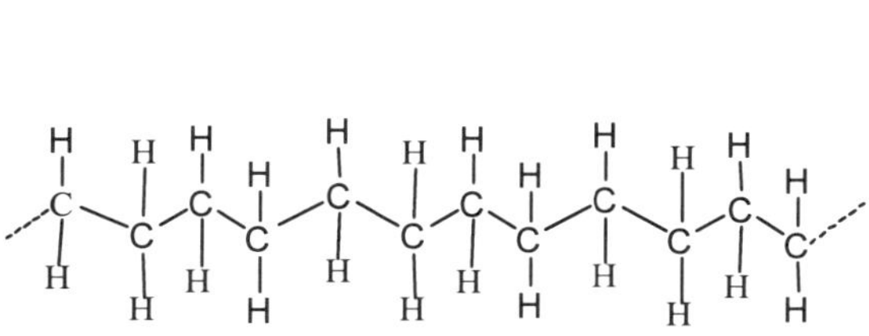

図9-1　ポリエチレンの化学構造とそのモデル

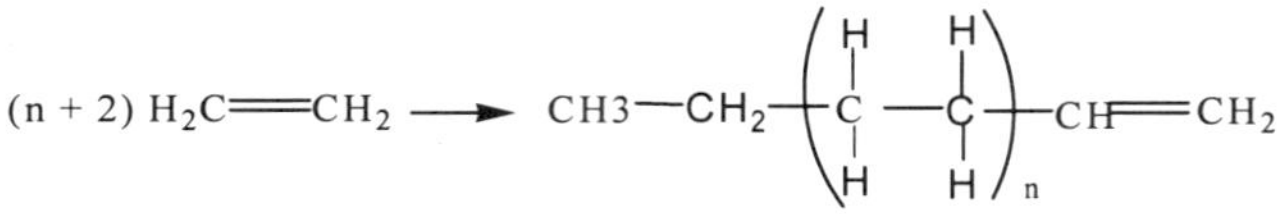

$$(n+2)\ H_2C=CH_2 \longrightarrow CH_3-CH_2-\left(\begin{array}{cc}H&H\\|&|\\C-C\\|&|\\H&H\end{array}\right)_n-CH=CH_2$$

図9-2　エチレンからポリエチレンへ

（1）付加重合

　付加重合は開始反応，成長反応，停止反応の三つのステップを経由して進行する．例えば付加重合でつくられる典型的なポリエチレン（図9-1）について考えてみよう．ポリエチレンを形成するモノマーは二重結合が一つあるエチレンである．図9-2が示すように，エチレンモノマーの二重結合から，二重結合が壊れ，単結合に変換する過程で，2個の電子が放出される．この2個の電子が隣接原子との結合に関与するのである（註2）．

　ペーパークリップをつなげると長い鎖になるように，付加重合で形成される高分子もモノマーがつながってできあがるのである．通常，付加重合体は熱可塑性の性質をもっており，加熱すると溶融し，冷却すると固化する．

（2）重縮合

　ポリエステルの重縮合（polycondensation）の過程では，図9-3が示すように，例えばエチレングリコールとテトラフタル酸の二つのモノマーが結合するときに水分子がはずれる．このような重縮合により合成される高分子には，ナイロン，ポリエステル，ポリウレタンなどがある．このように水分子のような小さな分子が除去されて結合する重合を重縮合というのである．この点が付加重合と異なる特徴である．これらの高分子は熱可塑性の場合と熱硬化性の場合がある．熱可塑性は前述したが，後者の熱硬化性とは，加熱により硬くなると，つまり硬化すると，再び熱を加えても軟化しない性質である．ゆで卵のような性質なのである．したがって熱硬化性の高分子はいったん形成されると，溶融しないし，リフォームもできない．熱硬化性の典型的な高分子として，ポリウレタン（表9-1），フェノール樹脂（ベークライト）などがある．

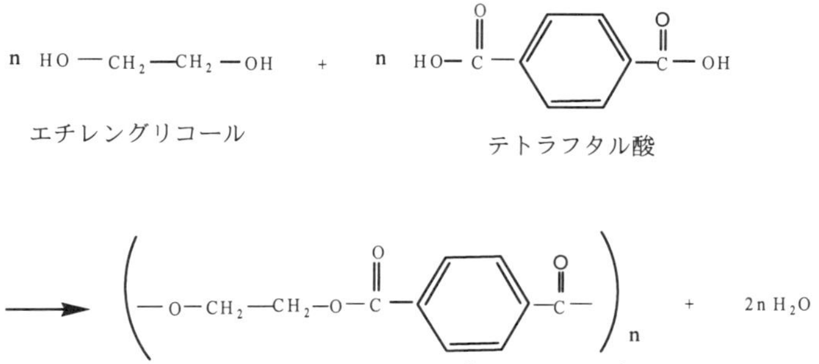

9章 分子をつなげる

$$n\ HO-CH_2-CH_2-OH\ +\ n\ HO-\overset{O}{\overset{\|}{C}}-\bigcirc-\overset{O}{\overset{\|}{C}}-OH$$

エチレングリコール　　　　　　　　テトラフタル酸

$$\longrightarrow \left(-O-CH_2-CH_2-O-\overset{O}{\overset{\|}{C}}-\bigcirc-\overset{O}{\overset{\|}{C}}-\right)_n\ +\ 2n\,H_2O$$

ポリエチレンテレフタレート（ポリエステル）

図9-3　ポリエステルの重縮合過程

9-2　人類の歴史に匹敵する長い歴史をもつ天然高分子

　地球上に光合成を行う微生物が誕生し，その繁殖が海水中に酸素ガスをもたらした．この酸素が海水中にたくさん溶けていた鉄イオンを酸化し沈殿させ，鉄鉱床を生んだ．このはるか遠い昔の出来事が人類の文明の始まりに大きな役割をはたした．高分子の誕生もこの鉄と同様，しかしそれよりはるか以前の原始の地球の海にさかのぼる．海に溶けていた小さな分子が化学進化の過程で熱や圧力などの物理的力も加わって鎖のようにつながる，すなわち重合化により高分子が誕生した．さらにその高分子は脂質膜で覆われ，原始生命体の誕生へと発展していった．これら高分子は生命の誕生の時代にすでに存在し，生命体の進化とともにさまざまな種類の天然の高分子がつくられていった．

　太古以来，人類はこの高分子を衣食住の中で広く利用したり，あるいは加工してきており，天然高分子の歴史は人類の歴史に匹敵するほど長い．プラスチックが生まれる以前は，木やガラス，鉄などが現在のプラスチックの役割をはたしていた．しかし木は形を変えることがむずかしく，ガラスは割れやすく重く，鉄は重く錆やすいことなどがあり，不便であった．

　人類が天然の高分子材料をいったん原料とは異なる形態に変換させた後に有効利用した例として紙があげられる．紙は中国で紀元前200年にすでに作られていたが，現在は，紙の消費量が文化のバロメーターといわれるようになった．紙の製造法は，長い歴史を通して蓄積された経験則がノ

ウ・ハウとして伝承されてきたが，それによれば優れた紙を作るための大切な要素として，化学の世界とは無関係に，それぞれの材料の性質をよく理解することであった．

9-3 天然高分子の化学的改造

19世紀中頃から後半は，リービッヒの教育改革が実を結び，理論にも強く，実際に薬品を作れる化学者がヨーロッパ全土に輩出するようになっていた．オゾンの発見者として知られるスイスのシェーンバイン（Christian Friedrich Schönbein, 1799-1868）もその一人であった．彼はバーゼル大学の実験室で実験中にこぼした硝酸と硫酸を木綿のエプロンで拭きとり，ストーブのそばにかけておいた．するとまもなく着火して瞬間に消え失せてしまった．彼はこの現象の観察をヒントに，1846年に硫酸を触媒にして硝酸により木綿をニトロ化する綿火薬（ニトロセルロース）の製造法を開発した．セレンディピティーである．この発見は，木綿や絹などの天然繊維の代わりに人工的に繊維を製造しようとする最初の試みに繋がる重要な意味をもっていた．

シェーンバインの当初の目的はニトロセルロースを用いて象牙の代替材料を作ることであったが，その目的ははたせなかった．しかし彼はその後，このニトロセルロースを有機溶媒に溶かし，溶媒を蒸発した後に薄くて柔らかいフィルム状のコロジオン膜が形成されることを発見した．この膜は写真用フィルムや人形（キューピー）などに利用され，市場が拡がった．当時，競合する材料は見当たらなかったからである．しかしこの素材には大きな欠点があった．それは燃え易く，素材そのものでしばしば火災の原因となったことである．ジョゼッペ・トルバトーレ監督のイタリア映画の「ニューシネマパラダイス」の映画に登場する映画技師アルフレードが火事を引き起こした原因は，この燃えやすいフィルムの使用にあったのであろう．長い人類の歴史の過程で天然素材の加工は日常の生活に欠かせないものであったが，シェーンバインの成果は，化学的に天然素材を加工し，性質や外観を変えてしまう大胆な成功例であり，後の人工的に新しい繊維の原料を合成しようとする試みに発展していく糸口をつくったといえる．

19世紀後半，アメリカではビリヤードが大変流行っていた．当時，ビリ

ヤードに使っている玉は高価な象牙であった．そこで1863年にビリヤードの玉を作っている会社が，象牙に替わるビリヤード用の人工品の発明に懸賞金，1万ドルをかけた．この懸賞に応募したのが，ハイアット (John Wesly Hyatt, 1837-1920) であった．1868年，彼は植物繊維からつくるニトロセルロースと楠（クスノキ）からとった樟脳を用いて，自由に形を変えて，しかも固まれば割れにくい材料を発明し，セルロイドと名づけた [2]．彼の方法はあらゆるものを混ぜ，練り，焼きなどを行った中から生み出していくというもので，錬金術的であったといえる．しかしこうして出来上がったセルロイドはボタンや定規にも適していて，市場に普及していった．

その後，フランスのシャルドンネ (Hilaire Bernigaud de Chardonnet, 1839-1924) は，コロジオンを細い穴から押し出して繊維状にし，脱ニトロ化して人造絹糸の製造に成功し，1884年に特許をえた．これはシャルドンネ絹と呼ばれ，1890年に発売された．彼はパスツールの弟子で，かいこの伝染病の研究をしていたが，かいこの紡ぐ絹を人工的につくりたいと考えていたのであった．シャルドンネの人造絹糸は質的にはまだ絹にはほど遠いものであったが，この発見によって本物の絹のような光沢のある繊維が人工的に造れるかもしれないという期待と貴重なヒントが与えられた．こうしてシェーンバインのニトロセルロースがハイアット兄弟のセルロイドの発明，シャルドンネによる人工絹糸のような繊維化へと発展していったといえよう．

さらに1897年にはパウリ (H. Pauri) はセルロースをアンモニア性水酸化銅溶液に溶かし，糸状にする銅アンモニア絹糸法を編み出した．この繊維は1918年にドイツのベンベルグ社から売り出され，ベンベルグと呼ばれ，光沢のある絹の代用品として人気をえていた．わが国においてもキュプラ (Cupra) と呼ばれ，馴染み深いものである．このように木材のセルロースを溶剤に溶かして紡糸する方法は，比較的安価な原料を使った人造繊維の製造の成功ではあったが，その製品強度，耐水性の点で絹，木綿に対抗するには至らなかった．

9-4 石炭タールから生まれた最初の人工高分子，ベークライト

19世紀後半，ドイツで有機合成化学が華やかに幕を開けていた．3章で

述べたようにアリザリンやインジゴの人工合成に尽力したバイヤーは新しい合成染料を求めて実験を繰り返していた．しかしその過程でタールから分離されたフェノールとホルマリン（ホルムアルデヒドを水に溶かしたもの）を反応させたときに，試験管の底に残る黒いねとねとした厄介な物質の利用価値に気づくことはなかった．ところがベルギー生まれのベークランド (Leo Hendrik Baekeland, 1863-1944) は，この黒い固まりに注目した．彼は試験管の底にこびりついた硬い樹脂状物質をセルロイドのように商品化できないかと考えた．

　電気が一般に普及するようになると，すぐに大量に求められたのが電気絶縁体であった．当時，電気絶縁体として用いられていたのは，東南アジアの植物に寄生する昆虫（ラックカイガラムシ）が集めた特殊な樹脂のワニスでシェラックと呼ばれるものを紙に染み込ませたものであった．しかしシェラックは品薄で高価であるばかりか，紙で巻いた電気コードは危険であった．当然，彼の頭には電気絶縁体への利用があった．

　ベークランドは3年間に渡る粘り強い試みと観察を続け，興味深い現象に気がついた．この黒いべたべたした物質は最初は油状であるが，加熱しつづけると次第に硬くなる．しかし硬くなりはじめる前に取り出し，冷やすと塊状になるが，再び加熱すると硬化する．そこで彼は反応途中で取り出した塊状物を細かくし，木屑や綿屑と混ぜ合わせ，適当な型に入れ，再び加熱して固める成形法を編み出した．プラスチックの誕生である．このように成形したものは，硬く，軽く，熱に強く，しかも電気絶縁効果があった．これは，高分子の概念が提唱される以前の段階で，「このようなものをつくりたい」という目的意識のもとに研究が進められ，成功に至った幸運な発明であった．1905年，ベークランドによって発見されたホルマリンとフェノールからできた高分子は，ベークライトと命名され，1909年に製造法の特許が取得された．さらにベークランドは当時，高価な天然樹脂のシェラックの代用品として商品化するために1910年に会社を設立した．会社名は General Bakelite 社で，ベークライト (Bakelite) という商品名でヨーロッパや米国で市販された．当時は原料が石炭ということもあり，このベークライトは石炭樹脂と呼ばれていたが，現在のフェノール樹脂である．

　ベークライトの製造法の基本は図9-4に示すように，まずフェノール

にホルムアルデヒドが付加して，熱により水分子が取り除かれ，重縮合化されてゆく．すなわち付加反応と重縮合反応の繰り返しの後にえられるのである．

ところでベークランドがこの人工物をアメリカ化学会ニューヨーク支部で発表するやいなや，この物質の用途はたちまちいろいろな日用品にまで広がっていった．例えば，この学会に参加していたエジソン(Thomas Alva Edison, 1847-1931)は早速レコード盤に使うことにした．高分子が，さまざまな商品が製品化される際の「縁の下の力持ち」となり始めたのである．

当時は，「解釈は後から，まずは新しいものをつくる」という風潮があった．後述するように高分子説が学会で論争になっていたものの，世界中の実験の現場，特に産業界の技術者たちは「高分子とは何であるか」という科学的説明ぬきの経験則だけで，新素材の合成に向けての研究と努力を続けていた．ガリレオからニュートンに至る物理学の理論的な進展とは無関係に，化学は，身近な肥料や醸造など生活に結びついた科学として発展したという成り立ちもあって，20世紀のこの時期においてさえなお，化学者たちはこのような形で技術的な努力の集積により人工高分子に近づいていったのである．

9-5 高分子概念の誕生

人類は種々の高分子を大昔から日常生活の中で利用してきたが，人間が目の前にあるものについて「分子」であるという概念をもつようになった

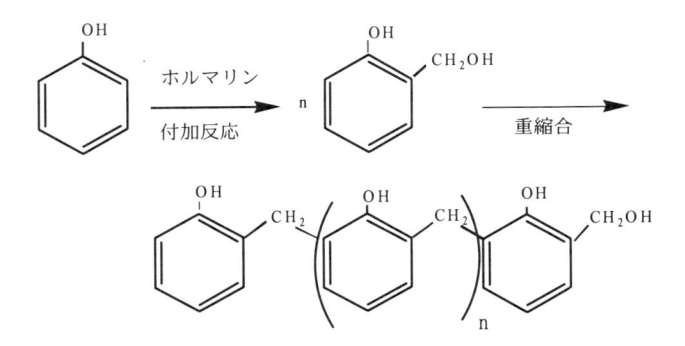

図9-4　ベークライトの合成プロセス

のは，近代の17世紀から18世紀にかけてであった．まして巨大分子の概念を当てはめて，高分子材料を考察できるようになったのは1930年代に入ってからである．この巨大分子は現在では高分子と呼ばれるようになった．すなわち高分子とは共有結合でできた分子量の非常に大きな化合物の総称で，通常分子量が1万以上のものをいう．こうした概念規定はドイツのシュタウディンガー (Hermann Staudinger, 1881-1965) により提唱されたが，学会で認められるまでに長い激しい論争があった．

　高分子の科学はコロイド科学の分野から始まった．1831年に英国のグレアム (Thomas Graham, 1805-1869) は，細い孔を通過する気体分子の拡散速度（註3）がその気体の分子量の平方根に反比例することを見出した．これは分子が大きいとその移動速度が遅くなることによる．そこで彼はこの考え方をもとに，さまざまな化合物について水溶液の中での拡散速度を測定した．そして例えば表9-2に示すように，物質には拡散速度が速いものと遅いものとがあることを示した．1861年に発表した論文の中でグレアムは，拡散速度が大きい食塩や砂糖などをクリスタロイド（晶質，結晶性の物質）と呼び，拡散速度の遅い澱粉，ゴム，ゼラチンなどの物質をコロイド（膠質，にかわすなわちゼラチンのような物質）と呼んだ．例えば表9-2に示すようにタンパク質は食塩の拡散速度の約20分の1程度である．このようにグレアムがコロイドと呼んだものは，今日の言葉でいえば天然高分子であった．この二つの物質の差をグレアムは本質的な違いがあると考えていたが，どこにその違いがあるかはまだわかっていなかった．グレアムは，澱粉などは異常な数の原子からなるのではなく，構造的には単純な小さな分子が比較的数多く，互いに弱い力で集まった凝集体と考えていた．

　アカデミズムの世界の化学者はベークライトなど初期の合成高分子に関心を寄せなかったが，合成ゴムだけは別格であった．それにはゴムの実用性が電気やタイヤの出現とともに注目されるようになったという背景があった．ゴムが関心をもたれるようになったのは，コロンブス (Columbus Christopher, 1451-1506) にまでさかのぼる．コロンブスがアメリカ大陸に到達したときに，原住民の子供たちが手にしたゴムマリを見たことが，天然ゴムと西洋人との初めての出会いであった．その後，ゴムの存在は知られ

表9-2 グレアムの拡散実験

物質	拡散時間の比	比拡散
塩酸	1	1
食塩	2.33	0.43
ショ糖	7	0.14
硫酸マグネシウム	7	0.14
タンパク質	49	0.02
カロメル	98	0.010

ていたものの,その有効利用はなされていなかった.酸素の発見者,プリーストリー(Joseph Priestley, 1733-1804)がゴムを消しゴムとして用いた例ぐらいであった.しかし米国のグッドイヤー (Charles Goodyear, 1800-1860) の登場により事態は急転回した.1839年に彼は天然のゴムに硫黄と鉛白を混ぜて一夜ストーブの近くで吊るしておいたところ,ゴムが固くなったことを発見した.1843年にこのゴムを入手したハンコック (T. Hancock) は硫黄を溶かした溶液に生ゴムをつけて処理する方法を確立し,加硫ゴムと名づけて商品化した.生ゴムに添加された硫黄によりゴム分子の編み目が結びつけられ,ゴムの強度が増し,温度の変化による弾性変化が少なくなったのである.こうして天然ゴムに比べ,熱に対する耐性と電気の絶縁性が増したために電線の被覆などに用いられ,その需要は急増した.

　天然ゴムの化学構造の研究の過程で,ゴムは図9-5に示すように共役二重結合,ジエン(註4)をもっていることが明らかにされてきた.この知見からゴムの合成研究が盛んになってきた.1860年には英国の化学者ウイリアムス (Greville Williams, 1829-1910) が天然のゴムを蒸留して単純な化合物,イソプレンをえた.彼は,イソプレンは図9-5に示すように8個の水素が5個の炭素に結合していることも示した.

　その20年後,フランスの化学者ボーチャーダット(Gustave Bouchardat, 1842-1918)がこのイソプレンを用いてゴム様物質の合成に成功したのである.このゴムとイソプレンの関係から,天然ゴムはイソプレンからできているにちがいないという予測が生まれるのは当然であった.炭素は4価で,結合できる手が4個ある.したがっていくつもの炭素が共有結合により鎖状につながった脂肪族炭化水素の構造のように,イソプレンもつなげることができるにちがいないという推測も生まれてきた.1904年にドイツのハリー (Carl Harries, 1866-1923) は,もしゴムが長い鎖状であるならば,鎖はどんなふうに出発して末端はどうなっているのだろうと疑問を持った.

H₂C=CH-CH=CH₂
ブタジエン

　　　　CH₃
　　　　|
H₂C=C—CH=CH₂
イソプレン
（β－メチルブタジエン）

図 9-5　ブタジエンとイソプレン

そしてハリーは図9-6aに示すように，2個のイソプレンで環状になっているのではないかと考えたのである．しかも彼は，図9-6bに示すように，ゴムの構造についてこれらの環がいくつも強く密に引き合って，アコーディオンのように伸びたり縮んだりできるモデルを提案した[3,4]．この背景には，20世紀になっても，高分子のような大きな分子量の物質でも加熱により，もとの小さな分子にばらばらになるという説が主流であったという事実がある．すなわち高分子も化学結合より小さな力で引き合い集合しているという考え方である凝集体 (aggregate) 説が優勢であった．したがってハリーのモデルはこの凝集体説にも矛盾せず，当時，合理的なモデルとして受け入れられたかにみえた．

a) 2個のイソプレンで形成された環状構造

b) ハリーのモデル

C) シュタウディンガーのモデル

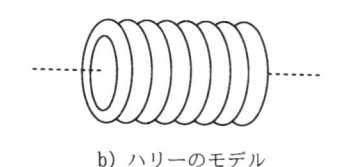

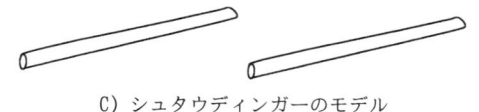

図 9-6　ハリーとシュタウディンガーのゴムの化学構造モデル

一方，シュタウディンガー (Hermann Staudinger, 1881-1965) はミュンヘン大学，さらにダルムシュタット工科大学で学んだ後，シュトラスブルグ大学で研究員として研究した後，1907年にカールスルーエ大学の準教授となって，イソプレンの新しい合成法の研究に着手した．重合の研究を進めるようになると，やがて彼はハリーの考え方に疑問を持った．なぜならば，彼は，

9章 分子をつなげる

ゴムは熱をかけても，化学的に加工しても，蒸留しても，決してバラバラにならなかった事実と矛盾すると考えたからである．1920年ごろになると，彼はゴムは非常に長い鎖状の分子ではないかという仮説をたて，実証に取りかかった[5-7]．彼はゴムの性質を丁寧に研究し，鎖の末端が同じ鎖の末端と結合するのではなく，鎖が十分長くなると，末端は結合する相手を見つけず，そのままの状態でよいのだとハリーと異なる結論に到達した．さらにゴムや澱粉は巨大な分子量を持つ物質であるとし，巨大分子 (Macromolecule) 説を提案した．

「100個以上のイソプレンが化学的に通常の結合の仕方で結合したものがゴムであり，この分子がコロイド状そのものであって，分子分散した低分子量の分子と区別する必要上，巨大分子という名を提案する．」

彼はこの仮説の実証のためには，直接試料の分子量を測定することこそ説得力があると考えた．しかし当時，高分子の分子量測定法には高度な技術が必要であった．そこでこの困難さを乗り越えるために，高分子溶液やコロイド液は粘度（溶液の流れに対する抵抗性）が大きいことに着目した．1906年にはすでにアインシュタインがコロイド液の粘度と濃度の関係についての理論式（註5）を導いていたが，この理論では球形粒子が分散しているコロイド液の粘度は粒子の大きさには関係なく，粒子の密度 d と濃度 c だけに依存するというものであった．これに対してシュタウディンガーはたくさんの種類の高分子について溶液の粘度を測定して，それを整理し，固有粘度 (Intrinsic viscosity)（無限極限希釈における還元粘度、極限粘度数ともいう）（註6）が溶液中の高分子の大きさすなわち分子量に比例するという法則を見出した[8]．そして巨大分子の分子量の測定から，重合度つまりいくつの小分子（モノマー）が連なっているかを調べた．

ドイツの学会でシュタウディンガーはポリスチレンとその誘導体の溶液についての粘度測定の結果を基に「ゴムやセルロースは砂糖のような低分子量の物質が凝集しているのではなく，これらを構成している分子は分子量が数万とか数十万の巨大分子である」と発表した．しかし彼が巨大分子説を提唱したのは，実は新しい分野として台頭してきた物理化学やコロイド化学から伝統的な有機化学構造論を守ろうという保守的な側面もあったのではなかったのかという指摘もある[9]．またシュタウディンガーは図

9-6cに示すように，高分子鎖を現実の化学構造とは異なるスパゲッティの乾麺のような細くて硬い棒状と考えていた．そのため彼の巨大分子説は長い年月にわたって激しい論争を巻き起こしたのであった．

1926年にデュッセルドルフで開かれた化学会でも激しい討論があったが，この会議では凝集体説が支持された．しかしまもなくタンパク質の一種である酵素の結晶化にも成功し，高分子は低分子が互いに相互作用して集合することで巨大化しているのではなく，化学結合していることが示された．例えば，スベドベリ (Theodor Svedberg, 1884-1971) は超遠心機（註7）で正確な分子量も測定した．こうして1936年に，巨大分子説はついにコロイド化学会で正式に認められた．シュタウディンガーは，さらに研究を進め，高分子は熱可塑性を備えており，1000から10万個の数多くの原子がそれぞれ固有の数の手を出しあって，つまり共有結合により長く連なり，一つの分子を形成するとして，彼の仮説をより具体化させた．

9-6　高分子全盛の幕開け

1888年に米国のダンロップ (J. B. Dunlop, 1840-1921) により空気入タイヤが発明され，加工した天然ゴムの需要は増大した．特に1909年にフォード社の T 型フォードの生産が始まると，その需要がさらに拡大した．しかしゴム資源は地域的に限定されているために，その供給にも限界があった．それ以上に天然ゴムは加工を施しても摩擦熱に弱く，実際にはタイヤに不向きであった．このような事情により，機能性の高い人工合成ゴムの研究開発は多大な富をもたらすことが予想された．企業は，勢いづく有機化学の発展を背景に，ゴムの人工合成に競ってチャレンジしていった．

米国のデュポン社も合成ゴムの開発研究に巨額な資本を投資した．この合成ゴムの開発研究の中心的役割を担ったのが化学者カロザース (Wallace Hume Carothers, 1896-1937) であった．彼はビニルアセチレン$CH_2=CH-C\equiv CH$に塩化水素を付加させたクロロプレンの重合体ポリクロロプレン（註8）を合成したが，これは天然ゴムより優れた機能性を示した．ドイツでは1933年にブタジエンとスチレンの共重合体であるブナーS（註9）などが工業化され，ヒトラーを世界開戦に突き進ませる引き金となったともいわれる．

高分子という概念は前述したように1930年以降に提唱されたのである

が，1920年代からすでに有用な人工高分子の合成研究は少しずつ進んでいった．その背景には高い圧力が気体反応に大きな影響を与えるという経験的な知識の蓄積があった．特に高圧によるアンモニアの合成研究以来，多くの場合，気体反応は高圧にすると，反応系が生成側に片寄ることが明らかにされてきた．英国の ICI 社の技術陣は，高温高圧のもとでエチレンとベンズアルデヒドとの重合体をえようとしたが，当初の目的は達成されなかった．しかし1937年に ICI 社は白いワックス状の固体を薄い膜状にする技術を確立して，特許をえた．ポリエチレン（図9-1）の誕生である．当時合成された主な高分子は，表9-3に示すように1931年ポリ塩化ビニル（IG社ドイツ），1933年ポリエチレン(ICI社イギリス)、1941年ポリアクリロニトリル(IG社ドイツ)，1943年エポキシ樹脂(Ciba社，スイス)などである．

　フリーマン (Freeman) は，研究費，パテントおよびイノベーションの分析から，第二次世界大戦を挟んだ1931年から1945年までの間にドイツのIGファルベン社がプラスチックの重要な技術的進歩に貢献することでプラスチックのイノベーションを引き起こしたと述べている[10]．

9-7　合成技術が実証した巨大分子説とナイロンの登場

　カロザースはイリノイ大学を卒業した後，1928年ハーバード大学の講師のポジションを捨て，デュポン社の研究所の技術開発の研究者に転身した．デュポン社が提供する破格の給料と豊富な研究費に加え，口下手な性格が転身の理由であったといわれる．カロザースがデュポン社へ移った翌年の1929年にニューヨークのウォール街で起きた株式市場の暴落が口火となり，大恐慌が世界に拡がった．それを契機にデュポン社は新しい賭けともいうべき方向性を示した．それは基礎研究を充実し，ブレークスルーの製品を作り出そうとしたのである．カロザースにとっては，デュポン社の方向転換は，企業に移籍しても基礎科学の研究に従事するチャンスが与えられたことを意味した．一方，デュポン社は軍需品として需要の高かった合成ゴムの研究開発に巨額な資本を投資した．

　当時，まだ高分子の定義は曖昧でわかりにくいものであったが，彼は高分子は鎖のように長い一つの分子という仮説を支持していた．そこで彼は

表9-3　高分子科学・技術年表

○：科学（高分子の化学）　●：技術（高分子）	■：社会
	■1799　さらし粉の使用
	■1823　英国のマスプラットが
	ソーダ製造工場建設
●1839　グッドイヤー（米）によるゴム加硫法の発見	■1824　リービッヒ（独）がギー
●1843　ハンコックが加硫ゴムをつくり，英国で特許	ゼン大学において化学
取得	実験教育開始
●1846　シェーンバイン（スイス）によるニトロセル	
ロースの合成	
○1861　グレアム（英）がコロイドを定義	
●1868　ハイアット（米）によるセルロイド	
	■1878　バイヤー（独）がインジ
	ゴ合成
●1884　シャルドンネ（仏）によるレーヨンの製造	■1879　エジソン（米）電球の発
	明
	■1888　Dunlop（米）が空気入り
	タイヤ発明
	■1897　BASF社によるイソジゴ
	の工場生産の開始（独）
	■1904　フレミング（英）が2極
●1907　ベークランド（米）によるベークライトの発	真空管を発明
明	■1909　フォード社がT型フォー
○1913　フィッシャーが分子量4021の糖の誘導体を発	ド販売
表	
●1918　ベンベルグ社が銅アンモニアレーヨンの工業	
化に成功	
●1921　ポラック（独）によるコリア樹脂の発明	
●1924　Du Pont社（米）によるセロファンの発明	
○1926　シュタウディンガー（独）による高分子概念	
の提唱	
●1927　米国のユニオンカーバイト社がポリ塩化ビニ	
ルの工業化	
●1928　Roehm&Glass社（米）によるアクリル樹脂	■1929　テレビ放送が英国では初
ガラスの発明	めて行われた
●1930　カロザースがポリカーボネートを開発	
●1930　Coning Glass社（米）によるシリコーン樹脂	
の研究開始	
●1931　カロザース（米）によるクロロプレン発明	

9章　分子をつなげる

- ●1931　IG社（独）が塩化ビニル製造
- ●1931　カロザース（米）によるナイロンの発明
- ○1931　カロザース（米）によるクロロプレンおよびナイロンの発明により高分子実証
- ●1933　ファウセット（英）とギブソン（英）によるポリエチレンの製造
- ●1933　スチレン・ブナSの工業化に成功，ICI社がポリエチレン合成に成功
- ●1935　IGファルベン社がポリスチレン成型品の工業化に成功
　　　　カロザースがナイロン66合成に成功
- ●1939　桜田一郎（日）によるポリビニルアルコールからビニロン繊維の発明
- ●1940　ウインフィールド（英）とディクソン（英）によるポリエステル繊維発明
- ○1942　Flong-Hugginsの理論
- ○1953　スタウディンガー（独）にノーベル賞
- ●1953　チーグラー（独）によるエチレン低圧重合
- ●1955　ナッタ（伊）によるプロピリンの立体規則重合
- ○1962　ワトソン（米）とクリック（英），DNAの二重ラセンモデルでノーベル賞
- ○1963　チーグラー（独）とナッタ（伊）が「触媒を用いる重合による巨大分子合成法」でノーベル賞

- ■1975　ペットボトル
- ■1980～　生分解性プラスチックの開発
- ○1990　原子間力顕微鏡による高分子の観察，中性子散乱による高分子構造の解明

- ■1939　第二次世界大戦
- ■1941　ガイギー社（スイス）がDDTを売り出す
- ■1945　広島・長崎に原爆弾投下
- ■1948　ミューラー（スイス）がDDTの発明によりノーベル賞
- ■1960～　自動車の大量生産・大量消費
- ■1962　キューバ危機勃発
- ■1963　レイチェル・カーソンが『沈黙の春』を出版
- ■1971　DDT日本で使用禁止
- ■1972　米国でプラスチック生産量が近代産業の鉄鋼生産量を上回った
- ■1973　石油危機
- ■1975　ベトナム戦争
　　　　化石資源保護運動が活発になる
- ■1977　オランダでごみ焼却炉からダイオキシン検出
- ■1985　南極バーリベイ基地上空での成層圏オゾンが異常減少と発表
- ■1991　T.コルボーン（米）の呼びかけによって環境ホルモン会議がウイスコンシン州で開かれる

化学結合理論を有機化学合成に応用して高分子合成を目指し，巨大分子説を証明しようとした．小さな分子を次々つなげて人工的に高分子を合成したいという夢をもっていたからでもある．彼は合成ゴムの研究開発の中心的な役割を担った．彼は初めての合成ゴムとして重合体ポリクロロプレン（註7）の合成に成功した．まもなくこの合成ゴムは天然ゴムより優れた機能をもっていることが明らかとなった．こうして彼は合成ゴムの成功により会社の実用化の要請に見事に応えることができた．

　しかしカロザースにとって不運にも上司が実利派に変わり，彼の研究環境は基礎研究から実用を目的とした応用研究の場に変貌してしまった．新しい合成繊維を作り出すための基礎研究より，その合成繊維の製品化のための研究開発に重点が置かれるようになったのである．カロザースが最初に手がけたポリエステル繊維は高分子の実証という視点では成功であった．しかしこの出来上がった合成繊維は熱すると溶けてしまう欠点をもち，商品化には適さず，デュポン社での評価は低かった．

　そこで研究開発の戦略上，彼は米国と関係が悪化しつつあった日本からの主力の輸入品である絹の合成にテーマを切り替えた．絹はかいこがつくるフィブロインというタンパク質からできている．当時，すでにアミノ酸を重縮合，すなわちペプチド結合させれば，絹様物質がえられることは知られていた．ペプチド結合とは，図9-7が示すように，二つのアミノ酸どうしが一つのカルボキシル基と他分子のアミノ基とから水分子を放出して形成する結合である．ペプチド結合（-CO-NH-）でつながっているアミノ酸高分子がポリペプチドであり，分子量が1万以上の天然産のポリペプチドがタンパク質である．アミノ酸は大量生産，大量利用の繊維の原料としては高価なことが問題であった．そこでカロザースは，アミノ酸が一つの分子にアミノ基とカルボキシル基をもつことに注目し，アミノ基2個を両端にもつ分子とカルボキシル基2個を両端にもつ分子があれば，ペプチド結合するにちがいないという仮説をたてたのである．石炭タールを原料にしてこれらの二種類の化合物を合成すればよいという見事な戦略をたて，着手したのであった．ここで2個のアミノ基あるいは2個のカルボキシル基に挟まれたCH_2をいくつにするかが加工しやすい製品ができるか否かの鍵をにぎっていることもわかってきた．その結果，試行錯誤の実験を重

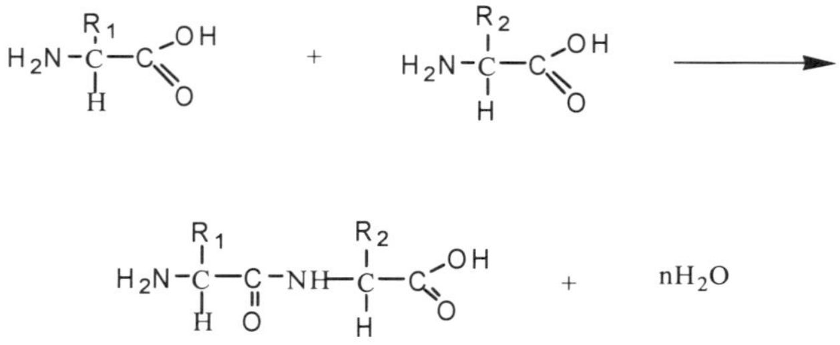

9章　分子をつなげる

$$H_2N-\underset{H}{\underset{|}{\overset{R_1}{\overset{|}{C}}}}-\underset{O}{\overset{}{C}}-OH \quad + \quad H_2N-\underset{H}{\underset{|}{\overset{R_2}{\overset{|}{C}}}}-\underset{O}{\overset{}{C}}-OH \quad \longrightarrow$$

$$H_2N-\underset{H}{\underset{|}{\overset{R_1}{\overset{|}{C}}}}-\underset{O}{\overset{}{C}}-NH-\underset{H}{\underset{|}{\overset{R_2}{\overset{|}{C}}}}-\underset{O}{\overset{}{C}}-OH \quad + \quad nH_2O$$

ペプチド結合

二つのアミノ酸が結合してペプチド結合が生じる反応で1分子の水が生成する．

図9-7　ペプチド結合

ねて，アジピン酸とヘキサメチレンジアミンが単量体として選ばれた．この二つの化合物に圧力と熱（220〜230℃）を加えて，アミド結合による重縮合が試みられた（図9-8）．

　その結果，高分子合成は確かにうまくいったが，合成された高分子は肝心の繊維状にすることができなかった．カロザースは失望し，図9-8に示すように，ビーカーに入れた高分子溶液を棚のすみに放置してしまった．しかし偶然にも部下のHillが仲間と一緒に放置されていた合成高分子溶液を撹拌棒でまわしながら引き上げると，撹拌棒の先端で糸を引いたのである．彼らはその糸の外見が絹に似ていることに気がついた．さらに詳細に調べてみると，引っ張ることによって高分子の向きが揃い，糸の強さを増していたことを発見した（図9-8）．カロザースは絹に似た繊維をつくることに失敗したという結論をだそうとしていたときだけに，実験室を走り回って喜んだという．セレンディピティである[11]．

　1935年にえられた重縮合体は熱にも薬品にも強くしなやかな繊維であり，「ナイロン」と名づけられた．しかし，この時点でナイロンは生みの親のカロザースの手をはなれた．発明の種子，シーズ (seeds) は個人の研究者から生み出されるが，それを育てるのはまた別の話である．デュポン社でもその後，多くの技術者が集められて，商品化のための研究開発が行われ，量産体制ができあがった．そして1940年，ナイロンは「石炭と空気と水からつくられ，蜘蛛の糸よりも細く，鋼鉄よりも強い繊維」というコ

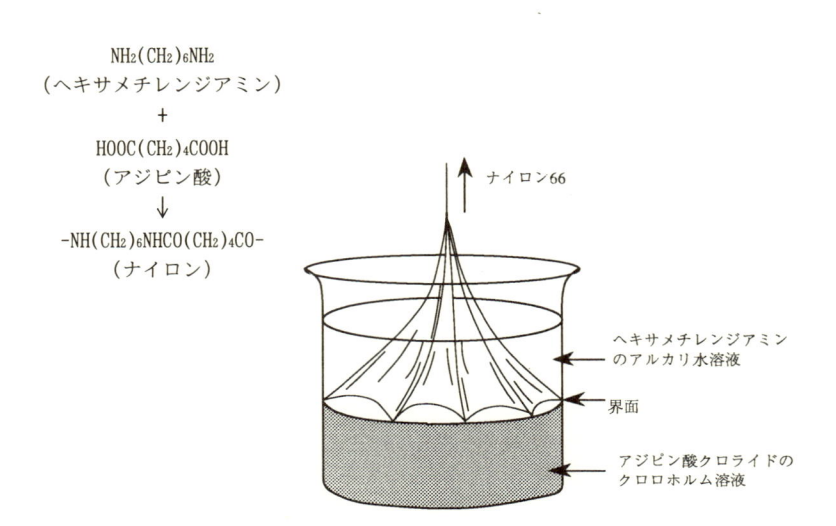

$NH_2(CH_2)_6NH_2$
(ヘキサメチレンジアミン)
+
$HOOC(CH_2)_4COOH$
(アジピン酸)
↓
$-NH(CH_2)_6NHCO(CH_2)_4CO-$
(ナイロン)

図9-8　ナイロンの合成と糸をひくナイロン

ピーで発売された．

　この量産体制と名声の中でカロザースは自殺してしまう．本来のうつ病的性格と不運な個人的状況に加えて，科学者と技術者のはざまで苦しみ，自ら死を選んだといわれる．彼の死は基礎科学と応用の両立の難しさを示唆するものである．企業における技術開発の先取権は企業に所有され，当時，彼には研究の達成感がなかったのかもしれない．ほとんどの彼の成果は特許として取られているものの，学術論文として公表されて科学としての評価を受けたわけではなかった．カロザースの哲学と仮説が熱く語られることはなかったのである．

　いずれにしても彼のナイロンの合成と製品化は四つの成果をわれわれに提示している．

1) 高分子は鎖のように長い一つの分子という仮説をたて，小さな分子を次々に化学的につなげて人工的に合成することで，その仮説を実証した．
2) 天然の絹の蛋白質の分子構造の注意深い考察から，モデルをたて材料造りをスタートし，ナイロンの合成に成功した．

3） 合成繊維の大量生産，大量消費の道を開くブレークスルーの発明で
あった．
4） 企業の戦略上，基礎と応用の両者の結びつきが重要であることを示
した．

　当時，米国では高分子説より凝集体説が優勢であったが，カロザースが合成して高分子の実在を証明してからは，高分子説が特に米国で圧倒的に受け入れられた[10]．いいかえれば，カロザースが米国人化学者に受け入れられやすい形で高分子説を明快な方法によって呈示し，支持されたのである．シュタウディンガーの高分子の概念を企業研究者カロザースが合成技術によって初めて実証したといえよう．その後，ドイツではメーヤー(Kurt Meyer, 1883-1952) とマルク (Herman Francis Mark, 1895-　) がX線を使い，セルロースや他の高分子の内部構造を調べることで高分子説を証明した．また彼らは，シュタウディンガーが唱えていた乾麺様の固いスパゲッティ構造を否定し，もっと柔軟性に富む構造であることを実証した．さらに米国のフローリー (Paul Flory, 1910-1985) は高分子の特徴的な性質を明らかにした．彼は，高分子は溶液中でその鎖状分子が折れ曲がって糸毬を形成していることを数学の理論で見事に説明し，米国における高分子化学者としてカロザースとともに高い評価を受けた．1974年にフローリーは高分子物理化学の理論と実験の両面にわたる基礎的研究によりノーベル化学賞をえた．

9-8　高分子材料の大量生産，大量消費の全盛期

　ナイロンを売りだしたデュポン社は米国の多国籍総合化学メーカーとして，この業界では世界最大級の企業として発展していった．その成果は合成ゴムのネオプレン，合成繊維のナイロン，合成樹脂のテフロンなど合成繊維，プラスチック，石油化学などの化学の全分野にわたっていった．一方，1941年に英国の ICI 社は，カロザースがナイロンをつくった方法にヒントをえて，ポリエステルの合成に成功した．したがってプラスチックの黄金時代は，第2次世界大戦後の1945年から1952年の間に台頭してきたデュポン社を始めとする米国企業と英国の ICI 社が優位にたつこととなった

[12]．絹に似せて合成されたナイロンに対して，ポリエステルは綿の代替物にふさわしかった．コストも安く，日光で変色することもないため，70年代にはナイロンの生産をしのぐこととなった．現在ではナイロンは釣り糸，カーペット，防弾チョッキから車のエアバックなど特殊な製品に使われ，棲み分けが進んだ（註10）．

　高分子の圧倒的普及は高分子のもつ優れた性質によるところが大きい．まず高分子は化学物質に対して安定である．例えばプラスチックのバケツは肌や目に接触すると危険な化学物質を入れても十分耐えられるのである．ベークライトの発明以来，高分子は電気を通さないということで，電気コードに使われるばかりか，自動車の部品にも使われるようになった．またある種の高分子は熱伝導性が低いので，ポットや冷凍庫に適していた．高分子は一般に軽いので，こどものおもちゃなどにも使われるようになった．また，高分子は薄い膜，細い繊維ばかりか複雑な形態のものを作り出すことができる性質をもっている．特にプラスチックは容器や自動車の車体，家具などにも使え，どんな形にも自由自在で，その消費量の増大はめざましかった．

9-9　地球環境問題がプラスチックを中心とした高分子材料におよぼした影響

　当時，無尽蔵と考えられていたコストの低い石炭，石油から合成される人工化学物質が多大な富をもたらすという現実と，自動車を始め電化製品などによるライフスタイルの劇的変化によって，消費者は便利なものはなんの疑念もなく受け入れる風潮が生まれた．しかし1962年にレイチェル・カーソンは，マラリアやコレラの撲滅に威力を発揮した塩素系有機農薬のDDTがその化学的に安定でかつ油に溶けやすい性質によって生態系で生物濃縮を起こしていることを『沈黙の春』の中で告発した．1970年代初めには石油ショックが起こって，豊かな物質文明に翳りが見えてきた．化石資源保護の気運が高まってきたのである．このように化学合成技術と社会の蜜月時代が終わりつつあった．

　しかし高分子の軌跡はDDTや化学療法剤のそれとは異なる点がある．それは高分子が日常の生活に溢れ，ライフスタイルを決定的に変化させた

ことである．すなわちナイロンとともにプラスチックに対する消費者の反応は，モダンカルチャーに大きなインパクトを与えた．先端技術の時代にナイロンやプラスチックに対するユートピア的な期待感が生まれ，それと同時にそれらのもつ安っぽいイメージが使い捨てを加速させた．このように第2次世界大戦後の文化に大きな影響を与えるとともに，プラスチック産業は巨大産業となって自動車，家電製品などの工業化に大きな役割をはたし，米国を中心としてライフスタイルそのものも変えてしまう原動力の一翼を担ってきた．

　高分子材料の代表格であるプラスチック材料は，軽量性，耐食性，成形品の形状や着色の自由度，さらに高生産性などの利点が生かされ，1960年頃から家電製品などのプラスチック化が急速に進展して，既存の金属，ガラス，セラミックス，木材などの天然素材と置き換わっていった．1970年後半から1980年にかけてのプラスチック化の大きなうねりは，1980年の後半あたりになると，素材間の棲み分けもほぼ収まるようになり，プラスチック素材が生活全般へ浸透した．そして使い捨て全盛の時代が到来したのである．

　しかしやがて社会は大量生産・大量消費が大量廃棄を伴うことに気づき始めたのである．特にかさばるプラスチックは廃棄の最もやっかいなシンボルとして転落し始めた．DDTと同様に，プラスチックの優れた化学的性質が実は環境にマイナスに働くことが判ってきた．軽くて，しかも化学的に安定ということは，かさばり，いつまでたっても分解しないことを意味した．例えば不要になったプラスチックを土の中に埋め立ててしまうことは，熱せられ，光にさらされないため，半永久的に残ってしまうかもしれないことを意味した．燃やせば，塩素を含んだ高分子は燃焼廃棄処理の過程でダイオキシンの発生の可能性も危惧されるようになった．

　結局，現在生きている人間だけでなく，何世代の子孫たちにまでわたって，使い終わったプラスチックの後処理を考えねばならなくなったのである．これらの廃棄の問題から高分子のリサイクル，自然環境の中で自己分解する高分子，劣化しにくい高分子など新しいタイプのシステムや材料が求められるようになってきた．最近では自己修復する高分子や長持ちする高分子，用がすめば簡単に分解する高分子なども期待されている．このよ

うに多様化が求められるようになると，既存の化学では解決が難しくなってきた．

註

（註1）二つの水素原子間の結合のように，電子の自転運動を意味するスピンが，その運動方向が逆向きの2個の電子を二つの原子が共有することによって形成される結合をいう．共有結合は一般に結合に関与している電子で表わし，H：H，Cl：Clのような記号で示す．二重結合，三重結合ではそれぞれ二組，三組の電子対が同時に存在するものと考えられるから，例えば二つの酸素原子間の二重結合はO：：Oのような記号で表わされる．スピン逆向きの2個の電子対が安定な結合をつくる機構は量子力学により初めて明らかにされた．

（註2）
　1）開始反応：エチレンの二重結合が壊れ，モノマーのエチレンに結合し始める．この反応には触媒などが必要である．
　2）成長反応：モノマーが次々つながって，つまり付加して鎖状になる．
　3）停止反応：すべてのモノマーが重合に使われた後，反応消去剤で終了させる．ポリエチレンのような場合，反応消去剤として水が用いられ，冷やして温度を下げて，反応を止める．

（註3）拡散速度とは分子が濃度の濃い部分から薄い部分へ向かって移動していく速度である．

（註4）図9-5に示すように直接単結合で結合している二つの二重結合(a)を共役二重結合といい，(b)のような構造と以下に示すように量子力学的に共鳴しているために反応性が高い．

```
    H   H   H   H              H   H   H   H
    |   |   |   |              |   |   |   |
----C===C---C===C----    ⇌    ----C---C===C---C----
    |   |   |   |              |   •   |   •
    H   H   H   H              H       H
         (a)                           (b)
```

（註5）比粘度をη_{sp}[溶媒の粘度をη_0，溶液のそれをηとするとき，$\eta_{sp}=(\eta-\eta_0)/\eta_0$]，溶質濃度$c(\mathrm{gcm}^{-3})$，溶質（球形粒子）の密度$d(\mathrm{gcm}^{-3})$のとき，粒子間に相互作用のない球状粒子分散系に対し次のアインシュタインの粘度式が成り立つ．

$$\eta_{sp}/c = 2.5/d \tag{9.1}$$

ただし高分子化学では濃度cは$(\mathrm{g}/100\mathrm{cm}^3)$で表わされることが多く，その場合には式(9.1)の右辺の係数は2.5ではなく，0.025となる．

このように還元粘度（η_{sp}/c）は粒子の大きさ（溶質の分子量）に無関係であって，粒子の密度dのみで決定される．アインシュタインは粒子間相互作用を無視したが，実際には無限希釈における還元粘度，$\lim(\eta_{sp}/c)$を$[\eta]$であらわし，固有粘度と呼ぶ．

（註6）シュタウディンガーは分子構造から考えて球状ではなく棒状に近いと思われる炭素数4から53までのパラフィンについて粘度を測定し，$[\eta]$が分子量（M）に比例することを見出し，次式を提案した．

9章　分子をつなげる

$$[\eta]=K'M \tag{9.2}$$

ただし K は比例定数である．この式はシュタウディンガーの式と呼ばれる．

(註6) 固有粘度 $[\eta]$ が分子量 M に比例するというシュタウディンガーの式（9.2）は比較的分子量の小さい高分子について出された式であったが，これはその後一般化されて，K と a を定数として，

$$[\eta] = KM^a \tag{9.3}$$

と書かれ，マルク-フウィンク-桜田（Mark-Houwink-Sakurada）の式と呼ばれている．桜田一郎（1904-1986）は高分子の研究で多くの先駆的業績をあげるとともに，ビニロンの発明などで高分子工業の発展にも寄与した．

　線状高分子は溶液中では折れ曲がって糸毬状をなしており，その拡がり（すなわち糸毬の密度 d が分子量 M によって変化するために固有粘度 $[\eta]$ も分子量に依存する．同一の高分子でも良溶媒中では糸毬が拡がって，$[\eta]$ は大きくなり，また高分子電解水溶液ではイオン強度が低いほど電気的反発力によって糸毬が膨れて $[\eta]$ は大きくなる．式（9.3）の定数である K と a は，高分子および溶媒の種類および温度によって定まり，その値は分子量既知の高分子を用いて実験的にさだめられている[12]ので，その値を用いれば粘度測定という比較的容易な実験によって各自の高分子試料の分子量を求めることができる．

(註7) 自然の状態では高分子溶液は分子の熱運動によって均一な溶液として存在する．しかしそれが遠心力の場に置かれ遠心力が重力の数十万倍にまで達すると，高分子に働く遠心力のポテンシャルは熱運動のエネルギーより大きくなって溶液中の高分子は遠心力の場の方向に沈降する．この沈降の速度から高分子の平均分子量や分子量の分布，高分子の形についての情報がえられる．

(註8) クロロプレン　$CH_2=CCl-CH=CH_2$
　　　　ポリクロロプレン　$(-CH_2-CCl=CH-CH_2-)_n$

(註9)
$nCH_2=CH-CH=CH_2$ $\xrightarrow{Na}$ $[-CH_2-CH=CH-CH_2-]_n$
　ブタジエン　　　　　　　　　　ブナ

$nCH_2=CH-CH=CH_2$ + $mC_6H_5-CH=CH_2$ $\longrightarrow$
　ブタジエン　　　　　　　　スチレン

　　$-CH_2-CH=CH-CH_2-CH_2-CH=CH-CH_2-CHC_6H_5-CH_2-CH=CH-CH_2-$
　　　　　　　　　　　　　　　　　ブナS

(註10) 当時，デュポン社のナイロンの登場は絹の輸出大国，日本に大きな衝撃を与えた．ナイロンの製造が繊維産業のイノベーションを引き起こしたからであった．しかし世界の1996年の合成繊維生産量は1900万トン余で，天然繊維の2000万トンに迫っているが，その王座はナイロンに替ってその 2/3 を占めるポリエステルとなった．ポリエステルは1950年英国と米国において工業化され，綿の代替物として生まれたものであった．1996年にデュポン社はナイロンの生産の合理化を発表し，シーフォードにある世界で最初のナイロン工場での衣料用の生産を中止すると方針を打ち出し，リストラが進行中である[13]．

引用文献

[1] *Time,* March 29, 1999.

[2]*http://okumedia.cc.osaka-kyouiku.ac.jp/-sawada/plastic/ebonite.htmlsu*
[3]C. Harries, *Berichte*, **37**, 3985(1905).
[4]C. Harries, *Ber.*, **56**, 1048(1923)
[5]H. Staudinger, *Ber.*, **52**, 1073(1920).
[6]H. Staudinger, *Helv. Chem. Acta*, **5**, 785(1922).
[7]H. Staudinger, *Ber.*, **57**, 1203(1924).
[8]H. Staudinger, *Ber.*, **63**, 222(1930).
[9]ピーター・モリス「プラスチックと高分子科学に関する最近の歴史的研究」,「化学史研究」, **26**, 45 (1999).
[10]C. Freeman, The Plastics Industry: A Comparative Study of research and Innovation, *National Institute Economic Review*, **26**, 22-66,1963.
[11]永戸伸幸・野寄良治対談,「化学」, 1993, 587 (1993)
[12]a)J. Brandrup, E. H. Immergut 編, "Polymer Handbook", 3rd ed., VII章, (1989), Interscience; b)村橋俊介, 藤田博, 小高忠男,「高分子」第4版, pp153, 共立出版, 1993年
[13]「朝日新聞」1998年7月12日, 日曜版, 100人の20世紀「ウォーレス・カロザス」

参考文献
1) 五島綾子「21世紀のものづくりの時代にむけて―分子化学から自己組織化へ」,『情報社会と経営』青山英男・小島茂編, 1997年
2) 藤重昇永『身のまわりの高分子―巨大分子の世界―』, 東京化学同人, 1992年
3) 中村桂子・村上陽一郎・菊池誠・市川淳信・軽部征夫『化学に未来を託す』, 丸善, 1994年
4) 竹内敬人・山田圭一『化学の生い立ち』, 大日本図書, 1992年
5) 関本忠弘・緒方直哉・讃井浩平・内野研二『すばらしい新素材上』, 森北出版, 1990年
6) William H. Brock, *The Fontana History of Chemistry*, Fontana Press, 1992.
7) J. M. アッターバック『イノベーションダイナミックス』, 大津正和, 小川晋監訳, 有斐閣, 1998年
8) 吉川弘之監修, 田浦俊春・小山照夫・伊藤公俊編『技術知の本質―文脈性と創造性―』, 東大出版会, 1997年
9) 吉川弘之監修, 田浦俊春・小山照夫・伊藤公俊編『技術知の射程―人工物環境と知―』, 東大出版会, 1997年
10) 竹内均編『科学の世紀を開いた人々 (下)』, Newton Press, 1999年
11) 川端成安芸「高分子」, **48**, 774 (1999)
12) 舟津高志「高分子」, **48**, 906 (1999)
13) 西川郁子「高分子」, **48**, 927 (1999)
14) 菅原正「化学」, **55**, 18 (2000)
15) 高分子学会編『高分子科学の基礎』, 東京化学同人, 1998年
16) 伊勢典夫ら『新高分子化学序論』, 化学同人, 1995年.
17) 荒井健一郎『わかりやすい高分子化学』, 三共出版, 1996年.
18) P. J. フローリー著, 岡小天・金丸競訳『フローリー 高分子, 上下』, 丸善, 1975年

19) 大澤善次郎,成澤郁夫監修『高分子の寿命予測と長寿命化技術』,エヌ・ティー・エス出版,2002年.
20) 遠藤徹『プラスチックの文化史』,水声社,2000年.
21) *http://okumedia.cc.osaka-kyouiku.ac.jp/sawada/ plastic/tanjyou. html#head*
22) *http://contest.thinkquest.gr/tpj2001/40565/rekisi.htm*（プラスチックの歴史）
23) *http://www.chemheritage.org/Polymers+People/MOLECULAR-GIANTS.html* (CHF Polymer &People, Molecular Giants)
24) 伊保内賢・倉持智弘『プラスチック入門』,工業調査会,1999年.
25) R. Lewis, MD, MPH, *Occupational Medicine: State of the Art Reviews*, **14**, 707-718(1999). (Overview of the Rubber Industry and Tire Manufacturing)
26) 五島綾子「表面」,**35**,31（1997）.
27) 五島綾子「経営と情報」,**12**,75（2000）.
28) 山崎幹夫「現代化学」,1993年8月号,14.

10章

分子を集める，組み立てる
：分子集合体化学と超分子化学

　化石資源を原料にした従来型の有機溶媒中で合成される人工化学分子の化学は一般に分子化学と呼ばれることがある．この分子化学は共有結合性分子の構造や性質の解明を目指していた．これまで述べてきた染料，化学療法剤，農薬，プラスチックのいずれもが共有結合から成り立つ人工化合物であった．しかし1970年代に入り，DDTの生物濃縮に象徴される地球環境汚染の露呈により，共有結合性化合物に限界が見えてきた．大方の共有結合性の人工化学物質は，その製造に多大なエネルギーと強力な酸や塩基を含む何種類もの化学薬品を要し，何段階もの過程を経て合成される．合成実験の経験者ならば，誰もが目的物に到達するまでに副産物も多く，収率も現実には20％前後の場合が多いばかりか，また精製の段階で再びエネルギーと手間を要することをよく知っている．また合成された物質の中には，その役割を終えても，破壊されずに生命体に居残ってしまうものがあることも危惧されるようになった．

　一方，生命体が水溶液中で行うものづくりの精密さと効率性には驚嘆するものがある．細胞の酵素は30℃前後で極めて高い触媒活性と優れた分子を認識する作用をもち，それにより特定の物質を速やかに精確に合成あるいは分解できる．また生命体では，役割を終えた物質は自然界の一部へと分解され，浄化されるのである．

　そこで化学者の中には，生命を生み出す自然をじっくり眺めて，もう一度その仕組みを分子のレベルで解き明かしたいという欲求が生まれてきた．というのは，生命体は，〈生きる〉という生物の究極の機能を発現するために，分子がいくつも集まった集合体を使って，膨大な種類と数の化学反応と平衡を秩序立てて，進めていくことがわかってきたからである．

こうなると共有結合によって構成された単一な化学分子種ではなく,いくつかの分子が自発的に集合した分子集合体や,あるいは分子を共有結合ではなく,弱く引き合うさまざまな相互作用で分子組織体を組み立てようとする試みが注目されるようになってきた.

10-1 純粋な状態とコロイド状態

　化学は物質を研究する学問であるが,物質を研究する際に遭遇する困難の一つは,実在する物質が極めて複雑なことである.そこでこの困難さをさけるために,通常の化学においては,複雑な実在物質から分離精製された個々の成分の純粋な状態のみを研究の対象としてきた.化学は高分子も含めて共有結合で成り立つ単一分子の化学を研究し,化学産業の世界では主にこれらの機能を利用してきた.

　1828年にウェーラーによって尿素が合成されて以来,150年以上にわたり,有機合成化学は,十分制御された精確な方法によって原子間の共有結合を形成したり,切ったりすることによって,より複雑な化学構造をもつ分子を合成するための強力で洗練された方法を開発してきた.一方,20世紀を迎え,化学の世界では,物理化学が物質の本質の理解に重要な化学の一分野となってきた.ところで化学には分子を個々に見る立場と集団で見る立場との両者がある.例えば水について注目すると,水分子を構成する水素原子と酸素原子との結合角やその結合距離など水分子の構造を明らかにする手法と,氷,水,水蒸気のように,固相,液相,気相の三相間の転移など集合体的に物質を理解しようとする手法がある.この二つの手法の研究からえられた成果から,水の性質は総合して理解されるのである.20世紀以降は,物理化学の研究は主に分子が集合して形成する相,例えば気相,液相,固相の性質に向かっていた.

　しかし,20世紀後半は,このような二つの立場の他に中間的な立場から物質の性質を研究する分野が生まれてきた.数個から数百個単位の分子が集まると,それまで観察されなかった新しい挙動が発現することがわかってきたからである.この分野の化学がコロイド界面化学である.実際,われわれの周囲に存在する物質を見渡すと,純粋な状態ではなく,その多くは複雑微細に入り混じった構造,すなわちコロイド状態をとっており,そ

のために特別な性質を示すことがわかってきている．コロイド界面化学は，物質の実際に存在する状態を研究しようとする実在物質の科学として，注目されるようになってきた．

10-2　コロイド界面化学とは

1861年に英国の化学者であるグレアム (Thomas Graham, 1805-1869) が種々の物質の水溶液を比較し，拡散の速さが著しく遅い一群の物質があることを見出し，それらをコロイドと呼んだ．このことからコロイド化学が始まった．ここで拡散速度とは9章で述べたように，溶液を例にすると，溶液の濃い部分から薄い部分へ向かって溶質分子が自発的に移動していく速度である．例えば，タンパク質，アラビアゴムなどの物質は，食塩，しょ糖などに比べ著しく拡散速度が遅く，結晶化しにくく水溶液はゼリー状になりやすくやわらかい．グレアムはこれらの物質をコロイド（膠質）と呼び，これに対して拡散速度の速い物質は結晶になりやすいのでクリスタロイド（晶質）と呼んだ．グレアムがここでコロイドと呼んだものは，高分子物質に相当にする．当初は，コロイドとクリスタロイドは全く別の物質であり，コロイドのもつ性質はその物質に固有な性質であると考えられていた．しかしその後のオストワルドやワイマルン (Pyotr von Petrovich Weimarn, 1879-1935) の研究により拡散速度が小さいなどのコロイド的性質は，実は粒子の大きさに起因するものであって，コロイド粒子はクリスタロイドの分子に比べて，非常に大きく，その物質が結晶化しにくいとか，しやすいとかには関係ないことがわかってきた．

しかしコロイドの粒子がクリスタロイドの分子に比べ大きくても，その大きさには範囲がある．例えば，水の中に土を入れて撹拌すると，水は濁るが，これを静かに放置すると，数時間後には粒子は沈んで水と分かれてしまう．このような溶液は，コロイド液とはいわない．コロイド液というのは，粒子が微細であって，長時間放置しても粒子が沈澱してしまわないものをいう．オストワルドは分散している粒子の大きさによって分散系を分類し，粒子の直径が100nmよりも小さく，1nmよりも大きいものがコロイドであると定義した．しかしコロイド的性質は必ずしもこの範囲には限定されない．特にその大きさの上限はもう少し大きい場合が多い．200nmか

10章 分子を集める，組み立てる

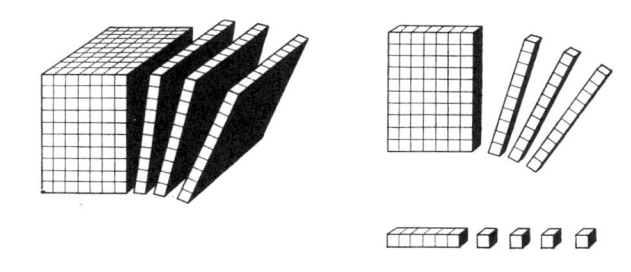

図10-1 分割に伴う表面積の増加

ら500nm程度までの粒子でもコロイドとしての性質を示す場合が多いのである．普通，光学顕微鏡で観察できるものは直径100nm以上のものであるから，コロイド粒子は顕微鏡では見えない場合が多い．限外顕微鏡では5nmぐらいまでの粒子の存在を認めることができる．また電子顕微鏡によれば1nmぐらいまでをみることができる．したがって普通の顕微鏡ではみえないが，限外顕微鏡や電子顕微鏡によって認められる粒子がコロイド粒子である．またコロイド粒子は普通のろ紙の孔を通過してしまうが，セロハンなどの半透膜を通ることはできない．通常の小さな分子やイオンは半透膜をも通過することから，この方法によりコロイドを精製出来る．粒子の直径が1nm以下になると，それは真の溶液の性質を示し，コロイドとしての特性は認められなくなる．簡単な化合物の分子の大きさは，大体1nmから0.1nmの範囲にある．しかし分子量が大きい高分子では，分子の直径が1nmより大きく，コロイドの性質を示す．

　一方，物体を二つに割ると，割った部分には新しい表面ができる．図10-1に示したのは，黒く塗った面は分割の結果新たに生じたものである．例えば，1cm^3の立方体の表面積は6cm^2であるが，これを分割して1mm^2の立方体にすると全体の表面積は60cm^2になる．このような分割を続けて1000nm(10^{-4}cm)の立方体とすれば，その数は10^{12}個に増し，全体の表面積は6m^2となる．さらに稜の長さが1nmの微細な立方体まで分割すれば，小立方体の数は10^{21}個となり，全表面積は6000m^2に増加する．これは畳にして約3700畳，または周300mのグランドの面積に匹敵するものであり，最初は6cm^2であったのに比べ，実に1000万倍にあたる．このようにかたまり

を細かく砕いて小さな粒にしていくと，全体の表面積が著しく増加するように，コロイドも微小な故に系全体では極端に大きな表面積をもつ．したがって，コロイドとその界面は切っても切れない関係にあり，コロイドに関連する化学をコロイド界面化学と呼ぶ．

　このようなコロイドは，われわれの日常生活になじみ深い．空気の中には顕微鏡で見えない無数のコロイド粒子がたくさん浮遊している．都会でのジーゼル車が吐き出すナノサイズの微粒子は特に肺がんとの関係も危惧されている．一方，水蒸気が凝結核となり，雲を生じて適度な降雨となり，われわれに恵みも与えてくれる．もし，空気中に微粒子が全くなかったならば，室内は昼でも真っ暗となる一方，日光の直射するところは目のくらむほどの明るさとなるであろう．海や河川，湖沼の水はいうにおよばず，水道水にしても，また雨水や蒸留水でさえも，単なるH_2Oの集まりではなく，その中には多くのコロイド粒子が浮遊している．さらにまた，生物体もほとんどコロイド系からできている．細胞膜，筋肉などの組織や，人体や動物体において重要な役割を演ずるタンパク質もコロイド状である．また日常の食物，衣服，住居ばかりか，紙，インキ，石鹸，化粧品などもコロイドであって，日常生活においても化学工業においても重要な役割を演じている．

10-3　コロイドの特徴

　このようにわれわれの周囲に実在する物質は純粋状態ではなく，その多くは複雑微細に入り混じった構造，コロイド状をとり，特別な性質や作用を示す．

　分散コロイドは分散媒中に分散相の微粒子が分散している分散系であるが，図10-2aが示すように，水などの分散媒中に粒子が互いに独立して存在する浮遊系と，図10-2bに示すように，粒子が沈降または浮上して互いに接触したり結合して，その間隙を水などの分散媒が満たしている集積系とがある．なお特殊な例として，図10-2cに示すように，粒子が連なって分散媒全体にわたって網状構造を作り，ゼリー状態となる場合もある．分散コロイドはコロイド次元の粒子の分散系である．

　その製法には大きく分けて二つの方法，分散法と凝集法とがある．図

10章　分子を集める，組み立てる

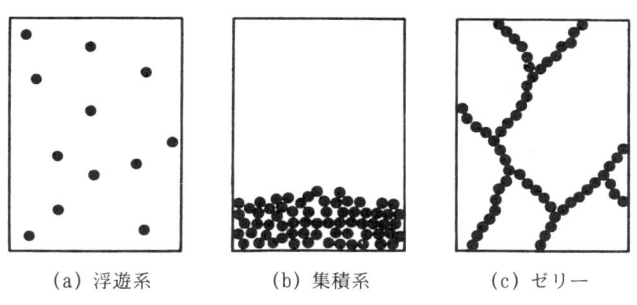

(a) 浮遊系　　　(b) 集積系　　　(c) ゼリー

図10-2　分散コロイド系の状態

10-3が示すように，その原理は，分散法は粗大粒子を分散して微少な粒子とする方法である．凝集法は反対に小さな分子を凝集させるが，粒子の成長を抑えてコロイド次元の微粒子とする方法である．また集合したコロイド粒子を適当な方法で解きほぐす方法もある．

このようにしてできあがったコロイド状態はさまざまな特有の性質を示す．ここではブラウン運動とチンダル現象を取り上げる．

10-3-1　ブラウン運動

前述したように，限外顕微鏡（暗視野顕微鏡）でコロイド粒子を観察すると，粒子は生きているようにたえまなく躍動しているという驚くべき事実にぶつかるであろう．この微粒子の運動がブラウン運動である．実際に，粘性のあまり大きくない水のような溶媒中では，直径約4000nm以下の粒子ならば，どんな物質であれ，この運動を行うのである．ブラウン運動は粒

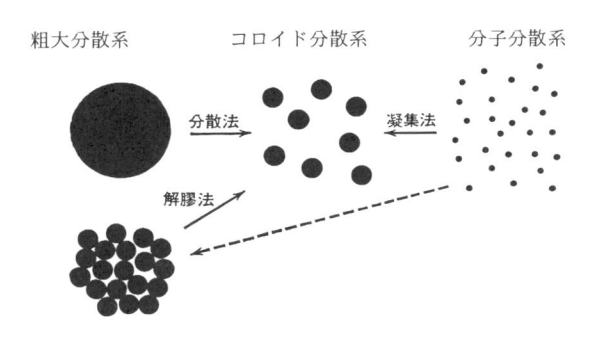

図10-3　コロイドの製法原理

子が小さいほど，また温度が高いほど，そして周囲の溶媒の粘性が小さく，さらさらしているほど，活発に行われる．

　このブラウン運動の原因がなんであるかは，長い間わからなかった．ブラウン (Robert Brown, 1773-1858) は1827年に花粉についてこの運動を発見した．当時，花粉が生きているためかと思われたが，無生物でも微粒子ならブラウン運動を行うことが示された．その後，機械的または音響的な外部振動や，熱の分布の不均一などによる対流，表面蒸発，重力，磁気，電気などの影響が考えられ，実験がくりかえされた．しかしその結果はいずれも否定的であった．この運動はいかなる環境においても，またいかなるときでも，一瞬のたえまもなく続けられているのである．したがってこの運動の原因を物質系内部に求められるようになった．

　気体や液体において，それを構成している分子はたえまなく運動している．分子の運動は直接みることはできないが，もしもブラウン運動の原因が物質系の内部にあるものならば，その原因は媒質の分子の熱運動に帰せられるのではないだろうか．科学者たちがこのことに気づいたのは，19世紀後半である．その後，アインシュタイン (A. Einstein, 1905) らの理論研究や，ペラン (J. Perrin, 1909) やスベドベリ (T. Svedberg, 1912) による実験研究の結果，この推論はみごとに証明されたのである．つまりコロイド粒子を取り囲んでいる媒質分子は，たえず不規則な熱運動を行っており，あらゆる方向からコロイド粒子に衝突する．その結果，各コロイド粒子は，あちこちに動かされるのである．ブラウン運動の観察は，直接みることのできない分子の熱運動を間接的に示しているのである．

10-3-2　チンダル現象

　朝早く，カーテンをしめきった部屋で目をさますと，ふしあなや戸のすきまから入ってくる日の光が暗い部屋の中に一筋の明るい通路を示していることをよくみかける．その光の通路の中には，乱舞するほこりのきらめきがみられる．もしも空気がまったく清浄で，ほこり一つない場合は，おそらく光の通路はあれほどに明るくみえないであろう．また仮に，真空であれば，光の通路は見えなくなるはずである．実際，光の通路が明るくみえるのは空間に浮遊している微粒子のためであって，光はそれらの粒子に

よって四方に散乱され,その散乱光が目に入るのである.このように,空中または液体中に微粒子が浮遊している系に,光の束をあてたとき,その通路が輝いてみえる現象をチンダル現象という.この現象は1802年リヒター (Jeremias Benjamin Richter, 1762-1807) によって観察され,1869年に英国の物理学者チンダル (John Tyndall, 1820-1893) によって詳細に研究されたので,チンダル現象とよばれる.低分子物質の溶液では光の通路はほとんど見えないので,この方法でコロイド液と真の溶液とを区別できる.その後,1881年にレイリー (L. Rayleigh) によって,1908年にミー (Mie) によって理論的研究がなされた.その結果,この現象は光の散乱によるものであることが光の電磁論にもとづいて明らかにされた[1].

チンダル現象によって光の通路が見えるのは,コロイド粒子によって光が散乱されるためであるから,これを顕微鏡で観察すれば,散乱光の光源である各粒子の位置が知られるはずである.ジグモンディ (Richard Adolf Zsigmondy, 1865-1929, ドイツ) らによって1903年に考案された限外顕微鏡はこの原理にもとづくものであって,粒子の直径が約5nm以上であれば,その存在を認めることができる.したがって粒子を数えたり,または粒子のブラウン運動などを観察することによって,粒子の大きさを求めることができる.また球形の粒子は常に一定の明るさで光っているが,棒状または板状の粒子では,粒子の方向が変わるにつれて明るさが変化し,チカチカと明滅して見える.このことから,粒子の形まで推定されるようになった(註1).

10-4 分子集合体について

洗剤のような両親媒性物質は水に溶解すると,自発的に集合して柔らかな微粒子,集合体を形成する.コロイドに特有な性質を示すこのような両親媒性物質は,一つの分子の中に水に馴染みやすい親水基と水に馴染みにくい疎水基という二つの相反する性質をもつ.疎水基は親油性であり,親水性と親油性を同時に持つものを両親媒性というのである.親水基と疎水基のバランスがとれた物質は界面に吸着しやす

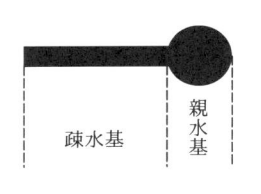

図10-4 界面活性剤

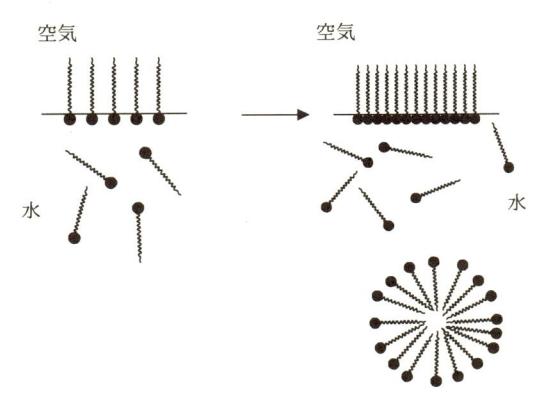

図10-5　界面活性剤の濃度とミセル

く，種々の用途に用いられるので，界面活性剤と呼ばれる（図10-4）．コロイドに特有な性質を示すこの界面活性剤をはじめさまざまな両親媒性物質は，水の中でさまざまな形態の分子集合体を形成する．本章のタイトルの分子を集めることの意味をここで考えてみる．

10-4-1　ミセルについて

石鹸は典型的な界面活性剤でその歴史は長く，今日でも日常馴染み深い．その化学構造も図10-4が示すように，疎水性のアルキル鎖と親水基をもつ．石鹸の場合の親水基はカルボキシル基である．石鹸の分子は水の表面で親水性部分を水相に，疎水性の部分を空気中に向けて並び，単分子膜を形成するとともに，水相にも散らばって溶解する．やがて濃度が高くなると，通常の関係から急にはずれてくる．すなわちある濃度以上になると，水相中の分子が会合してミセルを形成するのである（図10-5）．この濃度はちょうどミセルのできはじめる濃度であって，臨界ミセル濃度

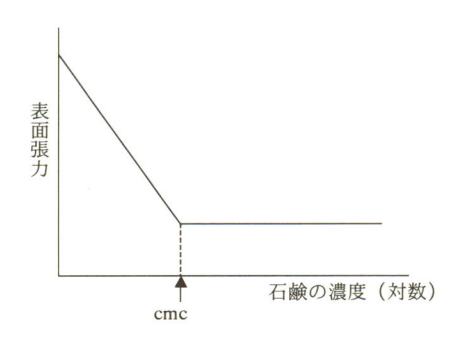

図10-6　表面張力と濃度

10章 分子を集める，組み立てる

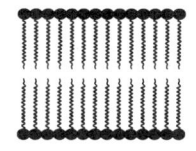

マックベインの
ミセルモデル

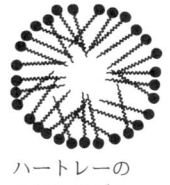

ハートレーの
ミセルモデル

図10-7 ミセルの構造

(critical micelle concentration) と呼ばれ，cmc と略記される．cmc においては，表面張力と濃度をあらわす曲線に折れ目が認められる（図10-6）．例えば，石鹸水溶液の表面張力は，はじめ濃度とともに著しく低下するが，cmc を超えると一定になる．これは cmc 以上では独立して単分子状に溶存する界面活性剤濃度は一定であって，過剰の界面活性剤はミセルとして存在することを示している．

　cmc を超えると分子会合によりミセルを生ずることは，今日では広く認められている．これに関しては1930年代にハートレー (G. S. Hartley) とマックベイン (J. W. McBain) との間で激しい論争があった．マックベインらは cmc と称すべき特定の濃度は存在せず，ミセルは濃度の希薄なときには2分子，3分子程度が集まったごく小さな会合体であり，濃度が高くなるにつれてその大きさを増し，十分成長したミセルの形は板状であると考えた．これに対してハートレーらは，ミセルは cmc と呼ばれる特定の濃度以上において生ずるものであり，イオン性界面活性剤のミセルの大きさは疎水基の長さによってほぼ定まるものである．この cmc 以上では会合せずに，単独で溶存する界面活性剤，モノマーの量およびミセルの大きさは，界面活性剤の濃度には無関係にほぼ一定であり，濃度が高くなるとミセルの数が増大すると考えた．その後，実験でハートレーの考え方が支持された．図10-7にはマックベインとハートレーのミセルのモデルが示されている．

　今日ではミセルの構造は光散乱などの測定機器の発展により明らかにされ，界面活性剤の疎水基の長さや親水基の性質あるいは溶媒の性質により著しく変化することもわかってきた．ハートレーのミセルは，断面構造は図10-7のように，実際に親水部を水相にさらし疎水部を覆い隠すような

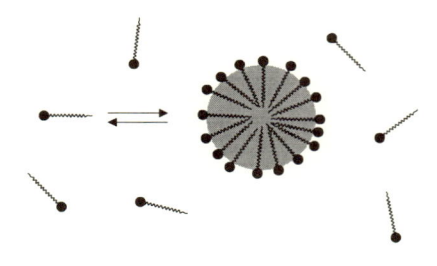

図10-8 ミセルとモノマー

球状構造をとっていることがわかってきた.

典型的な自己会合のミセル溶液が乳化液と異なるのは，肉眼的には透明であることである．熱力学的な表現にすると，ミセル溶液は熱力学的に安定なことである．すなわち温度，圧力，界面活性剤の濃度など条件を一定にしておけば，その状態で安定である．しかし条件を変化させれば溶液の状態は変化するが，再び同じ条件にすればもとの状態に戻ることをいう．このことは1936年ごろ明らかに認識されるようになった[2]．この自己会合はこの点で，自然界で見られる開放された状態での自己組織化と大きく異なる．この自己会合体，ミセルは，図10-8 が示すように単分子で散らばったモノマーと相互に速い速度で交換しているダイナミックな系である．

次に自己会合を引き起こす力について考えてみよう．界面活性剤が水溶液中で会合してミセルを形成するのは，その疎水基が水に馴染まないで，水からぬけだそうとするためである．界面活性剤の直鎖飽和炭化水素鎖の一端に電荷を有する普通のイオン性界面活性剤の cmc およびミセルの大きさは，疎水基中の炭素原子数，いいかえれば疎水性の程度によってほぼ定まる．水分子間には水素結合のような相互作用があり，強く引き合っているのである．そのために水分子を押し退けて炭化水素鎖のような疎水基を割り込ませるのには大きな仕事が必要であり，結果として疎水基が水になじまず水からぬけだそうとするのである．いずれにせよ疎水基同士が会合しようとする傾向は水の状態の変化によるものであって，疎水基同士が積極的に結合しようとするものではない．しかし一般には疎水結合と表現される．この疎水結合は生命体を維持する上で重要な役割をなし，水と生命の誕生の深い関係も疎水結合が重要な役割を担ったであろう．ナノサイエンスにおいて，機能的な分子の組み合わせをつくる際の最も期待される力でもある．

一方，ミセルの形成を妨げる要因も，会合体を考える上で重要である．

この要因としては，主に二つあげられる．図10-8が示すように，ミセルを形成していないで単一で溶解しているモノマーが並進運動によって，水の中を自由に運動していることがあげられる．しかしこのモノマーがミセルに取り込まれると，並進運動が抑えられ，束縛された状態になりエントロピーが低下する．すなわちモノマーとしての界面活性剤からミセルに束縛された状態に移行する場合，無秩序性の尺度である高いエントロピーからエントロピーが低い状態へと移行するのである．これは自然の流れに反するので，ミセルの形成を妨げる要因となるのである．もう一つの要因は親水基同士が接近しているので，親水基間に電気的または立体障害的な反発が働くためである．

これらの要因でミセルの大きさは無限に成長せず，制限されるのである．またイオン性界面活性剤の水溶液に中性電解質を添加すると，イオン雰囲気によって電離基間の電気的反発力が抑えられるためにミセルが形成されやすくなり，cmcは低下するのである．

10-4-2　分子の形と分子集合体

前述したように界面活性剤分子は親水基とアルキル鎖とから成り，親水

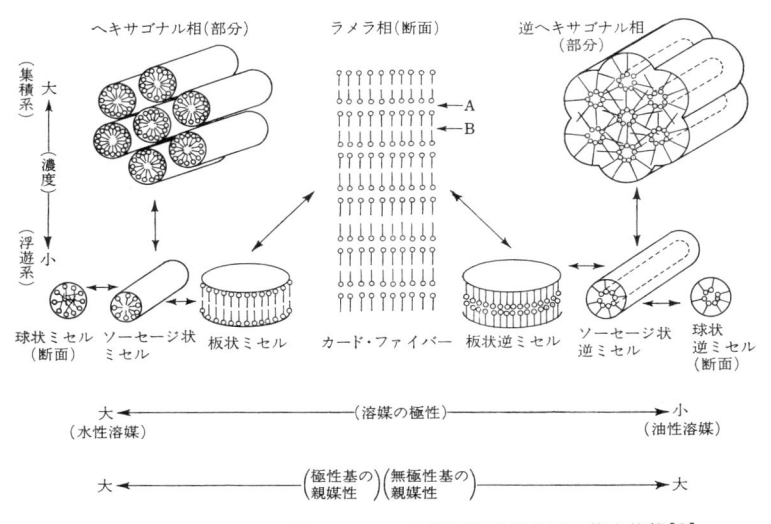

図10-9　親水性と親油性のバランスと界面活性剤分子の集合状態[3]

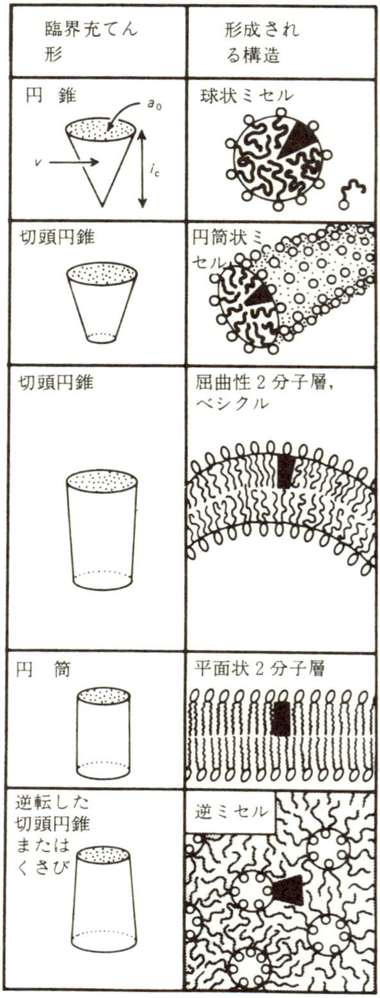

臨界充てん形	形成される構造
円錐	球状ミセル
切頭円錐	円筒状ミセル
切頭円錐	屈曲性2分子層, ベシクル
円筒	平面状2分子層
逆転した切頭円錐またはくさび	逆ミセル

図10-10 両親媒性物質の充填の形状とそれらが形づくる構造（[4]）

性と疎水性（親油性）のバランスによって界面活性剤の性質や集合状態も支配される．このバランスを表わすのに，HLB（親水親油バランス）（註2）が用いられている．HLBが7より大きいものは親水性，7より小さいものは親油性が強いとされている．HLBは主として水を溶媒とする系について考えられたものである．例えば，食品や化粧品などの生活に馴染みがあるものとして乳化剤（註3）があるが，この乳化剤の使い分けの尺度としてHLBが用いられている．しかし水以外の溶媒を含めて，図10-9のように，極性基が馴染みやすい水の場合には，極性基を外側に向けたいわゆるミセルを生じ，またベンゼンや炭化水素のような，いわゆる極性が小さい油の場合には，無極性基を外側に向けた逆ミセルを生じ，極性基と無極性基の親媒性が釣り合った場合にはラメラ相といわれる層状構造をとる．この層状構造において極性基が向かいあった面Aには水が，親油基が向かいあった面Bには油が含まれ得る．

分子集合体の形態を考える場合，溶媒の性質に加え，分子自身の幾何学的性質も考慮する必要がある．すなわち分子の充填の仕方に関係するからである．例えば図10-10に示すように，円錐形の分子は球形ミセルを形成しやす

10章 分子を集める，組み立てる

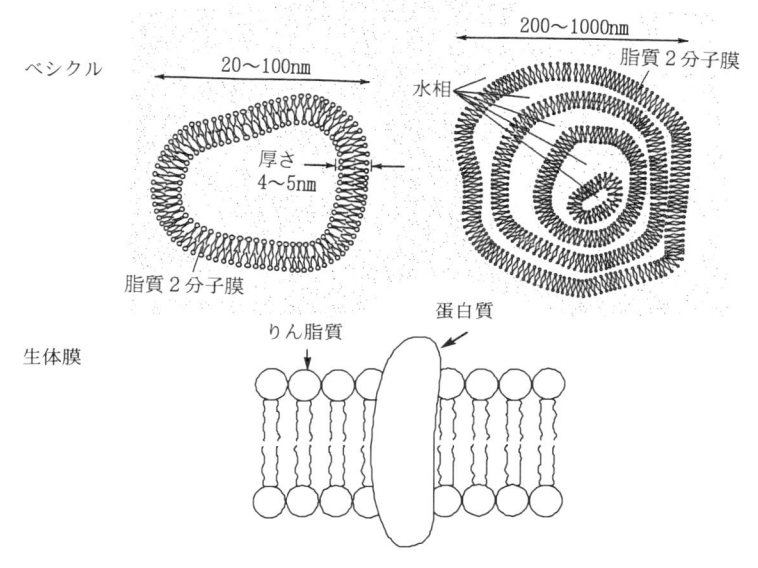

図10-11 ベシクルと生体膜

いが，切頭円錐形分子では円筒状ミセル，さらに棒状に近くなると，屈曲性2分子層から平面状2分子層になる．逆円錐形になると，逆ミセルとなる．このような分子のアルキル鎖が長く伸びている直鎖か，あるいはアルキル鎖が枝分かれしてかさばっているか，あるいは親水基がかさばったものか，あるいは電荷をもつかどうかなどにより，集合体の形までが変化してくるのである．そのモデルが図10-10に示されている[4]．

単分子膜が二重に重なった構造をもつ膜は一般に二分子膜と呼ばれる．親水基間同士に水素結合などの引力が働き，アルキル鎖間で疎水性相互作用が働き，膜が形成される．二分子膜が袋をつくり，その中に溶媒を取り込んだものを一般にベシクルという．ベシクルのうち，レシチンなどのリン脂質で形成されるものをリポソームと呼ぶことがある．細胞膜に代表される生体膜の構造も基本的にはリン脂質などの両親媒性分子よりなる二分子膜にコレステロールや糖脂質などが組み込まれたもので，極めて複雑な構造をなす．図10-11には，りん脂質からなる一枚膜のベシクル，多重ベシクルと生体膜モデル[5]が示されている．

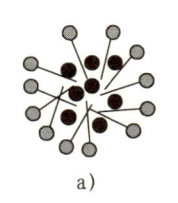

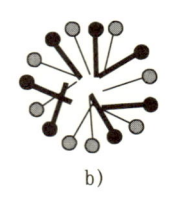

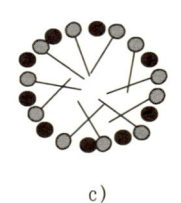

図10-12 可溶化モデル

10-5　生命のエッセンスを模倣するバイオミメティック反応

　ミセルの内部では炭化水素が絡まりあって流動パラフィンのような状態にある．そのために水に不溶性の有機化合物をその中に溶解することができる．この現象を可溶化と呼ぶ．この可溶化はミセルの存在によって起こる現象で，ミセルが形成されていない cmc 以下では起こらない．水に溶けにくい有機分子がどんなふうにミセルに可溶化されるかは，可溶化される分子の存在位置と関係している．可溶化される有機分子の疎水性および親水性の相対的な性質によって大きく影響を受ける．このような可溶化の機構は，さまざまな方法で検討されてきた[6]．図10-12が示すように，可溶化された物質が炭化水素などのように無極性の場合にはミセル内部に溶解しており(図10-12a)，またアルキル鎖が比較的長い高級アルコールなどの両親媒性物質の場合には，界面活性剤とともに混合ミセルを形成する(図10-12b)．また色素などの場合にはミセル表面への吸着が起こる(図10-12c)．この現象は日常使われる飲み薬や食品，化粧品，農薬などにも広く利用されている．

　1970年代以降，環境問題が大きくクローズアップされ，化学者の中に改めて生命への畏敬が生まれ，化学の目が生命の起源や生命の営みに向けられるようになった．そして生命体は，〈生きる〉という生物の究極の機能を発現するために，分子がいくつも集まった集合体を使って，膨大な種類と数の化学反応と平衡を秩序立てて進めていくことがわかってきた．さらに一歩進めて生命体の優れた機能のエッセンスを取り入れ，生体を超える機能を化学の力で開発しようとするアプローチが生まれた．これがバイオミメティックケミストリー（生命擬似化学）である．中でも生体の中に存在するミセルやリポソームなどの分子集合体はバイオミメティックケミス

トリーの対象である．生体の中では，ミセルは油の消化に重要な役割をはたすが，リポソームなどの脂質二重膜は細胞を包む役割をはたし，情報伝達や栄養素の吸収や排出に関与している．いいかえれば，生体系の高度な機能の発現に分子集合体系が重要な役割をはたしているのである．

その先駆け的研究がフェンドラー (Janos H. Fendler) によるミセル触媒であった[7,8]．彼らはさまざまなミセル界面での化学反応速度を調べ，ミセルの界面に酵素のような作用があることを発見したのである．フェンドラーらは膨大な論文を基にミセル触媒の概念を提案した．このミセル触媒の本質はナノサイズの分子集合体であるミセルが作り出す水との界面での化学反応であり，可溶化現象と深く関わっている．つまりミセルのダイナミックな柔らかい界面に可溶化と同じ原理で反応基質が疎水結合や電気的な効果や弱い相互作用により濃縮される現象を利用するのである．この濃縮は，図10-12の模式図が示すような可溶化に似ており，反応基質の化学構造に依存する．しかしミセル触媒は基質のミセル界面への濃縮効果ばかりでない．ミセル界面の界面活性剤の電荷をもつ親水基が作り出す静電場効果や界面活性剤の親水基の周りに形成される水和水（註4）からなる層の効果が重なりあって，ある場合には，酵素のような基質特異性も示すのである．このミセル触媒の研究によって，有機化合物のものづくりの化学が有機溶媒の中での合成一辺倒であったものが，みずみずしい水系の化学をも包含するようになった．さらにこのミセル触媒は酵素など生体系反応場を実験室で再現するための突破口を切り開いた．

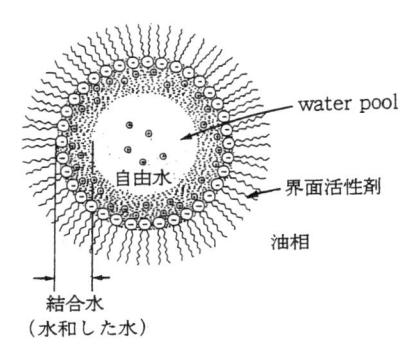

図10-13 水を可溶化した逆ミセル

界面活性剤は油の中でも少量の水を混和すると，親水基を内側に，疎水基を外側に向けて水滴を包み込むようにした会合体である逆ミセルを生じる．通常のミセルは水溶液の中で自発的に形成され，ミセルの内部は疎水性である．これに対して逆ミセルは油の中での少量の水の存在下で形成され，その内部に水が局在し，通常これを water pool と称する（図

10-13).五島も逆ミセルの中の特異な水とその界面の酵素に類似した機能の研究を行ってきた[9-11]．水系のミセル触媒と大きく異なる点は，水に溶けやすい反応基質を water pool の中に完全に封じ込め，この微細な閉じられた反応場で水によって分解されやすい生成物を安定に保持できること．その上，水系のミセルより分子認識の効果もあって，より酵素様の反応場を形成することである[9-11]．この water pool には酵素までも溶解することができ，通常の水系すなわちバルク水ではできにくい生成物まで作り出してしまう．現在は，化学工学系において環境物質の分解などの応用にまで拡がっている．

ここにあげたものはバイオミメティック反応のほんの一例である．その他，例えば分子認識能力を目指したデキストリンの研究，金属イオンと高分子を用いた金属酵素のモデル化，光合成モデルを目指した膜における光化学反応など広い分野に拡がっていった[12]．

10-6 超分子化学の誕生

宇宙における物質の進化は，はじめに高エネルギー状態で発生した数多くの素粒子から安定な水素，ヘリウムの原子核が誕生し，核融合で種々の原子となり，それらが共有結合して多種多様な有機化合物の分子が生まれた．分子は次第に複雑になってついに凝集し，膜をつくり，原始的な細胞

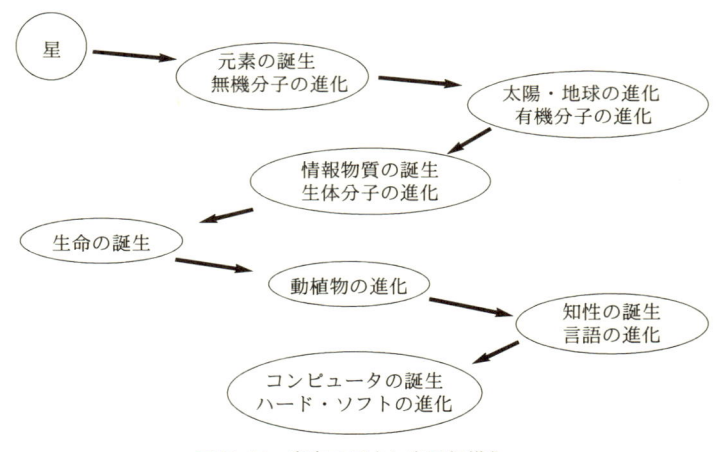

図10-14 宇宙の歴史と自己組織化

を構成した．生命はそこから誕生したと推測されている．さらに多細胞へと組織化され，頭脳という高度な組織体が生れ，人間が生まれる．そして人間の組織体，社会・国家が生れ，巨大ネットワークの情報化社会となった．このようにいくつかの系が互いに協力しあって新しい秩序や組織が生まれたのである．変化してゆくことを前提とし，いったん秩序ができても，環境の変化で新しい組織化が起こり，別な秩序に移行できる．いわば無秩序から秩序が生み出されていくのである．つまり図10-14が示すように，宇宙誕生から今日まで100億年以上の歳月の間に次々に新しい組織が生まれ発展してきたのである[13]．

　さて生命体では特異的な認識，反応の制御，化学物質の輸送などにより高度な組織体が維持されるが，それらの過程で生体内の重要物質は緩やかな分子間の相互作用により大きな役割をはたしている．その分子間相互作用の典型的な例が，1894年フィッシャー (Emil Fischer) の提唱した〈鍵と鍵穴仮説〉である（7章，図7-11）．酵素反応においては，酵素とその作用を受ける基質は鍵と鍵穴のような構造を認識してその機能を発現するという考え方である．現在では，この考え方が発展し，分子認識の概念が生まれた．複合タンパク質の集合，免疫的抗原抗体反応，DNAに結合したタンパク質による遺伝子表現の制御，ウイルスの細胞への侵入，神経伝達物質による信号の誘起，細胞認識などもこの〈分子認識〉の範疇に入る．

　超分子化学の業績により，1987年にノーベル化学賞を受賞したレーン (Jean-Marie Lehn, 1939-　) によると，化学は物質とその変換の科学であり，生命は化学の最高の表現であるという[14]．彼は生命現象への洞察力ある考察から，共有結合からなる化合物の化学，分子化学に対してゆるやかな分子間力によって結ばれて新たな性質が出現する超分子(supramolecule)という概念を提出した．すなわち1個の分子では発現しようのない新しい性質を，いくつかの異分子あるいは同じ性質の分子を独特な構造に組み立てることによって発現させる研究が超分子化学 (supramolecular chemistry) である．それは本章の表題のように，多数の分子を組み立てて，新しい機能をみいだすことでもある．

　超分子化学は分子間のゆるやかな結合（非共有結合）によって結びつけられ，組織化され，個々の分子を超えた複雑な分子集合体の化学的，物理

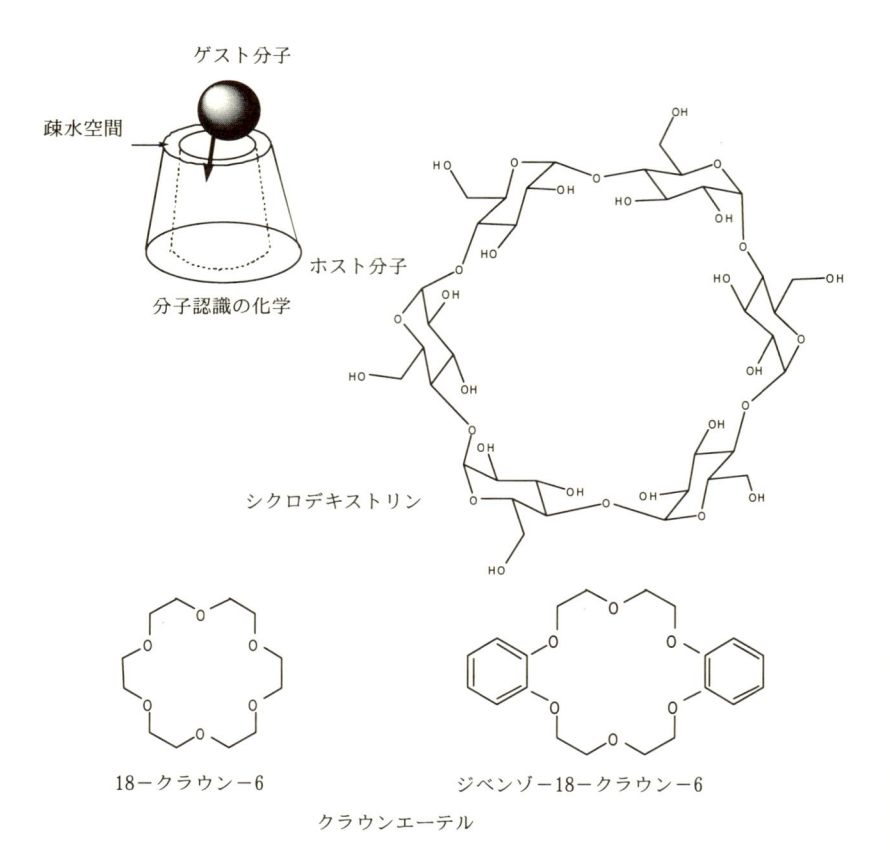

図10-15 ホスト−ゲストの化学

的,生物学的性質をカバーする高度に学際的な科学分野なのである.共有結合のかなたに,分子間結合を制御することを目的とする超分子化学の世界がある.非共有結合性相互作用によって結ばれた超分子はさらに組織化された多分子系へと向かい,ますますその複雑さを増しつつある次の段階へと発展してゆく.これが超分子化学である.

そうなるとどのような分子が集団をつくって特別のふるまいを示すのか,あるいは分子が特定集団をつくるというのはどういうことかということを考える必要がある.その主な例が三つあげられている[15].

（1）分子が分子を見分ける分子認識の化学；例えば抗原-抗体反応や酵素反応がある．図10-15が示すようなシクロデキストリン（註5）や，クラウンエーテル（註6）などの環状化合物を用いて，受け入れる側のホスト分子と認識される側のゲスト分子により分子認識のモデルに近づいている．
（2）独特の形態に組み上げられた分子の化学；炭素からのみで出来上がった6角形や5角形の面が巧みに組み合わさってできたサッカーボールのようなC_{60}フラーレンや同様に炭素からできており，フラーレンと同様な面の組み合わせからなる nm サイズのチューブであるカーボンナノチューブなどである（図10-16）．
（3）多数の分子が組織化された分子集合体の化学；究極の研究目標の一つは生体膜であるが，機能性の膜の研究はこれに相当する．

ではこのような組織を作り出す弱い結合にはどんなものがあるであろうか．すなわちいくつかの分子をどんな力で組み立てるのであろうか[16]．

（1）イオン結合：正負両イオン間のクーロン力
（2）イオン-双極子相互作用：分極構造をもつ分子とイオン間のクーロン力
（3）永久双極子-永久双極子相互作用：分子の中には，構成する原子の電気陰性度の違いによって生じる部分電荷をもち，その結果，永久双極子モーメントをもつものがある．この双極子間のクーロン力に基づくものである．
（4）水素結合：水分子の酸素は電子を引きつけやすいために，水素原子と酸素原子の間に共有されている電子を引きつけ，マイナスに荷電

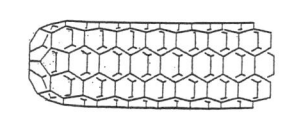

図10-16　フラーレンとカーボンナノチューブ

し，その分，水素原子はプラスに傾く．このマイナスに荷電した酸素原子とプラスに荷電した水素原子との間に働く力が水素結合である．この力で水の分子は互いに強い相互作用により引きつけられている．水が100℃までは沸騰せず，周りから熱を奪ったりする．DNAの二重らせんもこの水素結合による．
（5）配位結合：非共有電子対と空軌道のあいだにできる共有結合で，アンモニウムイオンにおけるアンモニアと水素イオンとの結合はその例である．
（6）電荷移動相互作用：電子供与体Dと電子受容体Aとの間に引き合う力でホスト分子とゲスト分子の間の認識に働く場合もある．
（7）ファンデルワールス力：分子ではプラスの原子核のまわりにマイナスの電子雲が漂っているが，電子が運動しているので，瞬間的に核と電子雲の中心がずれるために，引き起こされる弱い引力である．
（8）疎水結合：水分子間の相互作用が強いために，疎水基が水分子の集団から弾きだされて，疎水基同士が相互作用しあう力である．

これらの主な弱い相互作用が図10-17のスキームに示してある．
このような弱い相互作用の程度を調べる方法は最近研究されるようになったが，この研究分野はナノサイエンスを支える基盤研究として現在は重

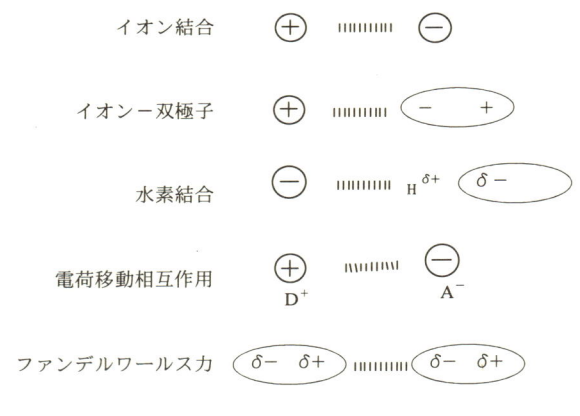

図10-17　主な弱い相互作用
（$\delta+$は，プラスにやや片寄っていることを意味する）

要である．例えば，二分子膜のような二次元分子集合体に分子認識相互作用のような特異的な相互作用を与えることで，分子の配列を制御して，新しい機能を引き出す研究も活発に行われている．

特異的な認識，反応制御などにより維持される高度な組織体が生命体である．生体内の重要な分子が弱い力で集まり，10〜100nm 前後のナノサイズ程度の集合体となり，その機能を発現するのである．すなわちこれらのナノ構造はすべての機能発現の基本単位であるという考え方であり，分子から組み立てられた極限の単位構造からなる素子すなわち分子デバイスである．これがナノサイエンスの中心のエッセンスである．

10-7　生命の起源の研究と化学的自己創出系の構築の試み

この地球上，最初に誕生した生命とはいかなるものだったのか．われわれにとって常にロマンのあるこの問いかけに対して現代科学の説明は多様である．いずれにしても生命は地球上に突然出現したのではなく，さまざまな分子が化学反応や相互作用によって分子集合体がさまざまな化合物や複合体を形成して生命の素材を作りだす長い化学進化の過程の後に，最小の生命体，原始細胞が生まれたと考えられる[17]．地球上のあらゆる物質は分子の集合物であり，その特徴的性質は分子の組成や集合状態に由来するが，これら分子集合体それ自身は生命を持っていない．図10-18に示されるように，生命が誕生する以前に単純な分子から化学進化し，原始細胞にたどり着いたにちがいない．この過程の研究がボトムアップのアプローチである．一方，複雑な生命を単純なモデルにして，生命の起源を探ろうとするのが，トップダウンアプローチである[18]．

近年，高分子や脂質など性質が異なる分子の組み合わせによって分子集合体に精密な機能を発現させることができ，時にはその挙動は生命の機能にかなり似ているこ

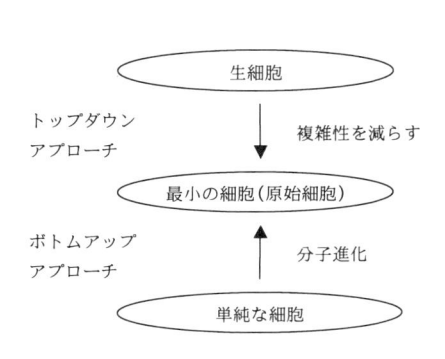

図10-18　生命の起源の研究のトップダウンアプローチとボトムアップアプローチ

とが知られるようになってきた．例えば，既にリングスドルフ (H. Ringsdorf) はミセルやリポソームのような超分子集合体は，その構造から高い機能性を発揮する可能性があり，細胞機能を有するモデルとして重要であろうと述べている[19]．この研究成果はボトムアップのアプローチの例である．

　しかしこれらの超分子集合体が生命のモデルとなりうるかどうかの議論の前提には，生命の定義が必要である．G. R. Fleischaker[20]は最小の生命体として系が，

　　1）膜などのような自己を仕切る界面を有するか？
　　2）系が自分自身を産出（自己複製）できるか？
　　3）代謝による自己永続性があるか？

という三つの問いを投げかけた．この問いに対する一つの答えとして自己創出 (autopoiesis) という概念がヴァレラ (F. J. Valera) らによって提出された[21]．autopoiesis はギリシャ語に由来し，auto＝self, poiesis＝making の意味であり，無生物と生物とを区別する最小で普遍的な定義といわれ，ヴァレラらによると自己創出系 (autopoiesis system) とは自分自身を形成する境界内で自分自身の活動の結果として自己発生，自己永続が可能な系である．

　生命体は自己創出系に遺伝子による再生産機構が二次的にカップリングしたものであるとヴァレラはいう．彼らの考え方は単位体（個体）が産みだされることに重きを置き，遺伝を二次的に置いているのである．

　最小の生命を形成する膜は自己組織化されたものであるが，生命体は最高の自己組織化体である．したがって自己組織化の研究は，当然，生命の起源に向けられてきた．ところが化学の世界では自己組織化の定義が実に曖昧である．特に自己会合 (self-assembly) と自己組織化 (self-organization) の定義は学会において現在なお論争の的である[22]．しかしマックス・プランク研究所のエルテュ (Gerhard Ertl) 教授は，「自己組織化と自己会合の違いは？」という問いに対して「開放系と閉鎖系の違い」であると明いした（註7）．ここで閉鎖系 (closed system) とは，外界との間に物質，エネルギーの出入りがない閉じた系のことである．それに対して，外界との間に物質の出入りがある系を開放系 (open system) と呼ぶ．エルテュは閉鎖系の平衡状態またはそれに近い状態で現れる構造を自己会合といい，その典型

がミセルであるといい，開放系における非平衡の組織化を自己組織化であるとしたのである．

非平衡の構造は宇宙のスケールから分子レベルまで，生命を含めた自然界でみられる．Whitesides と Boncheve によると，この非平衡構造は物質やエネルギーが自由に出入りする開放系において出現する構造で，これを自己組織化体と呼ぶ[23]．したがって平衡状態の自己会合と非平衡の自己会合とを区別し，後者を動的自己会合と称し，自己組織化と考えた．

下村政嗣によると，ミセルのように分子が集まっているもので，界面活性剤分子のアルキル鎖に秩序がないのが自己会合で，二分子膜のように結晶－液晶相転移のような秩序－無秩序転移などが生じるものを自己組織化として大別している[24]．いずれも表現は異なるが，本質的には同じと考えてよい．しかし多くの化学論文において，自己会合と自己組織化はその定義が曖昧のまま用いられている．

この自己組織化はエントロピーと関係している．大切にしていたワイングラスをうっかり落として粉々に割ってしまったとき，もとの形にもどったらと想像しても，むなしいことを誰もが知っている．一度粉々になってしまったものはもとにもどらないことを知っているからである．さらに直感的に，ばらばらになってしまったものが，自然に自ら秩序だった構造をつくりだすことはないことをだれもが知っている．これはエントロピー増大の法則の一例である．しかし生命の世界ではエントロピーの増大の法則に反して自ら自己組織化してゆく．レーンによれば，これらのプロセスはバラバラの状態から，組織だった生きた考える物質へ移行するために，自己組織化によって複雑系へむかう道のりである．単純な物質を最高に複雑な系である組織体に導くプロセスとはなんであろうかが化学進化の課題でもある[25]．そしてその仕組みへの挑戦がナノテクノロジーである．すなわち12章で述べるが，ナノサイエンス，ナノテクノロジーの根っこに生命の起源を目指すボトムアップのアプローチがある．

五島は，スイスの ETH のルイジ (P. L. Luisi) 教授の「オパーリンの生命の起源の研究の見直し」に関するプロジェクトに参加する機会をえた．ここではルイジ教授と共同研究者のバルデ (P. Walde) 教授の研究の一端を紹介したい[26, 27]．

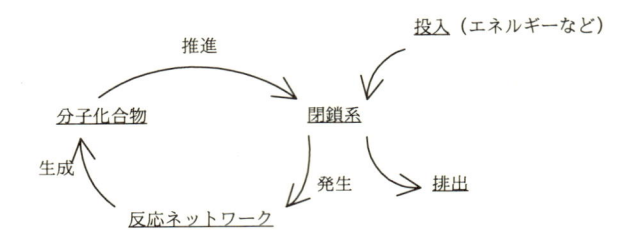

図10-19 自己創出系の循環性

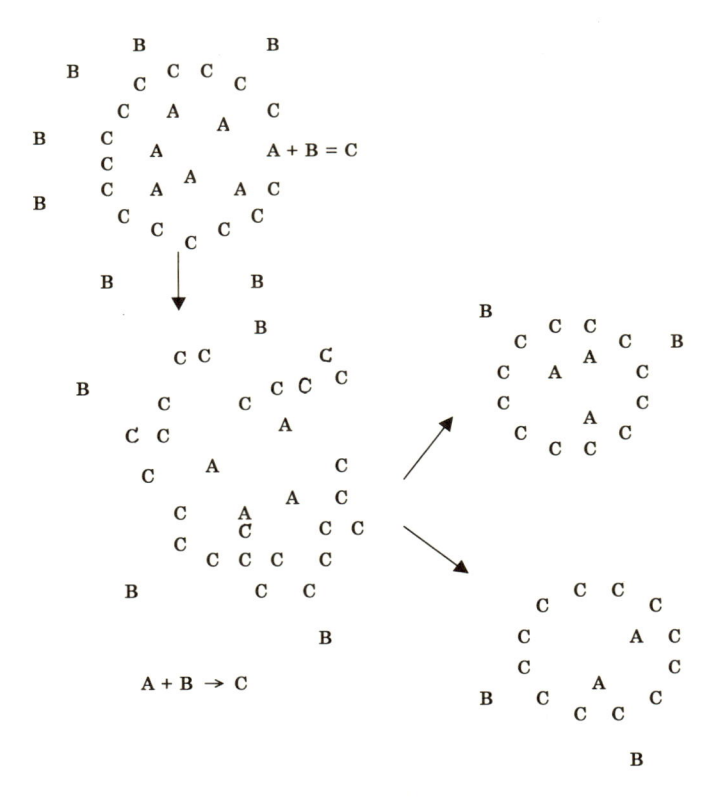

A + B = C

A + B → C

図10-20 ベシクルの化学的自己創出系のスキーム

ルイジ は自己創出する最小体を，自分自身を外界と画する境界を持ち，その境界上で起こす分子反応のネットワークによって，自分自身を生産する系と定義した．この系の自己創出の循環性は図式化すると，図10-19のように表わすことができる[26]．このように自己創出は単一成分で成り立つのではなく，動的なネットワークを形成して機能し，いくつかの特異な構造が組み合わされ組織化されたものであるとした．ルイジらの研究の目的は，このような境界面を持つ構造の中で外から反応基質を添加し，化学反応を行い，境界を構成している界面活性物質を生成し，最終的には境界面を持つ構造を自己創出する系を構築することであった．ルイジはミセルやベシクルはその内部と外部との性質が異なる明白な境界面を持つので，自己創出のモデル研究の格好な対象と考えたのである．

　ところで生命は両親媒性物質からなる膜で囲まれた袋のようなベシクルの中で組織化が始まったのではないかといわれる．ハーグリーブス(W. R. Hargreaves)や ディーマー(D. W. Deamer)らは，脂肪酸があるpH範囲においてベシクルを形成することを見出したが[28]，このベシクルは水溶液系で二分子膜からなり，微小閉鎖空間をもつので，その構造もミセルに比べ原始細胞に近い．

　原始の地球で脂肪酸はどんなふうに形成されたのであろうか．一説には，原始地球に海が生まれ，大気は二酸化炭素，窒素，水蒸気が主体であった．これに紫外線，雷，火山の熱，放射線により，メタンがつくられた．さらに成長して炭化水素類ができ，さらに炭化水素類・二酸化炭素・酸素が反応してカルボキシル基ができて，脂肪酸が形成されたのではないかと推測されている．そこでルイジ教授らは生命の起源に近づくため，オレイン酸ベシクルに注目した．

　図10-20に示されるスキームに従い，界面活性物質 C が袋状のベシクルをつくり，この袋の膜上で化学反応が進みやすくなり，C が次々と生成される．その結果，これらの C がさらにベシクルを産み出していくのである．すなわち C からなる袋状のベシクルに溶け込んだ A がベシクルの系外に存在する B と反応して C を生成する．その結果，ベシクルの構成分である C がさらに増加・分裂し，ベシクル C が増える．このような仮説に基づいてオレイン酸ベシクル界面に次々と化学的に形成されるオレイン酸が自己

創出する系を構築し，その数や大きさが増加していくことを確認した[29].
　この系は原料を外から注入してゆく系であるので，閉鎖系の平衡系ではなく，開放系である．このオレイン酸ベシクル系の化学的自己創出系の構築は開放系での自己組織化を目指した点で興味深い．超分子化学で1987年にノーベル化学賞を受賞したフランスのレーン教授の講演（註8）のコンセプトは美しく明快である．ルイジ教授も最初に大きなコンセプトをたて，モデルを具体的にたて，実験系を組んでゆくアプローチであるが，日本ではなかなか受け入れられない傾向がある．この研究はまだ実を十分結ぶに至っていないが，ヨーロッパの科学の神髄を表す研究の進め方であると考える．生命の起源の研究がナノテクノロジーの道を切り開く一翼を担うという考え方に相通じるのである[30].
　ルイジ・グループによりこのオレイン酸ベシクルは，巨大ベシクルを自発的に形成することが見出され[18]，より一層，オレイン酸ベシクルが原始細胞膜モデルとして注目されるようになった．このベシクルは70000nm（70μm）の直径でオレイン酸／オレイン酸塩が半々ずつ混合したもので，10^{11}個のオレイン酸分子に相当すると計算された．巨大ベシクルができれば，そこに核酸を注入して，原始細胞の機能を探る研究が可能となる．このアプローチは図10-19のトップダウンの研究である．
　最近，ルイジ・グループに参加している若い日本人研究者，森垣憲一（註9）とバルデ教授の興味深い研究を紹介しよう[31]．彼らはオレイン酸ベシクルがスクワレンなどの炭化水素で塗布したガラス界面で速やかに巨大ベシクルに成長することを観察した．このような固体界面が生命の誕生に重要な役割を担うことは11章でも述べるが，最近注目されてきている．この脂肪酸の膜がガラスの油分を取り込んでガラス界面上で成長してゆく現象は，まさに自己組織化である．
　自己会合や自己組織化は今後ますます基礎と応用の両面から研究がなされるであろう．その理由として第1に，自己会合や自己組織化は生命に中心的な役割をはたしており，細胞の脂質膜，折り畳まれたタンパク質，構造化した核酸，分子機械などその対象は尽きない．また自己組織化，自己会合の研究は規則正しい構造をもつ素材へ導くばかりでなく，ナノ構造を産みだす最も可能性の高い戦略の一つであるからである．

10-8 コロイドからナノの世界へ

　従来の分子化学は共有結合により炭素，水素，酸素，窒素を中心とした有機化合物の化学であった．しかし19世紀に誕生したコロイド化学は物質の構成成分ではなく，コロイドというある大きさの範囲の物質に注目した．20世紀後半に入ってコロイド科学が基礎分野ばかりでなく応用分野において発展し，媒体との間に生まれるとてつもなく大きな界面の働きによりさまざまな特異な性質が現れてくることも明らかになってきた．コロイドの中でも100nm～10nm の範囲のコロイド微粒子は，ナノテクノロジーブームとともに，ナノ粒子と呼ばれるようになった．このナノ粒子に関する技術は現在，ナノスケールテクノロジーと呼ばれ，従来の微粒子よりも特異な効果が期待されている．またいくつもの分子が集まって織り成すナノサイズの分子集合体の化学が脚光を浴び，自己会合，さらには自己組織化の研究へと発展してきた．

　一方，地球環境問題の深刻化とともに，生命の営みを深く理解しようとして，バイオミメティックケミストリーや超分子化学が生まれてきた．このコンセプトは地球環境を意識した化学的ものづくりを目指す研究者をますます惹きつけ，グリーンケミストリーも生まれてきた．現在は，この超分子化学のエッセンスがナノサイエンスの中核となりつつある．

註
　（註1）マックスウェル（James Clark Maxwell, 1831-1879, 英国）の電磁論によれば，光は一種の電磁波であって，これがコロイド系に入射するときには，光の電場によって粒子内に電気双極子が誘起される．この双極子は入射光の振動数と同一の振動数で振動し，したがって入射光と同一振動数の光を四方へ放射する．これが光散乱である．現在では，この散乱光から粒子の形，大きさまで推論できるようになった．
　（註2）HLB(Hydrophilic-lipophilic balance)：界面活性剤の示す乳化，分散，洗浄などの種々の作用は，いずれも2相の界面においてこれらの物質が持つ親水基と親油基がそれぞれの相に対して示す親水性と親油性のバランスで決まる．HLBは界面活性剤の親水基と親油基のバランスから決められた数字をいう．
　（註3）油と水のような互いに混じりあわない2種の液体が安定なエマルジョンをつくるためには第3の物質を加える必要がある．これを通常，乳化剤という．ここでエマルジョンとは牛乳のように油のような液体の小滴がそれを溶かさない他の液体中に分散した系をいう．
　（註4）水和水；通常の水はバルク水と呼ぶ．水はその化学構造から，イオンや，糖や

タンパク質などの周りに相互作用して,水分子の運動性がバルクの水より低くなった状態になる.それを水和水という.
(註5)デキストリン:デンプンを加水分解して麦芽糖に至るまでの種々の分解生成物の総称.そのなかで図10-15のように環状構造のものをシクロデキストリンとよぶ.
(註6)クラウンエーテル:大環状ポリエーテル(図10-15).
(註7)エルテュ教授(マックス-プランク研究所)は Reaction at Surfaces:From Atoms to Complexity というタイトルで,日本化学会第83春季年会(2003年)において講演した.
(註8)CSJ 125th Anniversary Commemorative Lectures at 83rd CSJ Annual Meeting, March, 2003, Waseda University, Tokyo Japan, by Jean Marie Lehn (Univ. Louis Pasteur), Constitutional Dynamic Chemistry: Self-Organization by Design and by Selection.
(註9)森垣憲一博士:1991年東京大学工学部,1993年東京大学大学院修士過程修了後,1993年に単身,スイス連邦工科大学(ETH)高分子科学研究所のルイジ教授の研究室の門を叩き,博士号を取得した.その後,マックスプランク高分子研究所,スタンフォード大学で客員研究員を経て,現在独立行政法人産業技術研究所研究員として活躍中である.ETHのルイジ教授,ワルデ教授の信頼が大変厚く,界面の自己会合や微細パターン化の研究分野で期待される若手研究者である.

引用文献
[1]中垣正幸・稲垣博編『光散乱実験法』,南江堂,1965年
[2]M. E. L. McBain and E. Hutchinson, *Solubilization*, Academic Press INC., New York, 1955.
[3]中垣正幸編『膜学入門』,喜多見書房,1978年
[4]J. N. イスラエラチヴィリ『分子間力と表面力』,近藤保・大島広行訳,朝倉書店,1996年
[5]中垣正幸編『膜学入門』,喜多見書房,p61,1978年
[6]主な論文;a) A. Goto and F. Endo, Gel filtration of solubilized systems. III. The distribution of alkylparaben in aqueous sodium lauryl sulfate micellar solutions, *J. Colloid Interface Sci*., **66**, 26-32(1978).

b) A . Goto and F. Endo, The solution state of nonionic surfactant micelles in aqueous solution, *J. Colloid Interface Sci*., **67**, 471-477(1978).

c) A. Goto, M. Takemoto, and F. Endo, Solubilization of methylparaben in nonionic surfactant micelles in aqueous solution, *J. Phys. Chem*., **84**, 2268-2272(1980).

d) A. Goto, M. Takemoto, and F. Endo, A thermodynamic study on micellization of nonionic surfactant in water-ethanol mixture by gel filtration. *Bull. Chem. Soc. Jpn*., **58**, 773-774 (1986). その他.
[7] J. H. フェンドラー・E. J. フェンドラー・妹尾学・木瀬秀夫訳『分子会合体とその触媒作用』,講談社,1978年
[8]J. H. Fendler, *Membrane Mimetic Chemistry*, JOHN WILEY & SONS, New York, 1982.
[9]五島綾子「逆ミセル内殻水の性質」,「表面」,**32**, 96-108 (1993).
[10]A. Goto, Y. Ibuki and R. Goto, Multiple Effects of Water Pools and Their Interfaces Formed by Reversed Micelles on Enzymatic reaction and Photochemistry, *Interfacial Catalysis*, edited by Alexander Volkov, Marcel Deckker, New York, pp391-419, 2003.
[11]主な論文;a)A. Goto and H. Kishimoto, The addition of cyanide ion to N-methyl-3-car-

bamoylpyridinium ion in reversed micelles. *Bull. Chem. Soc. Jpn.,* **62**, 2854-2861 (1989).

b)A. Goto and H. Kishimoto, Physical organic studies on bimolecular reaction in reversed micelles: Addition of cyanide ion to N-methyl-3-carbamoylpyridinium ion in hexadecyltrimethylammonium micelles. *J. Chem. Soc.,* Perkin Trans., **2**, 1990, 73-78.

c)A. Goto and H. Kishimoto, The addition of cyanide ion to N-methyl-3-carbamoylpyridinium ion in hexadecyltrimethylammonium bromide reversed micelles: The effects of alkyl chain length, *J. Chem. Soc.* Perkin Trans., **2**, 1990, 891-896.

d)A. Goto, H. Yoshioka, T. Fujita, H. Kishimoto, Calorimetric studies on the state of water in reversed micelles of sodium bis(2 ethylhexyl)sulfosuccinate in various solvents, *Langmuir*, **8**, 441-445(1992).

e)A. Goto, S. Harada, T. Fujita and Y. Miwa, H. Yoshioka and H. Kishimoto, Enthalpic studies on the state of water in sodium bis(2-ethylhexyl) sulfosuccinate micelles, *Langmuir*, **9**, 86-89(1993).

[12]日本化学会編『バイオミメティック・ケミストリー』，学会出版センター，1982年
[13]宮田幹二「自己組織化：無秩序から秩序を生み出す秩序の新しい概念」，「化学」，**51**，20（1996）
[14]Jean-Marie Lehn『超分子化学』，竹内敬人訳，化学同人，1997年
[15]有賀克彦・国武豊喜『超分子化学への展開』，岩波書店，2000年
[16]齋藤勝裕『超分子化学の基礎』，化学同人，2001年
[17]a)矢沢潔『最新生命論：生物は「進化する機械」か？』，学研，1991年
b)大島泰郎『生命は熱水から始まった』，東京化学同人，1995年
c) J. Madeleine Nash, "How did life begin? ", *TIME*, **142**, No15, 1993, p46.
[18]P. Luisi, *Giant Vesicles*, edited by P. L. Luisi and P. Walde, John Wiley & Sons, Ltd., 1999.
[19]H. Ringsdorf, B. Schlarb and J. Venzmer, Molecular Architecture and Function of Polymeric Oriented Systems: Models for the Study of Organization Surface Recognition and Dynamics of Biomembranes, *Angew. Chem.,* **27**, 113-158(1988).
[20]G. R. Fleischaker, Autopoiesis:The Status of its System Logic, *Biosystems*, **22**, 37-49 (1988).
[21]F. J. Valera, Autopoiesis:the Organization of Living Systems, its Characterization and Model, *Biosystems*, **5**, 187-196(1974).
[22]化学と工業編集委員会「メソ構造研究の現在と将来」，「化学と工業」，53，17-22（2000）
[23]G. M. Whitesides and M. Boncheve, Beyond Molecules: Self-Assembly of Mesoscopic and Macroscopic Components, *PNAS*, **99**, 4769-4774(2002).
[24]下村政嗣「分子の自己組織化でデバイスを創ることができるであろうか？」，「化学」，**57**，17-20（2002）
[25]J-M Lehn, Toward Complex Matter: Supramolecular Chemistry and Self-Organization, *PNAS*, **99**, 4763-4768(2002).
[26]P. L. Luisi, P. A. Bachmann and P. Walde, *The Future of Science Has Begun Chemical, Biological and Cellular Topology*, p.77-106, Milano, ed. by F. C. Erba, 1992.
[27]主な論文a) P. L. Luisi, *Thinking about Biology*, ed. by W. Stein and F. J. Varela(Eds), p3-25, Addison-Wesley, 1993.

b) P. A. Bachmann, P. Walde, P. L. Luisi and J. Lang, Self-Replicating Micelles: Aqueous Micelles and Enzymatically Driven Reactions in Reverse Micelles, *J. Am. Chem. Soc.*, **113**, 8204-8209(1991).

c) P. A. Bachmann, P. L. Luisi and J. Lang, Autocaralytic Self-replicating Micelles as Models for Prebiotic Structures, *Nature*, **357**, 57-59(1992).

d) P. Walde, R. Wick, M. Fresta, A. Mangone and P. L. Luisi, Autopoietic Self-Production of Fatty Acids Vesicles, *J. Am. Chem. Soc.*, **116**, 11649-11654(1994).

[28] W. R. Hargreaves and D. W. Deamer, Liposomes from Ionic Single-Chain Amphiphiles, *Biochemistry*, **17**, 3759-3768(1978).

[29] R. Wick, P. Walde and P. L. Luisi, Light Microscopic Investigations of the Autocatalytic Self-Reproduction of Giant Vesicles, *J. Am. Chem. Soc.,* **117**, 1435-1436 (1995).

[30] S. J. Sowerby, N. G. Holm and G. B. Peterson, Origin of Life: A Route to Nanotechnology, *Biosystem*, **61**, 69-78(2001).

[31] K. Morigaki and Peter Walde, Giant Vesicle Formation from Oleic Acid/Sodium Oleate on Glass Surfaces Induced by Adsorbed Hydrocarbon Molecules, *Langmuir*, **18**, 10509-10511 (2002).

参考文献

1) 五島綾子「化学的自己創出系の構築」,「表面」, **35**, 31-40(1997).
2) 五島綾子「メゾスコピックレベルの分子組織構造のダイナミックな成長にはたすミセルの役割」,「表面」, **38**, 227-240 (2000)
3) A. Goto, Dynamic Aspects of Reversed Micelles and Vesicles as a Model of Protocells, *Origins of Life,* p11-12 (1999).
4) 五島綾子「21世紀へのものづくりに向けて—分子化学から自己組織化へ—」,『情報社会と経営』, p129~p154, 1997年, 青山英男・小島茂編集, 文真堂
5) 河本英夫『オートポイエシス』, 青土社, 1996年
6) 中垣正幸『表面状態とコロイド状態』, 東京化学同人, 1968年
7) 中垣正幸・福田清志『コロイド化学の基礎』, 大日本図書, 昭和44年
8) Jean-Marie Lehn『超分子化学』, 竹内敬人訳, 化学同人, 1997年
9) 齋藤勝裕『超分子化学の基礎』, 化学同人, 2001年
10) 宮田幹二「化学」, **51**, 20 (1996)
11) 有賀克彦・国武豊喜『超分子化学への展開』, 岩波書店, 2000年
12) 中村佳子『自己創出する生命』, 哲学書房, 1994年
13) a) 堀淳一『エントロピーとは何か』, 講談社, 1983年
    b) 杉本大一郎『エントロピー入門』, 中公新書, 1985年
14) P. L. Luisi, About Various Definitions of Life: Origin of Life and Evolution of the *Biosphere*, **28**, 613-622(1988).
15) 中谷陽一・ギイ・ウイルソン「二重膜の起源」,「化学と工業」, **56**, 554-558 (2003)
16) a) P. Walde, A. Goto, P-A. Monnard, M. Wessicken and P. L. Luisi, Oparin's reactions revisited: Enzymatically synthesis of poly (adenylic acid) in micelles and self-reproducing vesicles, *J. Am. Chem. Soc.* **116**, 7541-7547(1994).
    b) A. Goto et al., Dynamic Aspect of Fatty Acid Vesicles, Chapter 19, pp261-270, in *Giant*

Vesicles, edited by P. L. Luisi and P. Walde, John Wiley & Sons, Ltd., 1999.

c) H. Fukuda, A. Goto, H. Yoshioka, R. Goto, K. Morigaki and P. Walde, An Electron Spin Resonance Study of the pH-Induced Transformation of Micelles to Vesicles in Aqueous Oleic Acid/Oleate System, *Langmuir,* **17**, 4223-4231 (2001).

17) G. M. Whitesides and M. Boncheve, Beyond Molecules: Self-Assembly of Mesoscopic and Macroscopic Components, *PNAS*, **99**, 4769-4774 (2002).

11章

分子を見る，操る：走査型プローブ顕微鏡の登場

　20世紀初頭にはドイツにおいて電子顕微鏡の原型が生まれ，その後の技術開発により原子をかなり視覚的に捉えるに至った．しかし20世紀後半に入ると，従来の光学顕微鏡や電子顕微鏡と全く異なる仕組みの画期的な走査型顕微鏡(Scanning Probe Microscope, SPM)が発明された．走査型顕微鏡は，2次元に並んでいる原子をコンピュータで画像化し明瞭に捉えることができるばかりか，1個1個の原子，分子を除去したり，移動させたり，積み重ねたりすることができる可能性を示した．今までは原子，分子を操作することなど理論的に不可能と考えられていたが，この考え方が押し退けられ，ナノの世界が開かれることとなった．原子，分子の世界が身近かになったばかりか，個別の原子，分子を操り，目的にかなうものをつくる時代が到達したのである．現在，走査型顕微鏡の登場はミクロの世界の様相の理解に大きな変革をもたらしつつある．16世紀にガリレオが望遠鏡の技術開発による天体の観察から大地と天の関係を逆転させてしまったが，これと同じように自然観を大きく変えてしまうできごとかもしれないということが予感される．
　本章では走査型顕微鏡の誕生の経緯と，ナノの世界での原子，分子の実像が明らかにされてきた経緯を紹介する．

11-1　光学顕微鏡および電子顕微鏡

　光学顕微鏡の分解能は光の波長に比例するので，理論上の最大倍率は1500倍であり，その限界は約100nmあたりにある．光学顕微鏡は16世紀末，オランダのヤンセン (Zacharias Jansen) が二つのレンズを組み合わせることで物が大きく見えることを発見したことから始まった．その焦点を絞るためには，ガラスのレンズを用いるのが普通である．17世紀後半にオラン

ダのレーヴェンフック (Leewenhoek) が自作の単眼式顕微鏡で人の赤血球，精子，単細胞のバクテリアを発見した．その後，光学顕微鏡は改良が加えられたばかりか，暗視野顕微鏡，位相差顕微鏡も考案された．いずれにしてもこれらの光学顕微鏡では，簡便に微小な物質を拡大し，直接観察できるが，ナノの世界の観察まではむずかしかった．

20世紀前半の1928年，ベルリン工科大学でルスカ (E. Ruska, 1906-) ら6名のチームがそれぞれ電子レンズ，電子源などを開発し，6年かけて電子顕微鏡の原型を作り上げた．

この電子顕微鏡の原理は電子のふるまいと関係している．電子は粒子とともに波としての性格ももっていると推測されていた．1924年になってフランスの若い物理学者，ド・ブロイ (Louis Victor de Broglie, 1892-1987) は，もし光が粒子と波の両方の性質をもつならば，物質も粒子と波の両方の性質をもっているのだろうかという問題意識をもった．そうであるとすると私達の身のまわりのものは，操作しているコンピュータも座っている椅子もあらゆるものに粒子と波の両方の性質があるはずである．しかし私たちは揺れている中に暮らしているはずであるのに，感じないのはなぜだろうか．この疑問に対して，ド・ブロイは数学を駆使して運動している粒子に伴う波，すなわち物質波の波長 λ と，この粒子の質量 m と速度 v とを関連づける方程式を導き出した．

$$\lambda = h/mv \qquad (11\text{-}1)$$

この方程式においては，質量 m，速度 v の粒子は，すべて波のような性質をもち，この波の波長は h/mv に等しいとした．なお h はプランクの定数である．このド・ブロイの式に従うと，通常の物質が運動している程度では波長が短すぎて波の振る舞いは観測されない．電子のような 9×10^{-28}g の質量では，電子に伴う物質波の波長は1nmぐらいとなり，X線の波長に相当するようになり，電子もX線のように反射するのである（註1）．このように電子線が波動であるので，光学顕微鏡と同様に電子顕微鏡を作ることができ，電子線の波長が短いために極めて高い分解能をえることが出来るのである．これが電子顕微鏡の基本原理である．図11-1にその簡単な原理を示した．

電子顕微鏡の焦点は，磁場によってしぼられる．当時，すでに電子の加

速次第で電子顕微鏡は10nmを切るほどの分解能をえていた．その後，電子顕微鏡は50年の間にいくつもの技術的なハードルを越えながら，水平分解能すなわち隣り合う二つの点の区別が実に0.1nmに達するようになっていた．これはおおざっぱにいうと光学顕微鏡の分解能の500倍くらいに相当したのであった．こうしてルスカは実に発明からなんと50年後の1986年にノーベル物理学賞をえた．このようにノーベル賞受賞が遅れた理由は，ドイツにおける特許の取得と関係しているともいわれている．実は電子顕微鏡の特許はルスカからではなく，Siemens社の技術者がルスカらの発明の3年後の1931年にドイツ特許を取ってしまった背景があるといわれる．

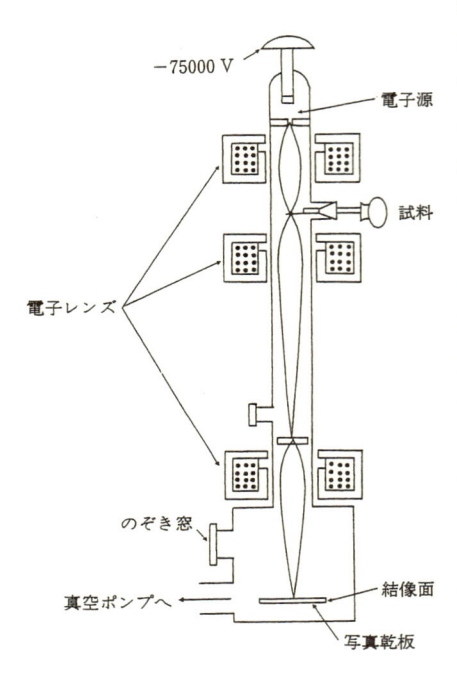

図11-1 ルスカらにより開発された初期の電子顕微鏡のスキーム[1]

ところで現実の電子顕微鏡での微細な構造の観察は極めて高度な技術を要する．まず電子は空気中の分子によって散乱されてしまうので，電子顕微鏡内の圧力は10^{-7}気圧以下という非常に低い値まで減圧しなくてはならない．つまりほとんどの気体分子を外に排出しなくてはならない．また通常，図11-1に示すように電子は試料を通過した後，蛍光スクリーンか写真乾板に向かって飛ぶようになっており，試料は電子が通過できるように非常に薄くなくてはならない．また試料の固定法や染色法が，像の美しさや信頼性を決めることにもなる．

このように電子顕微鏡は，試料の調製に特別な技術を要するばかりでなく，でこぼこしている面の認識のために必要な垂直分解能はほとんど備えていない．したがって重金属の原子などを斜めに吹きつけて影を作り，影

の長さから試料の高さを測定したりする．さらに真空状態で電子線を照射するために試料を傷つける心配もあり，生体物質の観察には特別の配置が必要であった．「するめの黒焦げを見て，イカが海中を泳いでいる様子を想像してはいけない」などといわれたりもした．

またミセル溶液のようにモノマーと共存するような動的な平衡状態の試料の観察は，通常の電子顕微鏡ではむずかしい．その理由は高真空の状態なので，溶媒の水などが蒸発してしまい，実際の状態とかけ離れてしまうからである．まして生体試料などは実像をみているかどうか疑わしい．そこでこの問題を克服するために，試料のレプリカを特殊な方法でつくり，立体的な様子を観察する方法が用いられてきた．またフリーズフラクチャー法やクライオ (Cryo) 顕微鏡が登場してきたが，これらの方法では液体窒素で急激に冷やし，動的な動きを瞬間に止めてしまうのである．図11-2は五島綾子グループの研究成果の一端で，油の中で形成される典型的な逆ミセルのフリーズフラクチャーの像である．この写真は名古屋大学物質科学国際研究センターの今栄東洋子教授に撮影していただいたものであるが，油の中でのダイナミックなしかもナノサイズのミセルの実像が示され

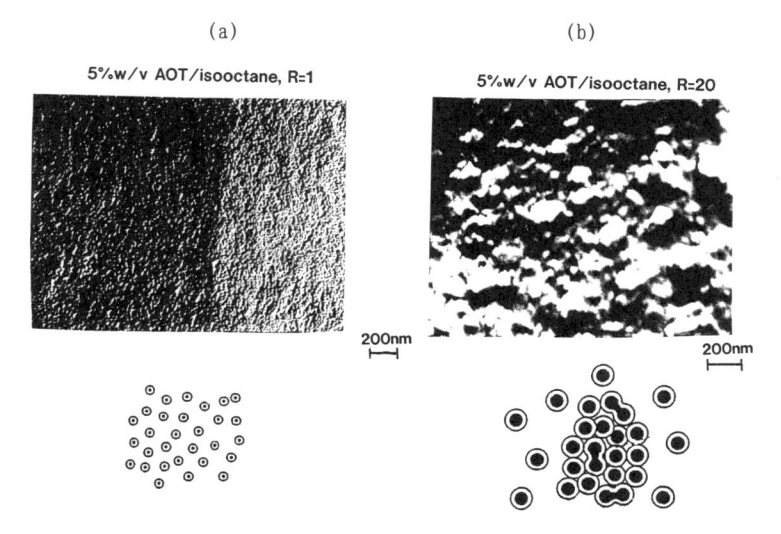

図11-2　逆ミセルの電子顕微鏡写真とそのモデル[2]

たのはこれが初めてであった[2,3]．イソオクタンにアエロゾールOT5％(註2)の溶液の中に水が少ない状態(a)と多い状態(b)の逆ミセルがあり，そのモデル図も示した．水が少ない場合は，硬い粒状であるが，水が多くなると，逆ミセルは膨らんで，しかもぶどうのように集合し，フロック(floc)を形成していることが観察された．

11-2　走査型プローブ顕微鏡の登場

　原子レベルの表面像を鮮やかに捉えられるようになったのは走査型トンネル顕微鏡(Scanning Tunneling Microscope, STM)による．STMは1982年にIBMチューリッヒ研究所のビニッヒ(G. Binnig)とローラー(H. Rohrer)らによって開発された[4,5]．この発明が公表された4年後の1986年に，二人は電子顕微鏡のルスカと同時にノーベル物理学賞を受賞した．

　ところで，6章で述べたように，アンモニアの合成には金属の表面を利用した触媒効果が重要な役割をはたしていることがわかり，これを契機に，金属触媒の研究開発が進んでいった．金属の表面は気体分子をよく吸着し，ある種の金属の表面は種々の表面反応を誘発する．そのために金属表面への気体分子の吸着力は金属触媒の中核的な原動力となる．それゆえにこの金属触媒が人工化学物質の大量生産に大きく貢献してきた．そうなると科学者，技術者の間に金属の表面を直接見て，もっと有効な金属触媒をつくってみたいという興味が高まってきた．その結果，物理学，化学，コンピュータなどの学際的な協力によって金属表面の整列した金属原子群をコンピュータ画面に映し出すことに成功したのである．こうして発明されたSTMは，「原子を直接見る」ことのできる顕微鏡として，特に表面物理の分野で著しく貢献するようになった．

　このSTMはレンズや焦点など視覚的な要素は全くない．細い針のプローブで試料をなぞり，画像を映し出す仕組みである．試料を針で掃引することで様子を探るのであるが，針は原子レベルまで小さくとんがったものでなくても調べることができる．針の先端の試料に対してもっとも近い原子1個だけが必要なのである．走査型顕微鏡の原理は，図11-3に示すように，鋭い金属の探針を試料表面に1nm程度の近距離まで接近させ，かつそれを試料表面に平行に2次元的に走査する方法である．この現象は，電

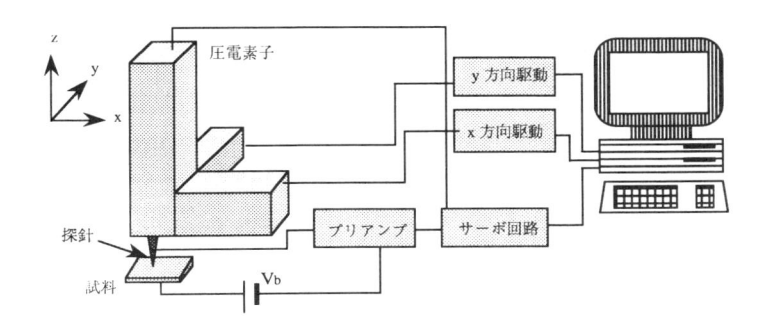

a) STM の概念図

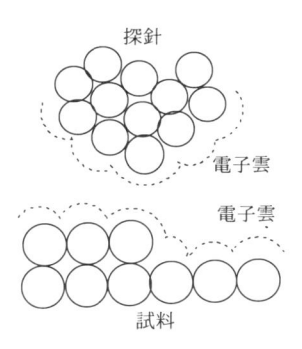

b) 探針と試料の関係の模式図

図11-3　STM の概念図と探針と試料の関係の模式図[6]

子が量子力学の世界で起こすトンネル効果により生じるトンネル電流を利用するものである．1957年に，東京通信工業（現ソニー）の研究員であった江崎玲於奈 (1925-) がトンネル効果を応用して，トンネルダイオードを創りだしていた．この研究により，彼は1973年にノーベル物理学賞を受賞した (註3)．通常，物質はエネルギーの高い山を超えて自然に向こう側に行ってしまうことはないが，電子になると，あたかも山にトンネルを掘って通り抜けて行ったように見える現象を引き起こす．すなわち電子は，電子のもっているエネルギーより高いエネルギーの障壁をもすり抜けられるのである．

STM では，探針と試料のすき間の物質がなにもないところ，いいかえればエネルギー的に大きな山があるのと同じような状態を探針の電子が通り抜けて試料側に行くのである．この通り抜け方が試料表面と探針先端原子との間の距離に非常に敏感なことを利用して，表面の凹凸を精密に測定するのである．すなわち探針と試料の間に適当な電圧をかけると両者の間にはトンネル電流が流れるが，このトンネル電流は針－表面間距離が短くなると急激に増加する．一般に0.1nmの変化に対して電流は1桁も変化するため，試料表面に原子1個分の段差が存在すると，トンネル電流は3桁も変化するのである．そこでトンネル電流を一定に保つように探針の高さにフィードバックをかけながら探針を2次元走査するのである．すると個々の原子の凹凸までをも反映した表面の像がえられる．図11-3には STM の走査部と制御部の概念図と試料と探針の模式図を示してある．

　この原理で出来上がった STM は通常の電子顕微鏡よりはるかに小型で，場所をとらず，真空にする必要もない．この STM の発明はコンピュータの発展とも深く関わっていた．コンピュータによる原子，分子の画像化は明らかに大きな説得力をもっていたからである．しかも低価格であるために，先進国の研究機関にまたたくまに普及した．こうして *Nature*，*Science* などの先端的でポピュラーな学術雑誌を中心に STM を使った研究が多数発表されるようになった．

　この STM により原子の並び方が直接観察されるようになったばかりでなく，原子を直接触って動かす，つまり，操作する試みがなされるようになった．その初めての成果は，1987年にベッカー(R. S. Becker)らによって *Nature* に発表された[7]．彼らはゲルマニウム表面に接近させたタングステン探針にやや高い電圧（3V）を短時間だけ加えることによって，その表面上に原子1個の大きさの突起をつくりうることを示したのである．この業績は，人類が原子1個の単位の構造物をつくることに成功した最初の事例として記録に残るであろう．ほどなくして，1990年にアイグラー(D. M. Eigler)とシュワイザー (E. K. Schweizer) は衝撃的な報告を行った．彼らは，全系を4K(-269.2℃)に冷却した極めて安定な STM を用いて，ニッケル表面上にゆるく無秩序に物理吸着したキセノン原子を，探針を用いて1個ずつ丹念に移動させ，キセノン原子35個でIBMという文字を描いた[8]．こ

の成果は，人間がついに原子を1個ずつ操る方法を獲得したことを示している．同じ頃，日立製作所の細木茂行らは，層状化合物である硫化モリブデンの表面からタングステン探針によって硫黄原子を1個ずつ動かし，室温で文字を描いてみせた．このようなことを可能にしたことは，原子を1個ずつ操るための基本操作の成功にあった．この主な基本操作は1個の原子を取り除くこと，付け加えること，移動させることである（註4）．

11-3　原子間力顕微鏡の登場

　STMによる金属表面の分子の並び方の観察の成功により，当然，DNAやもっと柔らかな分子集合体や膜様物質にも関心が向けられた．しかしSTMには欠点もあった．試料は電子を通すものでなければならず，調べることのできる試料が限られていたことであった．このような要望に答えて登場したのが原子間力顕微鏡 (Atomic force microscope, AFM) を中心とする新たに開発された顕微鏡である．STMとAFMは原理的には異なるが，試料表面に微小なプローブを近づけて物理現象を検知し，走査することによってその空間分布を測定するという点で同一である．またハードウェア，ソフトウェアも共通に使える部分も多いので，両者を含めて走査型プローブ顕微鏡 (SPM) と呼ぶ場合が多い．こうして生体物質の観察も可能となってきた．

　原子間力顕微鏡にはカンチレバーと呼ばれる非常に柔らかい弾力性のあるバネがある．このバネの先に針状の突起を取りつけ，試料を針に近づけてゆくと，試料表面と針の間に微弱な引力（$10^{-8} \sim 10^{-12}$ N）が働き，バネが下方にたわんで針が表面に接触する．さらに試料を近づけると，バネは上

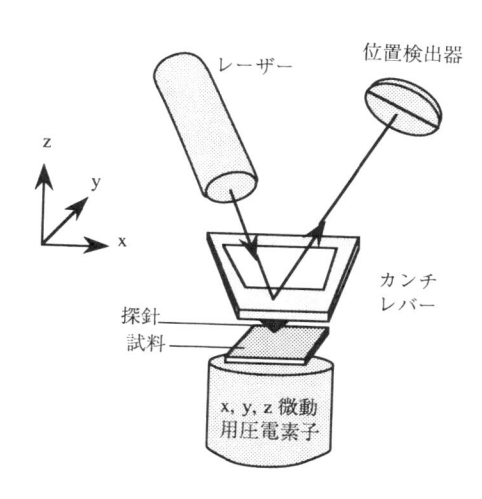

図11-4　原子間力顕微鏡の原理[6]

方に押し上げられる．カンチレバーを x, y 方向に走査しながら，このわずかなバネのたわみを，レーザー光を使った光てこ方式により検出すれば，表面の微小な凹凸を測定できる．実際には，バネに働く力が一定になるように試料を z 方向に上下し，その変化を画像化するのである（註5）．ここで光てこ方式とは，カンチレバーの背面にレーザー光を照射し，反射光の位置の変化を光検出器によって検出することにより，カンチレバーのたわみ量やねじれ量を捉える検出方法である（図11-4）．

　AFM の最大の特徴はSTMと異なり，絶縁体も測定可能であるということである．雲母などの絶縁性結晶では原子像も観測されているが，さらに広範囲な試料についてナノメートルレベルの凹凸を測定できるようになった．AFM の登場により走査型プローブ顕微鏡が汎用顕微鏡として普及していったのである[9]．この顕微鏡により，磁気テープや有機物からなる表面の状態を直接画像でとらえることができるようになり，化学産業における新しい素材や製品の開発に新しい局面が生まれた．現在では液晶表面はもとより気体／液体界面の観察も可能になりつつある．

11-4　分子の整列も核酸も見える！！

　AFM の発明により水の表面に並ぶ長いアルキル基を持つ脂肪酸の単分子膜をすくいとって，脂肪酸分子が整列している画像が数多く発表されるようになった．ラングミュアの提案した固体表面に吸着された単分子膜が

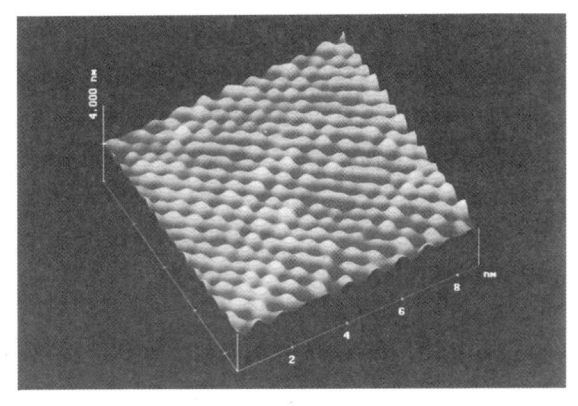

図11-5　脂肪酸単分子膜のAFM画像とモデル（今栄東洋子教授より提供）

AFMにより初めて実証されたのである．図11-5は今栄東洋子教授研究室で観察されたアラキジン酸（$CH_3(CH_2)_{18}COOH$）の単分子膜の表面である[10]．

ビニッヒとローラーはこれらの顕微鏡が生化学的でかつ医学的な応用に有効であろうという可能性を察知していた．電子顕微鏡ではDNA鎖(Strands)の直径は6 nmであることがわかったが，鎖にそった詳しい構造は不明であった[11]．そこで彼らはマグネシウムイオンを利用して，マイナスイオンの雲母からなる基板とうまく引き合い，マイカ上に拡がっているDNAの観察に成功した．さらにAFMの改造（註6）により，DNAのイメージはより鮮明に観察されるようになってきている[12-14]．

生命誕生は海の中で，すなわち始原スープから始まったといわれるが，水の中では常に加水分解が伴い，長い鎖状の重合体の形成はむずかしい．しかし最近，Ferrisらは鉱物表面でヌクレオチドが重合して核酸がえられることを示した[15]．このような現象に対して，G. Kiedrowskiは生命の重合体は始原スープの中で調理されたというより，始原クレープ様に焼きかためられたのではないかと主張した[16]．スイス連邦工科大学(ETH)のルイジ教授の「オパーリンの生命の起源の研究の見直し」というプロジェクトに参加する機会をえた五島綾子は，オパーリンが用いたコアセルベート[17]のかわりに逆ミセル系で酵素による核酸塩基のADPを連ねる重合化を

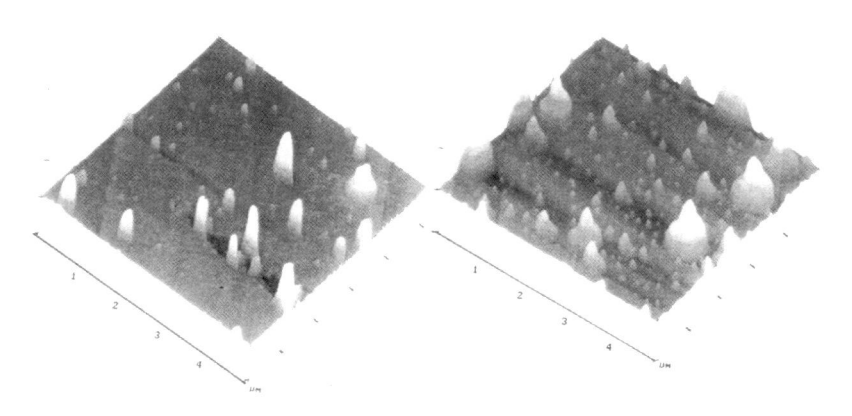

図11-6 逆ミセル系で雲母基盤上で増殖する核酸（Poly(A)）のAFM画像[20]

検討した．逆ミセル中での ADP の重合反応は予想外の展開であった[18]．10章で示したような逆ミセルの水滴の中に酵素と ADP を溶かすと，次々に結合して重合化した核酸 (Poly(A)) が試験管の底に沈殿する．さらにそこに新しく ADP を外から加えると，ガラスの表面に沈殿した酵素と ADP の重合体の複合体が ADP を取り込み，成長していくことが推測された．そこでこの過程を今栄東洋子教授の研究室で AFM により観察した[19,20]．図11-6は2時間後（A）と12時間後（B）の沈殿物の画像である．12時間後には粒子の直径は500nmぐらい，高さは100-200nmぐらいに成長していった．すなわちガラス上をクレープのように核酸様物質の Poly(A) が成長していったのである．このプロセスは自己組織化の一例である．

ところで現在は，操作型プローブ顕微鏡として磁気力顕微鏡，フォトン走査型トンネル顕微鏡などの，原理的に新しい挑戦が行われ，生命現象や自己増殖する過程も直接観察されつつある．

16世紀に始まったレンズの組み合わせによるミクロな世界の観察は，20世紀前半の量子力学の発展とともに，電子顕微鏡によりナノのレベルまで到達するようになった．しかし試料の調製などに高度の技術を要し，真空下という自然な状態とかけ離れた状態での観察が強いられた．

1980年代，物理学とコンピュータの発展により従来の顕微鏡の原理とは全く異なるブレークスルーの走査型顕微鏡が発明された．この走査型顕微鏡により原子や分子の2次元の配列が観測されるようになったばかりか，原子を一つずつ摘んで並び変える原子や分子の操作も可能となった．これはナノの世界が確実に開かれたことを意味した．しかし走査型トンネル顕微鏡は電気を通す試料に限られていた．この欠点を克服すべく，検出方法は原理的には異なっていたが，原子間力顕微鏡が発明され，生命科学との協同効果も見えてきたのである．

以上，走査型プローブ顕微鏡は直接ナノの世界へ導いた技術であるといえよう．特に12章で述べるように，ナノスケールテクノロジーあるいは超微細加工技術の技術評価をする上で，最も強力な手法となっている．

註
（註1）日本の菊池正士（きくちせいし，1902-1974）は世界に先駆けて1928年に雲母

11章 分子を見る，操る

の薄膜に電子線（電子の流れ）を当てて，電子線が波動のように回折されて干渉図形を示すことを示した．

（註２）Aerosol OT(AOT)

$$\text{構造式}$$

（註３）半導体は不純物を取り除き純粋にして使用しているが，江崎は1957年に不純物が多い場合の研究をしていて，不純物を大量に添加した PN 接合ダイオードにおいて電圧を増したときに流れる電流の減少すなわち負性抵抗を見出し，江崎ダイオードを発明した．トンネル効果によるので，トンネルダイオードとも呼ぶ．

（註４）「除去する」ことが可能なのは，タングステン探針を用いて，探針と試料との間に適切な電圧をパルス状に加えると，表面原子がイオンになって飛び出すからだと推測されている．「付与する」とは，除去と同じ方法でシリコン原子を捕獲し，そのシリコン原子を試料表面の別の位置に供給したり，シリコンに水素を次々供給しながら，それらの水素原子をシリコン表面に塗りつける方法などである．「移動させる」とは原子と探針の間の静電力により，探針に原子をつけ移動させるのである．

（註５）バネに働く力が一定となるように，試料を z 方向に上下し，その変化を画像化する動作方式をコンタクトモードと呼ぶ．一方，針をごくわずかな振幅（1－3 nm 程度）で強制的に振動させ，試料表面に近づけると，ファンデルワールス力のために共振周波数が変化し，振幅も変調を受ける．この共振周波数または振幅の変化を検出するのがノンコンタクトモード AFM である．

（註６）探針レバーの振動モードが変化する様子をモニターして表面凹凸を測定する新しい方法が開発された．これをタッピングモードという．

引用文献

[1] 化学工学会監修，小宮山政晴・森誠之・宮本明・久保百合『原子・分子で理解する固体表面現象』，培風館，1997年
[2] 五島綾子「メゾスコピックレベルの分子組織構造のダイナミックな成長にはたすミセルの役割」，「表面」，38, 227-240（2000）
[3] A. Goto, Y. Kuwahara, A. Suzuki, H. Yoshioka, R. Goto, T. Iwamoto and T. Imae, Flocculation of sodium bis(2-ethylhexyl)sulfosuccinate reversed micelles in isooctane, *J. Mol. Liquids*, **72**, 137-144 (1997).
[4] G. Binning and H. Rohrer, *Helv. Phys. Acta.*, **55**, 726(1982).
[5] a) G. Binning and H. Rohrer, *Surface Sci.*, **126**, 236－244 (1983),
b) G. Binning, H. Rohrer, C. Gerber and E. Wiebel, *Phys. Surface Studies by Scanning Tunneling Microscopy*, Rev. Lett. **49**, 57-61(1982).

[6] 長谷川哲也「現代化学」, 1995年4月, 18-23

[7] R. S. Becker, J. A. Golovchencko and B. S. Swartzentraber, Atomic-scale Surface Modifications Using a Tunneling Microscope, *Nature*, **325**, 419-421(1987).

[8] D. M. Eigler and E. K. Schwerzer, Positioning Single with a Scanning Tunneling Microscope, *Nature*, **344**, 524(1990).

[9] a) G. Binnig G, C. F. Quate and C. Gerber, Atomic Force Microscopy, *Phys. Rev. Lett*. **56**, 930-933(1986).

b) M. Anders and H. Fochs, Application of SFM in the Chemical Industry, *Scanning*, **15**, 275-281(1993).

[10] O. Mori and T. Imae, Atomic Force Microscope Observation of Monolayers of Arachidic Acid, Octadecyldimethylamine Oxide, and Their Mixture, *Langmuir*, **11**, 4779-4784(1995).

[11] H. Delius, N. J. Mantel and B. Alberts, Characterization by Electron Microscopy of the Complex Formed between T4 Bacteriphage Gene 32-protein and DNA, *J. Mol. Biol*. **67**, 341-350(1972).

[12] a) T. Thundat, D. P. Allison, R. J. Warmarck and T. L. Ferrell, *Ultramicroscopy,* 42-44, 1101 (1992).

b) T. Thundat, R. J. Warmarck, D. P. Allison, L. A. Bottomley, A. J. Lourenco and T. L. Ferrell, Atomic Force Microscopy of Deoxyribonucleic Acid Strands Adsorbed on Mica: The Effect of Humidity on Apparent width and Image Contrast, *J. Vac. Sci. Tech*. **10**, 630-635 (1992).

c) T .Thundat, D. P. Allison, R. J. Warmarck , G. M. Brown, K. B. Jacobson, J. J. Schrick and T. L. Ferrell , *Scan Microscope,* **6**, 911(1992)

[13] H. G. Hansma, R. L. Sinsheimer, J. Groppe, T. C. Bruice, V. Elings, G. Gurley, M. Bezanilla, I. A. Mastrangelo, P. V. C. Hough and P. K. Hansma, Recent Advances in Atomic Microscopy of DNA, *Scanning*, **15**, 296 (1993)

[14] 猪飼篤「有機化合物や生体試料をSTM/AFMで探る」,「現代化学」, 1995年4月, 24-30.

[15] J. P. Ferris, A. R. Hill, R. Liu and L. E. Orgel, Synthesis of Long Prebiotics Oligomers on Mineral Surfaces, *Nature*, **381**, 59-61 (1996).

[16] G. Kiedrowski, Primordial Soup or Crepes? *Nature*, **381**, 20-21(1996).

[17] A. I. Oparin, K. B. Serebroskaya and S. N. Pantshava, Vasil'eva Enzymic Synthesis of Polyadenylic Acid in Coacervate Drops, *Biokimiya*, **28**, 671-675 (1963).

[18] P. Walde, A. Goto, P.-A. Monnard, M. Wessicken and P. L. Luisu, Oparin's reactions revisited: Enzymatically synthesis of poly(adenylic acid) in micelles and self-reproducing vesicles, *J. Am. Chem. Soc.*, **116**, 7541-7547(1994).

[19] A. Goto, H. Hakamata, Y. Kuwahara, R. Goto, P. Walde, P. L. Luisi and T. Imae, Functional Nano-Structure of Aggregates Self-Organized on the Liquid / Solid Interface— Enzymatic Polymerization of ADP—, *Progr. Colloid Polym. Sci*., **106**, 245-248(1997).

[20] A.Goto, R.Goto, Y. Kuwahara, H. Hakamata, P. Walde, P. L. Luisi and T. Imae, Atomic Force Microscopic Observation of Poly (A) Grown on the Liquid/Solid Interface from Sodium Bis (2-ethylhexyl)Sulfosuccinate/ Isooctane Reversed Micellar Solution. *Langmuir*, **14**, 3454-3457(1998).

11章 分子を見る，操る

参考文献
1) J. R. Mohrig, W. C. Child, JR 著『教養の化学―物質と人間社会―』，黒田玲子訳，東京化学同人，1989年
2)「日経サイエンス」，2001年，11月，p124.
3) 筏義人著『表面の科学』，産業図書，1990年
4) 青野正和「アトムマニピュレーション」，「現代化学」，31-37，1995.
5) 長谷川哲也「STM・AFMの原理と測定法」，「現代化学」，18-23，1995.
6) http://www.nanoelectronics.jp//kaitai/spm/2.htm
7) S. J. B. Tendler, M. C. Davies and C. L. Roberts, Molecules under the Microscope, *J. Pharm. Pharmacol,* **48**, 2-8(1996).

12章

ナノテクノロジーブームの到来

　1803年にドルトンは「倍数比例の法則」を発見し，これに基づき1808年に「すべての物質は原子と呼ばれる分割不可能な小粒子からできている」という原子論の仮説を立てた．ここでは，物質がその特性を失わない最小の単位が原子であることを意味している．このようなドルトンの原子は，今日では分子と呼ばれており，一つの分子は，普通は何個かの原子が結合してできている．この分子1個ではなにも制御できないが，分子をいくつか集めてナノサイズに組み立てると，例えば自然界に見られる生命の多様な機能が現れてくるはずであるというのが，ナノサイエンスの基本的な考え方である．したがってナノサイエンスは，化学者たちが1970年代以降の地球環境問題によって改めて生命現象を見直し，化学の世界に生命科学を取り入れ育んできた超分子化学の延長上にあるといえる．

　しかしナノテクノロジーを直訳すると，ナノの技術であり，奇妙な用語であるばかりか，技術そのものを意味している．このナノテクノロジーは一般にナノサイエンスを含んだ広い意味で使われており，ナノテクノロジーとナノサイエンスの使い分けはほとんどなされていない．一方，サイエンス（科学）とテクノロジー（技術）はその目的も評価方法も異なるのが通常であるが，ナノテクノロジーの用語はアカデミズムの世界ばかりでなく，産業界にまで華やかに拡がっていった．特に2001年以降は，新聞紙上にナノテクノロジーの用語が踊る．未来の材料や医療の世界で革命を引き起こし，第2次産業革命前夜であると．こうしてナノテクノロジーは未来の日本のものづくりの旗手として市場での期待が高まっていった．現在では，ナノテクノロジーは，21世紀をリードするキーテクノロジーと位置づけられ，材料，エレクトロニクス，情報通信，環境・エネルギー，バイオ，創薬，医療など幅広い分野でブレークスルーをもたらすとされている．し

かし具体的なイメージは見えにくい．

　本章では，この問題意識を基に，ナノテクノロジーのブームの実像を探るとともに，ナノテクノロジーの今後の展望を考察する．

12-1　ナノテクノロジーはどこからきたのか

　ナノテクノロジーのナノはナノメートルのナノであり，長さの単位である．このナノはラテン語の小人に由来するといわれ，10^{-9}を意味し，1ナノメートルは10億分の1メートルに相当する．イメージしやすい表現にすると，1メートルに対する1ナノメートルは地球の直径に対するビー玉の直径に相当するのである．1ナノメートルの10分の1を1オングストローム（Å）といい，およそ原子1個の直径に相当する．したがって1ナノメートルは10個程度の原子を並べた長さともいえる．

　このナノの世界の科学・技術に目が向けられるようになったのは，1965年にノーベル物理学賞を受賞したファインマン（P. Richard Feynman, 1918-1988）による米国物理学会での講演にさかのぼる．彼の演題は「底には大きな場所がある (There's Plenty Room at the Bottom)」であった．ここで底とは原子や分子レベルの場を意味した．ファインマンはこの講演で原子，分子を一つ一つ操作することによって材料の特性を，目的に応じて自由自在に制御できるという新しい世界を開く技術の展開があることを予言した．そればかりか，今後レーザー光線などの光による微細加工技術がナノの領域まで進むであろうとまで予言した．今日，この領域は最もホットな研究対象となっている．すなわち彼はナノスケールの世界に新しい科学があることを示唆したのである．その当時，原子や分子の構造や特性の研究は物理学の世界であったが，高名な物理学者が，原子・分子が新しいものづくりの技術に繋がる可能性にまで言及したのである．これは物理学ばかりでなく，化学や生物学の世界に大きな影響を与えることとなった．

　ものづくりといえば，1950年代から60年代のはじめは，自動車，船舶，飛行機はもとより，冷蔵庫，電子レンジなど電化製品の日常化が進んでいた．大量生産のために規格標準化したさまざまな部品が作られ，それらの部品を組み立てたものにエネルギーが与えられて，人間の能力以上の働きをする機械・器具が次々登場してきた．これら大型化した製品を構成する

素材の多くは，より機能性を備えた高分子や両親媒性物質から成り立っていた．すなわちファインポリマーあるいはファインケミカルズの登場である．ここでファインとは精密なあるいは非常に精巧な機能をもっているという意味である．これらの素材はより速く，より軽く，より薄く，より精巧である極限を目指していたのである．世界中が極限の機能性素材を求めている最中にナノテクノロジーは登場したのであった．

現在では，わが国でのナノテクノロジーの一般的な定義は，「原子・分子，そしてナノスケールにおいて構造と機能を制御する物質・材料・デバイス（素子）およびプロセスやシステムの科学・技術」といわれる．この表現はややわかりにくい．むしろ米国政府の定義，「縦・横・高さのうち，1辺が少なくとも100nm程度，もしくはそれ以下の物質の構造と機能を制御するテクノロジー」のほうが具体的で比較的わかりやすい．川合知二によると，「分子・原子の並び方をうまく調整してやれば，そこにものすごく価値のあるものが生まれる」と表現される．ドルトンは「あらゆる物質の根源は原子という小さな粒子である」としたが，ナノテクノロジーは，この原子，すなわち今日の言葉でいえば，分子の組み合わせが創りだす世界を対象とする．例えば，生命現象はこのナノレベルで機能しており，人間が原子，分子を並べかえて生物の世界を再現しようとすることを目指しているのである．

12-2　ナノテクノロジーはなぜ注目されるようになってきたか

ナノテクノロジーの可能性を世界に知らしめたのは，20世紀最後の年にあたる2000年1月21日，カリフォルニア工科大学で行われたクリントン前大統領の演説であった．彼は「国会図書館のすべての情報を角砂糖大のメモリに収める」と語りかけ，「国家ナノテクノロジー戦略の推進」(National Nanotechnology Initiative, NNI) を宣言したからである．この演説はまたたくまに世界中のお茶の間のテレビに映し出され，世界に先駆けてナノテクノロジーを国家科学技術政策として最初に取り上げた国は米国であることを，内外に強く印象づけた．この演説の中でナノテクノロジーをIT，バイオに続く産業技術の中核と位置づけ，産官学が一体となって取り組む決意を示した．実際，2001年度には4億ドルを超える研究開発資金を

12章 ナノテクノロジーブームの到来

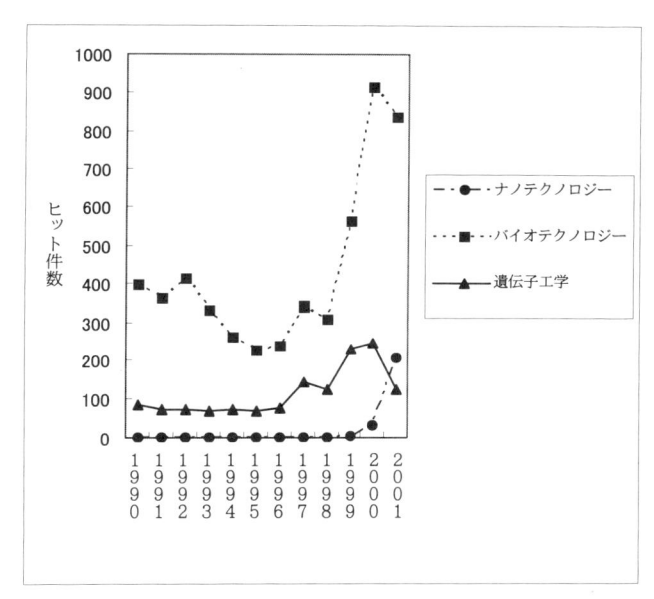

図12-1 ナノテクノロジー，バイオテクノロジー，遺伝子工学の見出しの用語件数の推移

投入してこの計画をスタートさせたのである．これは国家が一つの科学・技術の分野，テーマに関してイニシアティブをとることを示したものであった．

このクリントン前大統領の演説によりナノテクノロジーという一般の人に聞き馴れない科学・技術の用語が身近に突如登場してきた．新聞や雑誌の紙面ばかりか，インターネットにも飛び交うこととなった．図12-1は日本経済新聞の1990年以降のナノテクノロジー，バイオテクノロジー，遺伝子工学の見出しの用語件数を示している．ナノテクノロジーはバイオテクノロジー，遺伝子工学の用語に比べ，2001年以後突出して急激に増加していることを明らかに示している．これはクリントン前大統領の演説がメディアに与えた影響がいかに大きかったかを示すものであるとともに，マスコミによってブームとなる科学・技術は国家の科学技術政策と深い関連があることを示している．

12-3　ドレクスラーの予言

このブームの背景には1986年に出版された米国のMITのドレクスラー

(K. Eric Drexler, 1955- ，現在は The Forsight Institute 所長) の著作,『創造する機械』(*Engines of Creation*)[1]のヒットがあった．この著作はユートピア的科学物語であるが，ここにナノテクノロジーの原型が表現されている．その語り口はまことに明快である．この著作は単なるユートピア的な科学空想話ではない．至る所にドレクスラーの科学・技術に対する哲学が語られ，語り口は小気味がいい．カーソンの『沈黙の春』も科学書として大変レベルの高い著作であるが，これらの書物が一般のひとに大変ヒットしたことは，米国における科学・技術に関心のあるひとびとの層の厚さを物語るものである．

ドレクスラーの表現は説得力があり，魅力的である．例えば，「石炭とダイヤモンド，砂とコンピュータチップ，そしてがん組織と正常組織のように，原子の配列次第でどうでもいいものが大変価値あるものになったり，病気が治って健康になってしまうことは，過去の歴史がはっきりと示している．ある配列では，原子が土，空気，そして水となり，配列が変われば熟したイチゴにもなれる……だからテクノロジーの最も基本は原子をならべるところにあるともいえる」と記述されている．

彼によると，こうしたユートピアの到来はアセンブラー（分子製造機械）とレプリケーター（複製装置）によって，空気や水や炭などのありふれた材料を入れただけで，大したエネルギーも使わずに，飛行機でも自動車でも肉でもパンでも飛び出してくる〈分子打出の小槌〉の実現が前提である．ナノテクノロジーでは，アセンブラーは分子デバイスを構築するようにプログラムされた分子製造機械のことである．レプリケーターとは，レプリカ，つまり複製物をつくる装置のことで，立体的コピーマシンともいえる．しかもこれらはドレクスラーが想像したものではなく，これらのナノマシンの手本は，実際，われわれの細胞の中にあるというのだ．このナノマシンを実現させることにより，あらゆる種類の分子を自由自在に組み立てて，どのような分子構造の物質でも作り出すことができるというものである．それは生物がもつ自己組織化，自己修復，自己増殖などの機能を見習って活用するものである．ナノマシンはあらかじめ作られた原子レベルの構成部品から作られるので，それらを組み立てるだけで十分である．自然界ではこのようなアセンブラーがごくあたりまえに作られ，働いている．例え

ば，DNAの複製，細胞分裂・増殖によりコピーが見事につくられていく．

　ドレクスラーの著作『創造する機械』は，出版当初，学界では単なる空想として扱われ，極めて評判が悪かった．けれども1990年の「ネイチャー」[2]の表紙を飾った，35個のキセノン原子で走査型顕微鏡により綴られたIBMの文字から学界の評価は一変した．原子を操作し，思いのままのものをつくるという考え方が現実味を帯びてきたのである．

12-4　ナノテクノロジーのテクノロジーとは

　このナノテクノロジーの技術は二つあげられる．一つは物質のかたまりをナノスケールまで微細化していく「トップダウン」といわれる手法である．もう一つは，物質の最小単位である原子を組み合わせて分子にしたり，さらにその分子を組み合わせて超分子にしたり，原子・分子をナノの大きさに組み上げて機能を引き出す「ボトムアップ」と呼ばれる手法である．わが国では，ナノテクノロジーの「トップダウン」方式といえば，1960年代から手掛けてきた半導体や高密度磁気記録に代表される超微細加工の領域があげられる．パソコンや自動車，家電製品などを制御する半導体は，チップに刻み込まれた集積回路によって決まるのであるが，半導体のメモリ容量や信号処理速度を向上させるために，集積回路のパターンをより細かく描き込み，すでにナノの領域に入りつつあるといわれる．こうして半導体の研究は微細化の方向に進み，市場が巨大化し，競争も激化している．このトップダウンの方式によるナノテクノロジーは，昔から知られるコロイド界面化学の分野の手法と関係が深い．固まりをナノサイズ状に媒体中に分散することは昔からコロイド界面化学の研究の対象であったからである．この方法により，少なくとも一つの辺がコロイド次元（100nm以下）の微粒子である繊維や膜などが研究され，産業界に広く利用されてきた．したがって「トップダウン」方式はナノスケールにまで微細にする科学・技術を意味している．

　一方，「ボトムアップ」方式は，原子，分子レベルの極微細なものを組み立て作り上げるというやり方である．「ボトムアップ」方式のナノテクノロジーの可能性は，まず走査型プローブ顕微鏡の登場により示唆された．超高度な顕微鏡の操作で，原子，分子を一つ一つ操作しようとする試みが

可能となったからである．いいかえれば，ナノテクノロジーの概念が科学界で認められるようになったのは，走査型プローブ顕微鏡によるところが大きい．プローブと試料の距離が数ナノメートル以下になると，プローブからごくわずかな電流が流れるようになるが，このトンネル電流の大きさはプローブと試料の距離に依存する．この現象を利用して，試料の凹凸を画像化し，ナノの世界を視るのである．その上，プローブを試料にぶつけて，原子をはじき飛ばしたり，プローブにより原子同士を付着させたりできることがわかってきた．すなわち原子の観察ばかりか，原子の操作まで可能となったのである．さらに原子間力顕微鏡の発明により，生命由来物質まで基板にのせて，なまの観察が可能になってきた．例えばDNAの直接観察ばかりか，DNAとタンパク質との複合体などの観察ができるようになった．ヒトゲノム解析が新しい創薬を推し進めているように，DNAの直接観察は，さらなる医薬品開発の道を開くことになるであろう．

　この「ボトムアップ」方式はドレスラーによると，原子・分子が，あるプログラムにしたがって，特定の構造や機能をもつ物質を自らつくりあげるという方式で，ここでは自己会合や自己組織化が重要な役割をはたす．この自己会合や自己組織化が成功すれば，大量生産が理論的に可能であるからである．

　米国のNNIはナノテクノロジーに関して以下のようないくつかの技術目標を掲げた．

1）原子や分子のレベルから出発して，さまざまな材料や製品がつくられるようになる．
2）鋼鉄より強靱で，軽い材料の開発により，宇宙ロケットや高速の乗り物のエネルギーが節約される．
3）がん細胞をわずか数個発生あるいは転移した時点で検出し，ねらい撃ちする医療技術を実現する．
4）空気や水から，環境汚染物質を除去する．
5）国会図書館のすべての情報が角砂糖サイズのメモリに収容できる記憶装置が生まれる．

などである．ナノテクノロジーがものづくり，環境問題，IT，がんの診断と治療など人類に残された課題に挑戦する壮大な目標である．これらのNNIの掲げたほとんどの目標は，実は「ボトムアップ」方式により達成される．米国においては，ボトムアップ方式のナノテクノロジーが21世紀の産業技術のブレークスルーをもたらすという認識がすでにある．

　日本も米国にならい，2002年6月25日の閣議決定に基づき，「産業発掘戦略（技術革新が拓く21世紀の新たな需要）」として「環境・エネルギー」，「情報家電・ブロードバンド・IT」，「健康・バイオテクノロジー」，「ナノテクノロジー・材料」の4分野の戦略の策定がなされた．ナノテクノロジーの分野は科学技術政策の柱とされ膨大な予算が投入されたのである．

　このナノテクノロジー・材料に関する産業発掘戦略として以下の3つの目標が掲げられた[3]．

1）ナノカーボン，有機材料等を用いた次世代ディスプレイを市場に投入
2）マイクロチップや医療用マイクロマシン技術を用いた医療機器などの実現
3）世界最先端のナノ計測・加工装置の実現と革新的材料の市場投入

ここでナノカーボン，有機材料は，わが国の期待される独創的な分野といわれるが，これらがフラーレンとカーボンナノチューブである．

12-5　フラーレンとカーボンナノチューブ
　フラーレンとカーボンナノチューブはナノの世界の観察や操作とは全く異なる方向から芽生えたものである．これらは自己組織化の範疇であるが，炭素元素のみからなる特殊な物質である．ここでは簡単に触れることにする．
　炭素元素だけでつくられた物質として昔から知られているものは，炭，ダイヤモンドそして石墨あるいは黒鉛とよばれるグラファイトがあげられ

る．炭は炭素原子がグラファイトのように規則正しく並んでいるが，その面積が小さく，ところどころ切れている．炭とは外観も性質も全く異なるダイヤモンドが炭素からできていることはラボアジエにより発見された．このダイヤモンドの結晶構造は英国のブラッグ (William Henry Bragg, 1862-1942) により決められた．炭素原子の4面体が基本構造で，この炭素同士の共有結合が全体にゆきわたっているゆえに，最も固い物質である．グラファイトは鉛筆の芯などに使われる馴染みの物質で，ファラデーが発見した．ベンゼン骨格を密着させて同一平面上にたくさん並べていくと，その基本構造となる．

フラーレンもカーボンナノチューブもその形状がダイヤモンドやグラファイトとは異なるユニークな物質である．フラーレンはナノサイズのサッカーボールの形をし，カーボンナノチューブは直径が1 nmのチューブ状の形態である（10章，図10-16）．これらの生成機構は十分解明されていないが，自己組織化の仲間である．特にわが国では，カーボンナノチューブはナノテクノロジーの騎手として華やかに登場してきた．

フラーレンとカーボンナノチューブの二つの物質の発見には日本の科学者の貢献が大きい．英国のクロトー (Halold Kroto, 1939-) と米国のスモーリー (Richard E. Smalley, 1943-) の二人の物理学者はアルゴンガス中でグラファイトを熱していったん炭素蒸気に変化させ，それを冷却し，電子顕微鏡で観察した．そして1985年に大量の炭素粒子がいくつもの層をつくっている中心にタマネギ状の形を見つけた．タマネギの皮をむくようにして周りの炭素粒子を取り除くと，その芯に炭素でつながった5角形12個と6角形20個からなる直径0.71nmの球体が存在していた．フラーレンの発見であった．しかしそれ以前に大沢映二はすでにフラーレンの構造を推定していた．けれども自然界には存在しないであろうと考えて，日本の「化学」(1970)［4a］にレビューの形で発表したために，先取権が認められなかった．フラーレンは60個の炭素からなり，C_{60}とも呼ばれている．ナノサイズの固い球体なので応用範囲が限られている．この構造はスモーリーが自宅で子供と6角形と5角形の紙を切り張りして，一晩かかってその形をつくったという．一方，クロトーは，ヒューストンのフットボールスタジアムのそばのカフェテリアで夕食を食べながら，みんなでいろいろな構造を紙

に書いて考えていて，突然この構造を思いついたといわれる[4b]．

　飯島澄男が発見したカーボンナノチューブは，その形状と性質から，市場での評価が期待されている．飯島澄男は電子顕微鏡を用いて新しい炭素材料を根気よく探し続けていた．彼はグラファイトにニッケルなどの金属を触媒として加えることを考えた．約6年の試行錯誤の後に，1991年のある日，ニッケルを触媒として加えた炭素棒をアーク灯で燃やした．すると陰極の上に炭素が析出してきた．そのなかにたまねぎ構造とともに，カーボンナノチューブが見つかったのである．セレンディピティである．円筒形のチューブで長さは数千nm（数マイクロメートル）であるが，チューブの直径は1nmであった．これを彼はカーボンナノチューブと命名した．飯島澄男が1997年，英国王立研究所のファラデイ以来続いてきた金曜講話に招かれて講演した「カーボンナノチューブ——人間が造った極小のチューブ」は教養とウイットに富んだスマートな講演であった[5]．

12-6　ドレクスラーの問題提起

　2003年10月の日経ナノテクフェアーでのドレクスラーの講演は興味深いものであった．講演の中で，米国においてもナノテクノロジーという用語が適切に理解されているかどうか疑問であるという問題提起をしたからである．例えば，〈こぼしてもしみがつかないナノパンツ〉というコマーシャルの例を取り上げた．このパンツは小さなコンピュータが組み込んであって，シミを消してしまうというふうにコマーシャルされていたのである．実際は，このパンツはナノレベルの薄い撥水膜で覆われていたのであって，ナノスケールテクノロジーを用いてつくられていたものであった．分子マシンも超小型コンピュータも組み込まれていないのである．

　スモーリーらはナノスケールテクノロジーこそがナノテクノロジーであるとした．ここでナノスケールテクノロジーは縦・横・高さのうち，1辺が少なくとも100nm程度，もしくはそれ以下の物質の構造を対象とし，物質をナノサイズでコントロールすることで物質の機能・特性を向上させることを目指している．そればかりかドレクスラーの分子製造機械の成功は将来ありえないであろうと主張している．

　一方，ドレクスラーによると，真のナノテクノロジーは分子ナノテクノ

ロジー，すなわち原子レベルの精密さで材料や生成物を作り上げることを目標にした技術であるというのだ．このような技術はすでに生物学が証明済みである．細胞に多数存在する酵素はまさに分子機械であり，さまざまな化合物を37℃で合成してしまう．したがってナノテクノロジーは，自己会合，自己組織化などの力により，分子・原子レベルの多様な構造をもつパーツからなる分子機械（ナノマシン）を目指している．さらに物理学，工学の力を駆使してプログラム化されたシステムを構築し，ものづくりを目指すのである．わが国におけるこの分野の第一人者，藤田誠によると，このようなナノマシンは分子一つ一つが緻密に連携して動く精密機械である[6]．ここには超分子化学や自己会合あるいは自己組織化の概念が重要な役割をはたし，この概念がナノテクノロジーの神髄のボトムアップの技術につながっている．したがってドレスラーが提案したナノテクノロジーの目的はスモーリーらが主張するただ単にナノスケールの技術を目指しているのではない．

2002年11月6日～8日に第1回日経ナノテクフェアーおよび2003年10月8日～10日には第2回日経ナノテクフェアーが開かれた．その展示会においてはナノテクノロジーの先端を走る企業，大学の研究室からの出展がなされていた．これらの展示会場の展示もナノスケールテクノロジーの傾向が色濃い．これらの展示物は大きく分けて以下に分類された．

 1）カーボンナノチューブやフラーレン関連技術
 2）ナノサイズの粒子あるいはナノサイズの孔のメンブランフィルターなどナノスケールテクノロジー関連技術
 3）ナノテクノロジーの技術評価手段として高性能電子顕微鏡および走査型プローブ顕微鏡の改良
 4）自己会合，自己組織化による超分子の基礎研究

　1）のカーボンナノチューブやフラーレンは量産体制も少しずつ進み，水素エネルギーの貯蔵など，夢の技術の実用化を目指した意気込みが伺えるが，製品化には至っておらず，基盤技術研究の段階であった．2）のナノサイズの粒子あるいはナノサイズの孔のメンブランフィルター，ナノレ

ベルの繊維などの基礎研究や応用は国際的に高いレベルである．化粧品，半導体などあらゆる産業に関わるものであるが，典型的なナノスケールテクノロジーである．3）の計測は日本の不得意分野であるといわれてきたが，大学，企業で多様な開発が急速に進んできた．4）の展示は大学や研究所に限られていて，基礎研究そのものであった．

　アトムテクノロジーの挑戦と銘打った熱気のこもった展示会場で若い研究者や関係者にナノテクノロジーとはなにかという問に対して，逆に質問される場面があった．若い大学研究者は「実は曖昧でわからないのですよ」という答えが多くかえってきた．ベテランの教授は「ナノサイズにまで分割することによるバルクでは予想できない機能を期待する」という答えが多く，すなわちナノテクノロジーはナノスケールテクノロジーであるという認識であった．ナノテクノロジーの言葉は流行しても，実にあいまいに受けとめられているのである．

12-7　ナノスケールテクノロジーが主流の日本

　わが国では産官学が一体となってナノテクノロジーのブームを盛り上げている．しかしその目指すゴールはドレクスラーの目指すナノテクノロジーではなく，ナノスケールテクノロジーであることが最近の特徴である．ではナノスケールテクノロジーが生まれてきた背景について考えてみよう．

　わが国では，ナノテクノロジーが「ナノスケールの製造技術」という抽象的な意味を担った概念として理解され，後に物理学，化学，生命科学などの自然科学が取り組む学際的な領域の意味合いを含んできた．これがナノスケールテクノロジーの背景にあげられる．さらにわが国におけるコロイド界面化学の長い歴史と科学者・技術者の層の厚さがナノスケールテクノロジーの発展に寄与してきたと考えられる．

　コロイド界面化学については10章で詳しく述べたが，以下，ナノテクノロジーとの関係を簡単に振り返っておこう．1861年，英国の化学者であるグレアム (Thomas Graham, 1805-1869) が種々の物質の水溶液を比較し，拡散の速さが著しく遅い一群の物質があることを見出し，それらをコロイドと呼んだ．このコロイド化学は，物質の構成成分に注目するのではなく，

コロイドという100nm以下の大きさの範囲の物質に注目したのであった．このコロイドは微粒子ゆえに，微粒子と媒体の界面が大きく，このためにさまざまな特異な性質を示すことが明らかになった．すなわちバルクの性質を示す物体を細分化し，微細な微粒子にすると，分子ともバルクとも異なる性質を示すのである．これがナノスケールテクノロジーへとつながっていった．

　洗剤のような界面活性剤は水に溶解すると，自発的に集合して柔らかな微粒子，集合体を形成する．これを自己会合 (Self-assembly) という．この集合体はミセルと呼ばれ，ナノサイズのコロイドに特有な性質を示すことも明らかになってきた．界面活性剤が水溶液中で会合してミセルを形成するのは，水分子間に強い相互作用があるので，水分子を押し退けて炭化水素鎖のような疎水基を割り込ませるのには仕事が必要で，そのために疎水基が水になじまず水からぬけだそうとして自己会合するのである．2枚の単分子膜が重なった構造をもつ二分子膜も疎水結合により形成されるが，医薬品，化粧品においてすでに広く応用されている．

　また水の表面や固体の表面に形成される脂質からなる単分子膜もナノテクノロジーの期待される一翼である．前述した〈ナノパンツ〉の膜も単分子膜の範疇に入る．この単分子膜の概念はラングミュア (Irving Langmuir, 1881-1957) の研究からスタートした．彼は分子の化学構造と分子の配列の関係に初めて言及し，疎水基とともにさまざまな基をもつ脂質を2次元に膜状に並べたモデルを提案した．この2次元に膜状に並べられた単分子状の脂質膜の研究は，それに機能性を持たせようとする方向に発展し，すでに市場の技術評価が高い．

　以上，ナノスケールのテクノロジーの科学・技術の大半はコロイド界面化学そのものといえる．

12-8　ナノテクノロジーの市場評価

　近年，科学と技術は接近しすぎて境界線が曖昧である．経済システムの中で科学・技術を考える人にとっては科学と技術は不可分である．一方，科学と技術とでは知をえようとする目的と動機が全く異なるので区別すべきであるという考え方がある．科学の目的は知識をえることあるいは理解

することである．科学は自然現象の背後にある自然の法則を体系化するために，知識を構築し，公表するが，この科学の業績の評価はその専門領域の科学者たちによってなされる．一方，技術の目的は利用することであり，技術が成功したかどうかの基準は市場が拡張したかどうかということであり，ここでは最後の判定は消費者によって行われる．最近は，優れた技術が市場に評価されるとは限らない．むしろ技術評価と市場評価は必ずしも一致していない例もある．例えば，癒しや清潔志向を背景に，マイナスイオンや抗菌グッズといわれる商品は，その技術評価ははっきりしないが，市場の評価はブームと呼ばれるほど高いといえよう．

化学の分野では19世紀後半頃から技術者は科学者が生み出す知識を活用してきた．すなわち科学の成果から技術は演繹的に導き出され，科学の発達こそが技術を促すと考えられてきた．一方，科学者は技術者が作り出した道具を使うようになって科学と技術が螺旋状に相互に影響しあって発展してきた．技術の段階は発明と開発との二つのプロセスを経て展開する．製品化する過程において，発明が初めにあり，開発は発明の段階よりもさらに具体的に目標が設定され，研究の目的はより明確にされてくる．その後，その各々の段階で経済的計算がなされ，市場の評価を目指して計画されていくのである．

ではナノテクノロジーは市場で実際，評価されているであろうか．現在では，市場ではナノスケールテクノロジーと称した商品が多数を占める．例えばナノサイズの微粒子からなる化粧品や表面加工材などが市場を賑わしている．また環境汚染物質を除去しようとセラミックスにナノメートルレベルの穴を開ける試みも活発である．この技術はトップダウン方式に入るが，コロイド界面化学の膜の分野である．コロイド界面化学部会や膜学会は長年，基礎科学や技術の研鑽の場であり，わが国のこの分野の研究者の層は厚い．結局，わが国のナノテクノロジーは超微細加工技術を含めて物質をナノサイズにコントロールし，物質の機能・特性を大幅に向上させ，資源・エネルギーの消費を大幅に節約することを目指している．

1 nmサイズのフラーレンを利用した興味深い製品も登場したてきた．ゴルフのパターの合金にフラーレンを混ぜて，フラーレンのまわりに金属原子を集合させ，強靱さを増したり，化粧品に混ぜて，ナノサイズの微粒子

として肌に浸透させたりする試みもなされている．これらの商品はナノテクノロジーの技術を使ったと華やかに宣伝され，消費者に受け入れられていく．またフラーレンの中にガドリニウムを入れたものをMRI(磁気共鳴断層装置)による疾病診断のための造影剤に利用している．しかしフラーレン自身は構造的なおもしろさはあるが，堅くて水に溶けにくく，利用しにくい．近年は化学修飾により水溶性のフラーレンの研究も多い．実際のところは，ブレークスルーが期待されるテクノロジーとしての未来は見えにくい．

　ノーベル化学賞受賞者，白川英樹はヒーガー (Alan J. Heeger) とマックディアミッド (A. G. MacDiarrmid) とともに，1970年代，ポリアセチレンが電導性ポリマーであることを示した．この萌芽的研究が分子エレクトロニクスの起爆剤となり，カーボンナノチューブに繋がっていった．この電子的な性質に特徴があるカーボンナノチューブを陰極線の中に利用する基礎研究は急速に拡がりつつある．最近では，カーボンナノチューブは走査型顕微鏡のプローブにすでに使われている．

　2003年10月に開かれた日経ナノテクフェアにおいても，カーボンナノチューブの半導体への応用や燃料電池自動車に向けた水素タンクへの利用というアピールがあった．しかし製品化はある程度成功しているが，商品に至る道のりはまだ厳しい．例えば，展示会上の製品モデルも小型化には遠く，実用化の道のりは長そうである．すなわち機能性素材として多大な期待はかけられるものの，今のところ，ほとんどのケースが基盤研究であり，カーボンナノチューブから社会を動かすような技術的応用が生まれ，市場を動かすに至っているわけではない．いずれも新しい技術を実用品として生産するには，核となる理論（科学）であるナノサイエンスがまだまだ必要なのである．

　ではドレクスラーの主張するナノテクノロジーに向けてどのような段階まできているのであろうか．結論としては，ドレクスラーの主張するナノテクノロジーはまだ未来の技術で，市場で評価されている製品は少ない．ボトムアップ方式のナノテクノロジーが真に成功するかどうかは，自己組織化，自己会合がものづくりの工程に組み込まれなければならないからである．特にわが国においては，欧米に比べ無から作り出すボトムアップに

よる創造はなかなかむずかしいという予測もある．

　自己組織化された材料としては，長い間，脂質のカプセルであるリポソームが期待されるモデルとして取り上げられてきた．このリポソームは細胞膜に代表される生体膜の構造と基本的に類似しており，生体膜の複雑な分子機械への目標の一つである．現実にはリポソームに制がん剤などを組み込んで，がん組織にまで制がん剤を運び，がん細胞の増殖をくい止める薬物送達システム (Drug Delivery System, DDS) での研究がある．DDSの設計は過去20－30年ぐらいかけて世界中の生化学者，薬学者，コロイド化学者の最も魅力的なテーマとして盛んに研究されてきたが，現在においても成功したとはいい難い．しかし最近，自己組織化する材料の設計の成功も報じられるようになった．例えば，米国IBMは自己組織化により記憶素子をシリコン素子で製造することに成功し，半導体製造に露光が不要になったことが報道された[7]．

　走査型プローブ顕微鏡の現在における役割について考えてみよう．現在のところ，分子や原子を動かして並びかえることができても，大量生産可能なアセンブラーを産み出してはいない．バーゼル大学のゲルバー(Christoph Gerber) は原子間力顕微鏡 (AFM) を診断に使うテクノロジーを展開しつつあるが，結局，走査型プローブ顕微鏡のナノテクノロジーにおける役割はナノスケールの加工技術を直接視ることによる評価手段としての役割を担っている．

　結論として，ナノテクノロジーという科学用語は，わが国においては極めて曖昧で，ものづくりの最も期待される先端技術として理解されているといえよう．特にわが国におけるナノテクノロジーは主にナノスケールの技術に特化し，これをきっかけにものづくり日本をもり立てようとする意図があると考えられる．

引用文献

[1] K. エリック・ドレクスラー『創造する機械――ナノテクノロジー』，相澤益男訳，パーソナルメディア，1992年; K. Eric Drexler, *Engines of Creation, The Coming Era of Nanotechnology,* 1986, John Brockman Associates Inc., N.Y.

[2] D. M. Eigler and E. K. Schweizer, Postioning single atoms with a scanning tunneling microscope, *Nature,* **344**, 524-526(1990).

[3] 中村道治「産業界から見たナノテクノロジー」，「化学と工業」，**56**, 231-234（2003）．

[4]a) 大澤映二「超芳香族」,「化学」, **25**, 854-863（1970）.

b)化学インタビュー「サッカーボール分子C_{60}を予言した大澤映二教授」,「化学」, **46**, 818-823（1991）.

[5]飯島澄夫「人間が作ったもっとも小さなチューブの世界　1, 2」,「現代化学」, 1998年6月号, 48-55；7月号, 52-61.

[6]a)藤田誠・堀顕子「自ら組み上がる"分子の機械"」,「日経サイエンス」, 2003年, 11月号, 42-48.

b)M. Fujita, F. Ibukuri, H. Hagiwara and K. Oguro, Quantitative Self-Assembly of a [2] Catenan from Two Preformed Molecular Rings, *Nature*, **367**, 720-723(1994).

c)M. Fujita, D. Oguro, M. Miyazawa, H. Oka, K. Yamaguchi and K. Ogura, Self-Assembly of Ten Molecules into Nanometer-Sized Organic Host Framework, *Nature,* **378**, 469-471 (1995).

d)D. Normile, Coaxing Molecular Devices to Build Themselves, *Science*, **290**, 1524-1525 (2000).

[7]「日本経済新聞」, 2003年の12月8日夕刊

参考文献

1) 五島綾子「ナノテクノロジーブームの実像」,「学際」, 掲載予定
2) 森谷正規著『ナノテクノロジーの夢といま』, 文藝春秋, 2001年
3) 川合知二著『ナノテクノロジー ──極微科学とは何か──』, PHP新書, 2003年
4) 餌取章男・菅沼定憲著『ナノテクノロジーの世紀』, ちくま新書, 2002年
5) 村上陽一郎「科学技術の歴史の中でのナノテクノロジー」,「応用物理」, 71, 961-963（2002）.
6) 亀井信一「ナノテクノロジーの21世紀展望」,「応用物理」, **71**, 1027-1032（2002）
7) 川合知二「ナノテクノロジーは化学が担う」,「化学」, **57**, 12-16（2002）
8) 下村政嗣「分子の自己組織化でデバイスを創ることができるであろうか？」,「化学」, **57**, 17-20（2002）.
9) 平尾一之・田中勝久・藤田晃司「現代化学」, 2002年3月, 45-50.
10) 平尾一之編『ナノマテリアル最前線』, 化学同人, 2002年
11) 別冊日経サイエンス『ここまで来たナノテク』, 日経サイエンス, 2002年
12) K. E. Drexler, Molecular Nanomachine: Physical Principles and Implementation Strategy, *Annu. Rev. Biophys. Biomol. Struc.* **23**, 377-405(1994).
13) 藤田誠・堀顕子「自ら組み上がる"分子の機械"」,「日経サイエンス」, 2003年, 11月号, 42-48.

13章

総　括

　ドレクスラーの『創造する機械』はナノテクノロジーの原典として一躍世界中にナノテクノロジーのブームを巻き起こした．日本でも米国にならい，ナノテクノロジーは国家の科学技術政策の柱の一つに位置づけられるようになった．しかし日本におけるナノテクノロジーの目指す方向は，ナノスケールテクノロジーを中心としたものづくりの傾向が強い．

　本書では化学の視点でナノの世界に至るまでのプロセスを述べてきたが，ナノサイエンスとナノテクノロジーの原点が何故有機化学であったかを述べた．しかし1970年代になってわれわれは地球環境問題に遭遇し，従来の原子と原子をつなげる有機化学合成の限界を直視せざるをえなくなり，科学者は生命の精巧で効率的な仕組みを見直し，超分子化学が育まれてきた．この間，科学・技術がダイナミックに進化し，ナノサイエンスに至ったのである．この流れを大きく前進させてきたものはさまざまなタイプの科学者たちの研究成果の積み重ねであった．本章では，まとめとして化学の視点で論ずるナノの世界が開かれるまでのプロセスを概観し，活躍した科学者たちの群像を述べる．

　そして最後にナノサイエンスとナノテクノロジーの輝く未来とともに危惧される影にまで言及したい．

13-1　化学の視点からみたナノの世界が開かれるまで

　本書ではナノサイエンスという学際的な科学を敢えて化学の視点で論じてきた．その理由として第一に，化学の歴史を追うことで科学・技術・社会 (STS) の視点からナノサイエンスに至るまでを論ずることができるからである．科学・技術は社会と相互作用しながら変容してゆくものであるが，歴史的にその先陣を切った科学・技術が化学とその技術であった．18

世紀以降，化学は，物理学や生物学とは全く異なる展開を示し，醸造，染色，薬品など生活に深く根づいて孵化され，19世紀以後，染料，繊維，製薬産業を支える科学・技術として発展してきた．特に化学独特の展開はリービッヒの教育改革から始まったといえよう．リービッヒの築いた科学教育制度が専門化学技術者を大学とともに，次々生まれるベンチャーさらには企業へ成長する産業界へと注ぎ込んだからである．その結果，他の自然科学に先駆けて，化学の世界においては大学と企業に産学共同が進み，染料化学産業のイノベーションの芽が育まれ，化学の産業化が進んでいった．このような状況の中でナノサイエンスは育まれていった．

13-2　なぜ有機化学の芽生えをナノサイエンスの出発点としたか

　ナノサイエンスとナノテクノロジーは，地球環境問題から自然を見つめ直し，生命の織りなす見事な仕組みの模倣が根底にあり，複合的・学際的傾向が強い．この生命体の中の仕組みを分子レベルまで見直し，人間にとって本当に必要なものづくりを根本から見直そうとして生まれた科学である．それ故に，本書の出発点として，1章に有機化学の芽生えと生気論の終焉を記述した．

　ヨーロッパにおいて化学が学問として本格的に成立する以前の17世紀から18世紀にかけて，「有機物は生命体でしか合成されない」という生気論が支持されていた．しかし1828年にウェーラーが動物体内でしかつくれないと信じられていた尿素を試験管の中で初めて合成してしまった．彼はこの成果を「犬の腎臓を借りないで試験管の中で尿素の合成に成功した」と発表した．これは有機化学の芽生えであるばかりでなく，生命由来物質を人工的に作り出したことによって，生命観がこの時点で不連続に変化したことを意味していた．

　このような有機化学の芽生えから有機合成化学への発展の過程は，原子，分子の概念が遅々と進まない中で，先に原子や分子とは何かを考えるよりも，原子と原子をつなげて人工化学物質をつくり，化学の産業化を進めていくというものであった．肉眼でも顕微鏡でも見えないナノの世界の原子，分子の理解が進む前に，原子と原子をつなげて生活に役に立つ分子の合成がなされていったのである．天然の染料と同じ原子配列の合成の最初の成

13章 総括

功は，生命系を見習うナノサイエンスの精神と相通じるものがある．このように発展してきた有機合成化学は今後も超分子，さらには未来の分子機械の研究に必要な成分づくりに重要な役割をはたすことは間違いない．

現代に至り，ドレクスラーは，アセンブラー（分子製造機械）とレプリケーター（複製装置）によって，人類は空気や水や炭などのありふれた材料を入れただけで，大したエネルギーも使わずに，飛行機でも自動車でも肉でもパンでも飛び出してくる〈分子打出の小槌〉をまもなく手に入れるであろうと予測した．ここには生命の仕組みを模倣して，人の手を借りずに自己増殖できる機械を造ろうとする意図がある．新たな生命の仕組みに対する挑戦をも意味している．これが単なる夢ではなく，実現すれば，ウェーラーの尿素の合成がはたした科学史的な役割に匹敵するといえよう．

13-3 ナノサイエンス・ナノテクノロジーと環境問題

環境問題との関わりもナノサイエンスを語る上で避けて通れない．それは産業革命以後，リービッヒの弟子たちによる産業廃棄物の有効利用の研究から始まった．石炭産業廃棄物の石炭タールの有効利用の研究が有機化学を発展させてきた．その結果，石炭タールは産業廃棄物から貴重な資源に変貌していった．この石炭タールから生まれたモーブの合成を端緒として，アニリン系染料の合成が進み，染料化学産業のイノベーションが起こったのである．その後，さまざまな合成された染料が医学の世界の細胞の染色という技術に利用され，さらには種々の化学療法剤が産み出されていった．このような産業廃棄物から貴重な材料への転換は，地道な化学者，技術者の知の蓄積と，天才の発想がうまくからみあって成功した過去の貴重な事例である．環境を改善することが経済的にも利益をもたらす発想が求められている現在，この歴史的事例は環境問題に取り組む上で重要な示唆を含んでいる．

19世紀後半以後，金銭的な動機と市場競争の中で化学者・技術者・企業家が三者一体となって，化学的ものづくりに突き進んでいった．その結果，豊富な化石資源を原料にしてドイツを中心として産学共同の強化，研究の大型化，大量生産がなされていった．しかし理想のコンセプトを掲げて，大型化された企業研究所の中でつくりだされた農薬，DDTなどの有機系塩

素化合物が生態系の中で想像もしなかった振る舞いをしていたのであった．カーソンの著作『沈黙の春』が，これらの人工化学物質が生態系の中で異物として振舞い，自然の中で浄化されないことを示したのであった．アカデミズムの枠外に身をおいたサイエンスライターのカーソンが，化学の世界で原子や分子を切ったりつないだりすることに没頭していた化学者に衝撃を与えた．その結果，環境問題への意識の高まりが生命を見直す姿勢に繋がっていった．彼らは生命体の中で繰り広げられているものづくりが精密さと効率性に加えて，このものづくりのシステムが役割を終えた物質を分解し自然界の一部へと浄化できることに注目したのである．

そこで化学者の中には，生命を含めた自然をじっくり眺めて，もう一度その仕組みを分子のレベルで解き明かそうとする生命科学の本格的な始動とともに，生体系の高度な機能を学び，その機能のエッセンスを取り入れ，生体を超える機能を開発しようとするアプローチが生まれてきた．レーンによると，化学は物質とその変換の科学であり，生命は化学の最高の表現である．そして彼は生命現象への洞察力ある考察から，共有結合からなる化合物の化学，分子化学に対して，ゆるやかな分子間力によって結ばれて新たな性質が出現する超分子という概念を提出した．これはまさにナノサイエンスである．

しかし現在は，カーソンが想像した以上の環境汚染が続き，温暖化現象，フロンによるオゾン層の破壊，水質の悪化などさらに環境の悪化は増してきた．この環境問題に対してもナノテクノロジーが期待されているのである．

13-4　ナノの世界に導いたコロイド界面化学

19世紀に物質の構成成分に注目するのではなく，コロイドという100nm以下の大きさの範囲の物質の状態が注目されるようになっていた．コロイドという微粒子とともに微粒子と媒体の界面がはたす役割が大きく，このためにさまざまな特異な性質を示すことも判ってきた．バルクの性質を示す物体を細分化し，微細な微粒子にすると，分子ともバルクの性質とも異なる性質を示す．この特徴がナノスケールテクノロジーへとつながっていった．

一方，洗剤のような両親媒性物質は水に溶解すると，自発的に集合して柔らかな微粒子，集合体を形成する．これを自己会合という．この集合体はミセルと呼ばれ，コロイドに特有な性質を示す．前にも何度か述べたように界面活性剤が水溶液中で会合してミセルを形成するのは，水分子間に水素結合のような強い相互作用があるので，水分子を押し退けて炭化水素鎖のような疎水基を割り込ませるのには仕事が必要であるからである．そのために疎水基が水になじまず水からぬけだそうとして会合するのである．このような疎水結合は超分子形成のための最も重要な相互作用の一つである．2枚の単分子膜が重なった構造をもつ膜は一般に二分子膜というが，細胞膜に代表される生体膜の構造にも基本的に類似しており，生体膜の複雑な分子機械はナノサイエンスの目指す目標の一つである．

また水の表面や固体の表面に形成される単分子膜についてのラングミュアの研究は分子の化学構造と分子の配列の関係に初めて言及したものであった．彼は化学者が化学反応を理解するために考えだした化学構造式で表されるような形で分子が配列していると仮定し，そのモデルにおいて，分子同志に働く分子間力をもって，水表面に働く力である表面張力の現象を理解しようとしたのである．この考え方は膜のナノサイエンスの基盤となっていった．疎水基とともにさまざまな基をもつ両親媒性物質を2次元に膜状に並べ，機能性をもたせようとするのであり，光センサーや温度センサーなどが研究されてきた．

ナノスケールのテクノロジーをわが国では，ナノテクノロジーの範疇に入れているが，このナノスケールの科学・技術はコロイド界面化学そのものといえる．

13-5 原子，分子の世界からナノの世界が開かれるまで

ここでは原子，分子レベルで，ナノの世界に至るプロセスをながめてみよう．

【原子をつなげることから始まった（1-4章）】：有機化学が誕生し，有機化合物の化学構造の理解が進み，有機合成化学が発展し，〈原子をつなげる〉ことができるようになった．その結果，さまざまな有機化合物，

しかも天然のものと同じものをも石炭からつくりだすことができるようになった．

↓

【分子を数える（5章）】：ドルトンの原子論の登場からはじまり，分子の概念も生まれた．アボガドロ数をさまざまな実験方法により求め，原子，分子の存在の証明ばかりか，〈分子を数える〉ことができるようになった．

↓

【分子をつなげる（9章）】：「石炭と空気と水からつくられ，蜘蛛の糸よりも細く，鋼鉄よりも強い繊維」というキャッチコピーで売り出されたナイロンは，絹のような繊維を目指して，〈分子をつなげる〉ことすなわち分子と分子を共有結合によりつなげることにより合成された．すなわち人工高分子の登場である．

↓

【分子が並ぶ（7章）】：脂質分子は親水基を水側に，疎水基を空気のほうに配向させて，水の表面に単分子膜を形成することができる．化学者が化学反応を理解するために考えだした化学構造式で表されるような形で分子が自然に配列し，〈分子が並ぶ〉ことができることを証明した．

↓

【分子が集まる（10章）】：界面活性剤などの分子のように，水に馴染みやすい親水基と油に馴染みやすい疎水基がある分子は，水のなかでナノサイズの集合体を自発的に形成する．すなわち分子の性質により，自発的に二分子膜やさまざまな構造の集合体を形成させることができる．

↓

【分子が組み立てられる（10章）】：生命の織りなす仕組みに見習って，分子間の弱い力でいくつかの〈分子が自然に組み立てられる〉ことを目指した新しい化学，超分子化学が生まれた．分子が自発的に集まったり，組み立てられる現象が自己会合・自己組織化である．

↓

【原子，分子を視る（11章）】：2次元に並んだ分子を走査型プローブ顕微鏡で観察できるようになった．すなわち2次元に並んだ〈原子，分子

を視る〉ことができるようになった．

↓

【原子，分子を操る（11章）】：走査型プローブ顕微鏡により原子の並び方の観察から，原子を直接触って動かす，つまり，1個の原子を取り除くこと，付け加えること，移動せることができるようになった．これを原子，分子を操るという．

↓

【ナノの世界の科学・技術の登場】

以上，化学の視点でみるナノの世界が開かれるまでを表13-1に示した．

13-6 ナノの世界を開いてきた化学者・技術者の群像

ナノの世界の扉が開かれるまでに，結局，科学・技術はダイナミックに進化し，ナノサイエンスにまで及んだ．この間，大きくこの流れを動かしてきたものは，個々の科学者たちであった．教育に力を注ぎ，人材を輩出した科学者，セレンディピティーによりブレークスルーの研究に発展させた研究者，研究戦略に優れた科学者，コンセプトを打ち立てた科学者と実証した科学者などの絶妙な組み合わせ，体制からはずれた女性科学者のパラダイムの構築などさまざまな科学者の群像を追ってみよう．

・教育者として優れた資質をもち実績をあげた人

リービッヒ（1章）：リービッヒは化学教育にいち早く有機分析の学生実験を取り入れ，当時の産業社会のトップランナーとしての高度の専門技術者を養成した教育者であった．この教育法の革新的な点は，ある程度の能力のある者は同等の実験化学教育のトレーニングを受ければ，高度な専門化学技術者になれる教育システムにあった．リービッヒは哲学博士（Ph.D）の学位が授与されるシステムも作り上げ，今日に至っている．また彼は，若手研究者の先取権を確保させるために，学術年報の発刊もした．彼の科学教育制度組織づくりの根底には学生に学問に対して強いインセンティブを与えることがあった．

ホフマン（2章）：彼はリービッヒに直接育てられた教え子であったが，

表13-1　化学の視点でみるナノの世界が開かれるまで

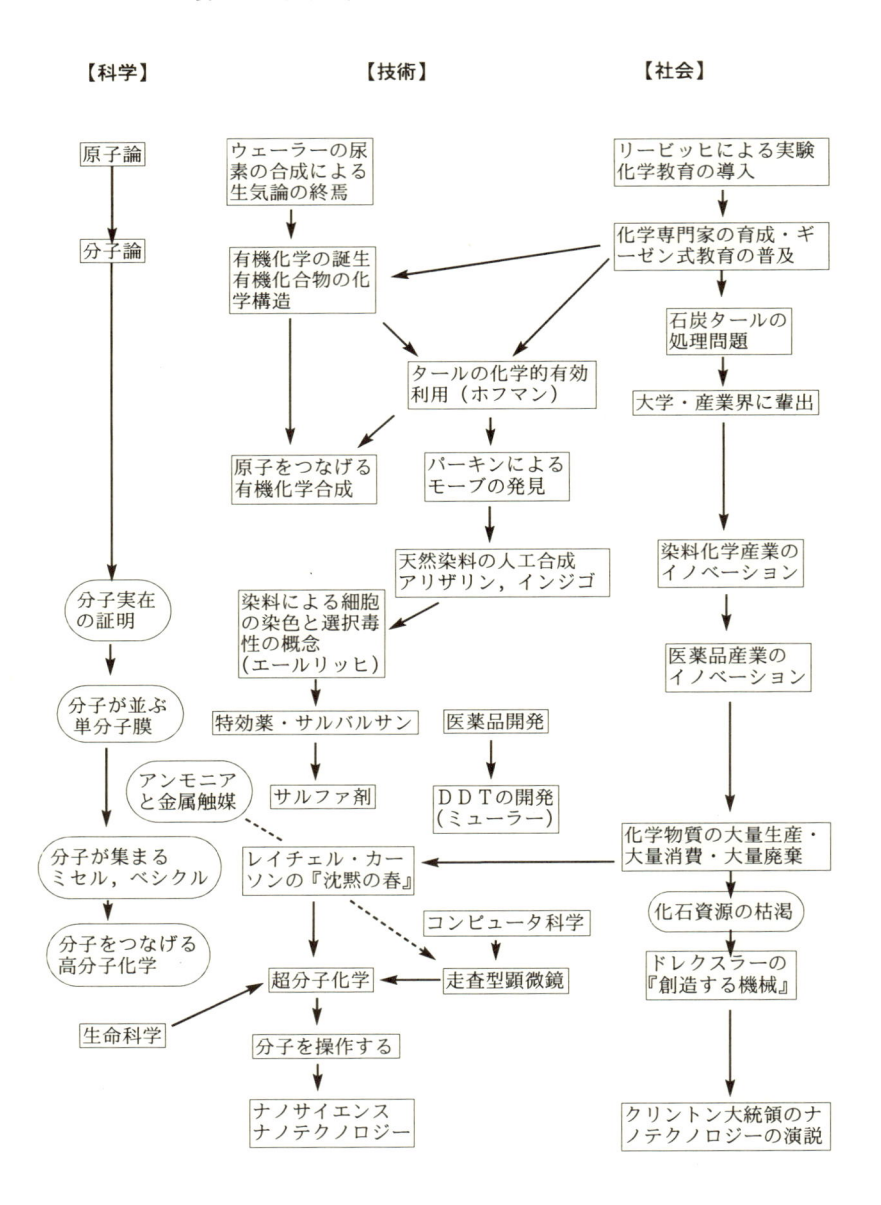

【科学】	【技術】	【社会】
原子論	ウェーラーの尿素の合成による生気論の終焉	リービッヒによる実験化学教育の導入
分子論	有機化学の誕生 有機化合物の化学構造	化学専門家の育成・ギーゼン式教育の普及
	タールの化学的有効利用（ホフマン）	石炭タールの処理問題
		大学・産業界に輩出
	原子をつなげる有機化学合成　パーキンによるモーブの発見	
	天然染料の人工合成 アリザリン，インジゴ	染料化学産業のイノベーション
分子実在の証明	染料による細胞の染色と選択毒性の概念（エールリッヒ）	
	特効薬・サルバルサン　医薬品開発	医薬品産業のイノベーション
分子が並ぶ単分子膜		
アンモニアと金属触媒	サルファ剤　DDTの開発（ミューラー）	
		化学物質の大量生産・大量消費・大量廃棄
分子が集まるミセル，ベシクル	レイチェル・カーソンの『沈黙の春』	化石資源の枯渇
分子をつなげる高分子化学	コンピュータ科学	ドレクスラーの『創造する機械』
生命科学	超分子化学　走査型顕微鏡	
	分子を操作する	
	ナノサイエンス ナノテクノロジー	クリントン大統領のナノテクノロジーの演説

13章 総括

　彼は英国にリービッヒの化学教育を根づかせ，**パーキン（2章）**にモーブの発明のきっかけを与えた．芳香族化学の礎を築いた**ケクレ（3章）**もリービッヒの講義に感銘して建築学から化学に転向した人物であった．両化学者は染料化学産業のイノベーションに導いた基礎研究の核にいた人物であったといえる．こうしてみると，優れた資質の教育者と教育制度の構築は後のさまざまな科学者たちの連鎖を作り上げ，結果として化学の発展に大きな影響を与えた最大の要因であることがわかる．

　コーンハイム（4章）：エールリッヒに研究上の大きな影響を与えたブレスラウ大学のコーンハイム教授も印象的である．コーンハイムはコッホ（4章）に「エールリッヒ君は染色の技術には優れているが，医師国家試験にはパスしないだろう」とつけ加えて紹介した．個性的で染色一筋のエールリッヒの中に確かな能力をすでに見抜き，彼の熱中している研究を暖かく見守る度量の広さと姿勢は教育者として高く評価される．

・セレンディピティと科学者

　パーキン（2章），ドーマク（4章），ラングミュア（7章），シェーンバイン（9章），ベークランド（9章），カロザース（9章）など：誰しもが人生に1度や2度，目的の宝物を一生懸命探していても見つけることはできなかったが，見方を変えれば，もっとすばらしい，思わぬ宝物を見つけた経験があるにちがいない．まして科学者が思わぬ発見や発明に遭遇したときの喜びは想像にあまりある．セレンディピティの例は，**パーキン**のモーブ，**ドーマク**のサルファ剤，**ラングミュア**のガス入り電球，**シェーンバイン**のニトロセルロース，**ベークランド**のベークライト，**カロザース**のナイロンなどあげれば枚挙がない．

・コンセプトをたてるのが得意な人と
　執念深く実験を行ってきた人の組み合わせ

　ドルトン（5章）とベルセリウス（5章）：コンセプトをたてるのが得意な人と執念深く実験を行ってきた人との組み合わせが織り成す絶妙の成果を述べる．まずドルトンとベルセリウスについてとりあげねばならない．小学校の教師との出会いがドルトンを気象の観察に向かわせた．彼は小学

校の教師をしながら，ナノの世界に入るための大きな課題，原子論というコンセプトを打ち立てた．しかしこれはあくまでも仮説であった．

　ベルセリウスの生きた時代は，ドルトンの原子論が少しずつ受け入れられつつあった．しかし原子量が不正確で，そのことが原子論の確かさを疑わせる原因であった．彼は原子論の仮説の前提として，原子が結合するときには，必ず簡単な整数比をなすことを念頭に分析を進めた．天秤を用いて，実験技術を改良しながら，正確さを，執念を持ち続けてこなした．彼は当時，最高の感度をもつ天秤を作らせ，試薬も念入りに精製し，必要に応じ，分析法も考案し，何千という化合物を分析した．この完璧主義にもとづいた実験に対する姿勢は原子論の後押しと周期表にまで導いたのであった．

　エールリッヒと日本人科学者の志賀潔と秦佐八郎（4章）：彼らのコンビが魔法の弾丸づくりを成功させた．エールリッヒの豊かな発想とコンセプトに基づき，北里柴三郎の弟子，**志賀潔**と**秦佐八郎**が忍耐強く動物実験を繰り返し，魔法の弾丸と呼ばれた化学療法剤に辿り着いた．その実験の徹底ぶりと熱意と誠意がエールリッヒの信頼を勝ちえたのであろう．明治の時代，ヨーロッパに行くことだけでも覚悟が必要であったろう．当時，言葉も不自由であったろうし，文化の違いも筆舌ではいいがたいものであったろう．しかし異国の地でノーベル賞級の成果をあげたのである．明治時代の科学者の意気込みが熱く伝わってくる．国際的に活躍することとは，なんであるかを教えてくれる事例でもある．

　ハーバー，ボッシュ，ミタッシュ（6章）：ハーバーが築いた窒素固定によるアンモニア合成の理論とモデル実験をボッシュが工業化に導いた．このキーテクノロジーはミタッシュの執念で探索した触媒にあった．ミタッシュの驚異的な粘り強い探索と洞察力ある観察により，1909年に二重促進鉄触媒($Fe/Al_2O_3/K_2O$)が誕生したのである．この触媒は今日においても実質的に使われている．

・**イメージやコンセプトをたてるのが得意だった人**

　ケクレ（3章）：建築学からリービッヒの講義に魅せられて，化学に転向した．実験研究はしなかったが，立体的なイメージを想像するセンスに

恵まれ，ベンゼン環を思いついたと推測される．彼の業績は実験研究の成果ではなく，当時知られていた知識を総合的に判断してえられた理論であった．

エールリッヒ（4章）：凝り性と思われるくらい組織の染色に打ち込むとともに，文献を豊富に読み，次から次へとアイディアを思いつき，魔法の弾丸と呼ばれた化学療法剤ばかりでなく，免疫学にまでおよんだ幅広い業績をあげた．彼の掲げたコンセプトは実証半ばのものも多数あったが，後の次世代の科学者により実証されていった．

・的確な戦略をたてて成功した科学者

ラングミュア（7章）：大企業の大型研究所に所属していたにもかかわらず，たった一人の実験助手とともに，豊富なアイディアで研究をデザインし，モデルをたてて実証していった．

カロザース（9章）：石炭を原料にして絹のような繊維をつくるために，ペプチド結合を利用して合成する戦略は明快で見事であった．ナイロンの成功は高分子産業のイノベーションをもたらしたが，学問的には高分子の実在の証明であった．

ミュラー（8章）：企業研究者として農薬の理想を掲げ，おそらく害虫の根絶を夢見て挑戦し，当時の理想の農薬，DDTにまで至った．

・タールの使い道に悪戦苦闘した科学者

ルンゲ（2章）：シェンチンカー著の『アニリン』（藤田五郎訳，天然社，1942年）には当時，次々たまってゆく真っ黒でどろどろしたタールが町中にあふれ，河川も汚染され，困りはてた様子が記述されている．これをなんとかしようと格闘した科学者，ルンゲの姿には人間として胸を打たれる．

・科学に優秀であるばかりか，モダンなセンスのあった人

パーキン（2章）：パーキンが自分のベンチャーをリタイアーした後に残した化学研究の成果は，現在でも基礎となる有機合成として教科書に記述されている．一方では，彼はフランスの貴婦人の間で流行していた紫色

のドレスの色がモーブと呼ばれていることを知り，自ら石炭からつくった染料をモーブと命名し，売り出すセンスは当時，モダーンなことに関心をもつ若者であったことを物語っている．このセンスが一獲千金を夢見て立ち上げた研究開発型ベンチャーにつながった．

・科学者であるとともに優れた経営センスや起業家精神に恵まれた人

ボッシュ（6章）：BASF社が統合されてIG社の巨大コンツェルンになった後も、ボッシュは経営者の能力を発揮した．

パーキン（2章）とベークランド（9章）：パーキンはモーブを合成したが，自ら起業家として自分の技術を製品化することにより，染料化学産業のイノベーションのきっかけをつくった．ベークランドも起業家として自分の技術を製品化し，ベークライトとして売り出したことから，プラスチックのイノベーションの端緒をつくった．

・情報ネットワークをつくった科学者

カロ（3章）；ワットは英国で起きた産業革命の立て役者であった．その後彼は英国の工学界の第一人者となっていくが，その間，塩素の漂白などの技術情報をえるため，フランスやドイツに赴き，情報収集に力を入れていた．19世紀半ばの染料化学産業が発展する過程では，カロがあげられる．彼は英国とドイツの産学共同のネットワークづくりに奔走した．この情報ネットワークづくりは地味な仕事ではあるが，科学・技術発展を加速する上で大きな役割をはたしたにちがいない．

・独学でブレークスルーの科学成果をあげた科学者

ポッケルス（7章）：ドイツの若い女性，ポッケルスは正式な科学教育も受けておらず，いずれの研究機関に所属していたわけでもなく，プロの科学者でもなかった．しかし台所の片隅に自らの手で作った実験装置は，新しい界面化学を切り開くブレークスルーの発明であった．彼女が認められたのは当時すでに界面科学で成果をあげていた英国の王立協会のレイリーのもとに水面上の表面膜に関する独創的な実験を記述した手紙を送ったことから始まった．この行動力も興味深く，勇気のある女性であったこと

を物語っている．

・体制からはずれた女性がパラダイムを創る

カーソン（8章）：カーソンの著作『沈黙の春』は豊富なデータに基づき，食物連鎖を通してDDTなどの有機系塩素化合物の生物濃縮が起こることを示した．彼女は大学や研究機関などのアカデミズムの世界からでなく，どこの機関にも所属しないフリーの一般科学書のサイエンスライターであり，女性ベストセラー作家であった．しかし彼女は若いころから作家を目指してはいたが，ジョンズ・ホプキン大学で遺伝学を，またウッズホール海洋生物研究所で海の生物について研究し，漁業水産局の公務員として調査に関わったキャリアーウーマンとしての実績もあった人物であった．この点はポッケルスと異なる．このパラダイムも既成アカデミズムの外，あるいは民間で生まれて，それが後になって大学のような公的な機関の中に認められて，通常の科学的な発展の道筋を辿ったのである．

環境ホルモンというパラダイムを引き起こしたコルボーン（8章）らの著書『奪われし未来』も同様である．専門知識を駆使し，世界に警鐘を鳴らしたカーソンとコルボーンに共通するものは女性であるということだけでなく，既成アカデミズムの枠外にいた科学者であったことである．後に体制外の一般市民やジャーナリスト，NGOが環境問題の告発・提言・規制に大きな役割をはたすこととなった．

・最も期待される日本のナノサイエンスの科学者

自己組織化により自ら組み上がる分子の機械の構築を目指す日本の科学者，**藤田誠**（12章）は海外で高く評価され，ドレクスラーのナノテクノロジーのゴールに近い科学者であろう．

・時代時代の無名の科学者たちが科学・技術のピラミッドを建ててきた

生き生きとしたさまざまなタイプの天才科学者たちを述べてきたが，実は彼らを支えてきたのは，大多数を占める無名の科学者，技術者たちであった．彼らこそが知のピラミッドを築き上げてきたのである．

13-7　ナノサイエンス・ナノテクノロジーの未来の光と影

　科学・技術の進歩は，特に20世紀後半，われわれの欲望を満たし，確かに豊かな生活を与えてくれた．同時に環境問題に代表される負の遺産もあった．20世紀後半は，人類は科学・技術が与えてくれる光の享受とともに，長い時の経過後に不意に現れるその影を幾度も経験してきた．それにもかかわらず現在の科学・技術は未来の光と影の確実なる予測はできないのである．ただ19世紀から20世紀にダイナミックに展開してきた科学・技術・社会の相互作用の歴史から未来を推測するすべしかないのである．

　現代はグローバル資本主義の独走状態の中で金銭的な動機と市場競争のプレッシャーに突き動かされて新技術のもたらす夢を追い続けている時代である．その夢の技術の一つがナノテクノロジーである．高分子を含めて分子化学の分野はナノテクノロジーと結びついている．化学物質による環境汚染など化学と物質とに関連づけられたマイナスのイメージが好転するきっかけをナノが与えてくれるかもしれない期待もある．ドレクスラーが描いた分子機械や血管の中を運行して病気を治療し，損傷を修復するマイクロマシンなど，夢も膨らむ．今までの製造法ではほとんど人間が指図し，人間の操る機械が加工・組み立てにおける多くの重要な要素を制御してきた．しかし自己組織化のものづくりでは，人間の働きかけなくして，原子・分子・分子集合体・構成部品が秩序だった機能をもつ構成物を自ら組み立てていくことも可能かもしれない．21世紀には自分自身を作り出す材料を利用した製造法が化学者たちの手によって登場するかもしれない．ナノテクノロジーの幅の広さは個別の領域を超えた融合領域に発展性に富む大テーマが見つかる可能性があることを示唆している．

　しかし現代の段階ではナノテクノロジーは，技術の段階にまで至っている分野はまだ限られており，大部分が科学あるいは基盤技術の段階で開発途上にある．特にユートピアの夢を抱かせるボトムアップの技術は，いまだに理論上のテクノロジーなのである．一方，20世紀後半に入り，DDTの事例が示すように科学・技術には必ず光と影があり，影は往々にして光より時間的に遅れて現れてくることがわかってきた．特に化学・技術に関しては，分子レベルで散らばってしまった後に影が現れることがある．したがってナノの世界の科学・技術は多くの可能性とともに，影を将来露呈す

13章 総括

ることを十分予測しなければならない．例えば将来，ナノテクノロジーの旗手として最もわが国が期待するカーボンナノチューブにしても，コストの問題がクリアーされ，大量生産，大量消費されるようになった後，思わぬ落とし穴が待っている可能性もないとはいえない．ナノテクノロジーの重要な一部は生命系技術の特徴を有している点であるために，遺伝子工学と同様に，ナノテクノロジーは大きなチャンスと同時にリスクを孕んでいるのである．

しかしそんな期待や不安を心配する前に，原理的にも実現の可能性がないのかもしれない．ジョイ (Bill Joy) は物理学者らとの会話の中でも，ナノテクノロジーは結局実現されないかもしれないと述べている[1]．大きなロケットを飛ばすことができても，蚊や蝿のような，いや細菌のような小さな生命体の秘密すらよくわかっていないのが現実である．ナノサイエンス・ナノテクノロジーの核は，生命系であたりまえのように繰り返されている自己組織化，自己会合，複製を，合成化学物質に置き換えて組み合わせて実現させたいという点である．しかし自己組織化や自己会合の定義すら学会で議論されている段階であり，ましてバラバラの状態から組織だった高度な物質へ移行する道のりはまだ見えない．けれどもわが国においては基盤研究の歴史はあり，超分子化学を中心とした基礎研究は確実に進んでいくであろう．

ブレークスルーの研究は不意に訪れるものである．ナノサイエンスばかりかナノテクノロジーにおいても，ある日，突然ブレークスルーな発明，発見から夢がかなうかもしれない．現代は魔法のような新発明が莫大な富を生み出している時代である．科学的解明がなされる以前に，利用する技術が進んでしまうこともある．はたして人類はそのときナノテクノロジーを制御できるであろうか．

今後，ナノテクノロジーも科学的解明の裏づけを伴いながら，市場で評価される必要がある．そのためには科学・技術者とともに，消費者であるわれわれの力量が問われているのである．

引用文献

[1]a) B. Joy, Is Nanotechnology Dangerous?, *Science*, **290**, 1526-1527 (2000).

b) B. Joy, Why the future doesn't need us?, *Wired*, 4月号, 2000 (翻訳).

参考文献
1) 下村政嗣「分子の自己組織化でデバイスを創ることができるであろうか？」,「化学」, **57**, 17-20(2002).
2) J-M. Lehn, Toward complex matter: Supramolecular chemistry and self-organization, *PNAS*, **99**, 4763-4768(2002).
3) G.M. ホワイトサイズ「自己組織化する材料」,『21世紀のキーテクノロジー, 別冊日経サイエンス』, p94-98, 日経サイエンス社, 1996.
4) Ivan Amato, The Apostle of Nanotechnology, *Science,* **254**, 1310, 1991.
5) S. J. Sowerby, N. G. Holm, G and B. Peterson, Origins of life: a route to nanotechnology, *BioSystemes*, **61**, 69-78(2001).
6) T. Kaehler, Nanotechnology: Basic Concepts and Definitions, *Clinical Chem.*, **40**, 1797-1799 (1994).
7) V. Balzani, A. Credu, F. M. Raymo and J. F. Stoddart, Artificial Molecular Machines, *Angew. Chem. Int. Ed.* **39**, 3348-3391(2000).

あとがき

　ここ10年，科学・技術の急速な進化により市民と科学技術者のコミュニケーションを高めようとする試みや文理融合の新しい動きが現れてきた．例えば，相容れないと考えられてきた「テクノロジー」と「マネージメント」を融合させ，それらを学ぶことで事業や経営，技術の革新を推進できる人材の育成を目指すMOT（Management of Technology）も生まれ，経営系の学部や大学院でその重みが増しつつある．サイエンス・ショップの考え方も急速に日本にも拡がりつつある．これは産業科学とアカデミズム科学に独占されてきた研究・開発の資源を市民に開放しようとしたオランダの学生運動をルーツとし，市民社会から提示されるサイエンスについての疑問や不安に対して，大学などの研究機関が研究・調査して答える市民参加型科学を目指している．

　私（五島綾子）は長年，経営情報学部や教養課程で化学・技術をベースとした講義を行ってきたが，講義の度にそのむずかしさに直面してきた．私の経験上，学生の興味と問題意識を高めるためには，ある一つの科学・技術のテーマがどのように芽生え，展開したかを歴史的に追うことが有効ではないかという考えに至った．これが本書を書く最大の動機であった．学生たちは特にドレクスラーの『創造する機械』から生まれたナノテクノロジーブームに強い反応を示した．ナノテクノロジーは私の専門のコロイド界面化学に近く，私自身も深い興味がある一方，この夢のナノテクノロジーの未来に漠然とした不安も感じていた．私たちの生活の一部でもある科学・技術の未来の行方に思いを馳せるには過去を振り返ることがなによりも大切である．しかし一つのテーマを縦断的に時間とともに追いかける化学・技術史の類書はわが国には見当たらず，その解釈も難しく，壮大な仕事である．

　そこで若いときからご指導をいただき，薬学の世界にコロイド界面化学

を根づかせ，膜やコロイド界面化学の分野の重鎮である京都大学名誉教授で共著者の中垣正幸とともにナノテクノロジーに至るまでの経緯を化学の視点で歴史的に丁寧に追うことを試みたのである．本書は共著者同士の繰り返しの討論および文献・インタビュー調査によってまとめられたものである．なお経営系など理工系以外の分野の読者を念頭において，註を豊富に入れ，記述もわかりやすくしたつもりである．ナノテクノロジーに至るまでのおよそ200年の間に，時代時代の科学者・技術者たちの発見，発明の連鎖を科学・技術・社会の相互作用の視点を重視して，記述した著作である．化学技術史の著作は比較的多数出版されてきたが，本書のように一つの主題の歴史的展開に関する著作は見当たらない．特に産業革命の時代の石炭産業廃棄物の有効利用から染料化学産業のイノベーションが起こり，その後次々合成される染料による細胞の染色から化学療法剤の概念が生まれ，製薬産業王国ドイツの基盤が築きあげられていく過程の中には，実験化学教育の導入，産業廃棄物の環境問題の克服，イノベーションなど現代に示唆するものが多い．これらの点は理工系，医薬系の読者にも興味をもっていただけるのではないかと期待している．

　2004年2月の内閣府大臣官房政府広報室の科学技術と社会に関する世論調査報告書は，科学技術者が市民に対してもっとわかりやすい情報発信を頻繁にすることを求めている．この報告書の中で，市民に科学技術についてのニュースや話題に関心があるか聞いたところ「関心がある」が30.8％であるが，科学技術の情報源は，圧倒的にテレビ，それに続いて新聞，インターネットなどで，本はほとんど情報源となっていない．しかし「科学技術について知りたいことを知る機会や情報を提供してくれるところは十分ある」という意見に「そう思う」とする割合がわずか17.6％と低いのである．一方，科学技術者からの情報発信に関して「わかりやすく説明されれば大抵の人は理解できる」という意見が52.5％にのぼり，科学技術者側の情報発信の内容の問題が指摘されている．本書がこの市民の要望に答えることができればと願っている．科学・技術はもはや良くも悪くも私たちの生活そのものでもあるからである．

　ところで本書のカバーは分子のナノサイズの集合体の電子顕微鏡写真をイメージされるかもしれない．これらの形態は，まるで私が電子顕微鏡や

あとがき

　原子間力顕微鏡下で観察した界面活性剤が集まったミセルのようであるが，実はガラスのアートなのである．この作品は私の幼な友達である増田洋美さんの「Play the Glass」の中の一つである．彼女は東京藝術大学卒業後，ガラス造形作家としてヴェネツィア，ミラノを中心に活躍され，「Play the Glass」は海外で高い評価を得ている．ガラスを素材として，彼女によって奔放に創りだされるオブジェが偶然ナノの世界を作り出していたのである．本書のカバーに彼女のガラスのアートをと思いついたきっかけは，私が約十年前にチューリッヒのスイス連邦工科大学（ETH）のルイジ教授の許に留学した際に，教授ご自身が自然科学を哲学，芸術と融合させようと試みる学会を主催されていたことを思い出したからであった．わが国の「文系は哲学にこだわり，理系は白黒をはっきりつけたがる」の土壌と異なり，自然に教授たちも学生たちも楽しんでいたからである．

　本書の出版にあたり，多数の著書を刊行されておられる経営工学御専門の静岡県立大学経営情報学部名誉教授中村義作先生に心より謝意を表したい．陰になり日向になり後押ししていただいた．また複雑系や科学哲学の分野でご活躍され，講談社出版文化賞を受賞されておられる大東文化大学文学部助教授の吉永良正先生に心より謝意を表したい．先生からは読者を念頭にしたわかりやすい論理的な文章の書き方の手ほどきを受け，本を書くことの厳しさを学ぶことができた．本書を完成するにあたり，大きな出会いであった．また静岡県立大学経営情報学部4年生で五島ゼミ生の根本佳恵さんに謝意を表したい．本書の中のイラストや図表の作成に大きな力をいただいた．

　2004年8月2日

　　　　　　　　　　　　　　　　　　　　　　　（文責）五島　綾子
　　　　　　　　　　　　　　　　　　　　　　　　　　　中垣　正幸

著 者：五島　綾子[ごとう　あやこ]
静岡県立大学経営情報学部，同大学院経営情報学研究科　教授
薬博（静岡薬科大学）・博士（理学）（名古屋大学），ETH（スイス）客員教授（1994），IUPAC Fellow (USA)（2002），The Innovation Foundation Fellow (UK)（2001）.
[主な著作] *Interfacial Catalysis of Reversed Micelles*（共著，Marcel Dekker, 2003）; *Fatty Acids Vesicles*（共著，John Wiley & Sons, 1997）など．

中垣　正幸[なかがき　まさゆき]
京都大学名誉教授，東京帝国大学理学部化学科卒（1945），理博（東京大学），京都大学教授（1960），日本薬学会学術賞受賞（1970），日本膜学会会長（1978－1988）．
[主な著作]『表面状態とコロイド状態』（現代物理化学講座9），東京化学同人，1968年；『膜物理化学』，喜多見書房，1987年など．

ナノの世界が開かれるまで

2004年 9月10日　第1刷発行

発行所：㈱海鳴社　　http://www.kaimeisha.com/

〒101-0065　東京都千代田区西神田2－4－6
電話：03-3262-1967　Fax：03-3234-3643
Eメール：kaimei@d8.dion.ne.jp　振替口座　東京00190-31709

組版：㈱海鳴社
印刷・製本：㈱シナノ

出版社コード：1097　　　　　　　　　　© 2004 in Japan by Kaimei Sha
ISBN 4-87525-219-6　　　　　落丁・乱丁本はお買い上げの書店でお取替え下さい

海鳴社

ぼくらの環境戦争
——インターネットで調べる化学物質
よしだ まさはる／身のまわりの化学物質が中学生からわかるように、体系的に対話形式で述べたもの。公害・シックハウス症候群・ダイオキシンなど。
46判174頁、1400円

物理学に基づく環境の基礎理論
——冷却・循環・エントロピー
勝木 渥／われわれはなぜ水を、食べ物を必要とするのか。それは地球の環境に通じる問題である。現象論でない環境科学の理論構築を目指した力作。
A5判288頁、2400円

森に学ぶ
——エコロジーから自然保護へ
四手井綱英／70年にわたる大きな軌跡。地に足のついた学問ならではの柔軟で大局を見る発想は、環境問題に確かな視点を与え、深く考えさせる。
46判242頁、2000円

植物のくらし 人のくらし
沼田 眞／植物は人間の環境を、人間は植物の環境を大きく左右している。その相互作用と、植物の戦略・人間の営みを考察したエッセーから精選。
46判244頁、2000円

野生動物と共存するために
R. F. ダスマン、丸山直樹他訳／追いつめられている野生動物の現状・生態系の中での位置づけ・人間との関わりを明らかにした、野生動物保護の科学。
46判280頁、2330円

やわらかい環境論
——街と建物と人びと
乾 正雄／建築学の立場から都市環境、生活環境の改変を提案。様々な国の様々な考え方を具体的に紹介し、日本人の環境に関する見解と生活の質を問う。
46判226頁、1800円

必然の選択
——地球環境と工業社会
河宮信郎／曲がり角に立つ工業社会。地球規模の包容力からみて、あらゆる希望的エネルギー政策は、原理的に不可能であることを立証。人類生存の方策は？
46判240頁、2000円

本体価格